雷州山羊高效养殖技术

韩建成　周汉林　主编

中国农业出版社
农村读物出版社
北　京

图书在版编目（CIP）数据

雷州山羊高效养殖技术／韩建成，周汉林主编. —
北京：中国农业出版社，2023.1
　　ISBN 978-7-109-30330-0

　　Ⅰ.①雷…　Ⅱ.①韩…②周…　Ⅲ.①山羊－饲养管
理　Ⅳ.①S827

中国国家版本馆 CIP 数据核字（2023）第 002604 号

中国农业出版社出版

地址：北京市朝阳区麦子店街 18 号楼
邮编：100125
责任编辑：卫晋津　　文字编辑：耿增强
版式设计：王　晨　　责任校对：吴丽婷
印刷：北京中兴印刷有限公司
版次：2023 年 1 月第 1 版
印次：2023 年 1 月北京第 1 次印刷
发行：新华书店北京发行所
开本：700mm×1000mm　1/16
印张：13　插页：2
字数：240 千字
定价：88.00 元

本 书 编 委 会

主　编：韩建成　周汉林

副主编：吴　群　董荣书　王　飞　丁月霞

参　编：蔺红玲　徐志军　杨远廷　江　杨

　　　　徐　磊　邓森荣　彭　健　杨瑞平

前　　言

随着人民生活水平的不断提高和膳食结构的改善，羊肉凭借高蛋白、低脂肪、低胆固醇、滋补强身的特点，越来越受到人们的喜爱。羊肉消费蔚然成风，羊肉的价格持续走高，市场供不应求，羊肉消费市场前景广阔。

羊是重要的草食家畜之一，按种类分主要有绵羊、山羊、黄羊、羚羊、青羊、盘羊、岩羊等，其中绵羊和山羊约占80％。2021年我国羊存栏量约3.0亿只，其中山羊约1.28亿只，占羊存栏量42.7％。山羊产业在我国农业农村经济中占有重要地位。我国南方特殊的自然生态条件、丰富的饲草饲料资源，为山羊产业的发展提供了良好的条件。

雷州山羊是我国国家级优良地方品种，主要分布在广东省雷州半岛和海南岛。近年来，随着农业生产结构的战略性调整，雷州山羊产业依靠其独特的资源优势、旺盛的市场需求，出现了快速增长和迅猛发展的良好势头，正在成为广东省和海南省畜牧产业中的优势产业之一。雷州山羊产业的空前发展对促进当地畜牧业生产方式的转变、增加农民收入、加快社会主义新农村建设发挥了独特的作用。为促进雷州山羊产业的可持续发展、推广雷州山羊舍饲化和规模化健康养殖新技术，我们编写了《雷州山羊高效养殖技术》一书。

本书根据我国南方山羊养殖特点，参考国内外肉用山羊养殖技术，在总结作者多年来雷州山羊养殖经验的基础上，系统地介绍了雷州山羊的起源与生产现状、种质特性、繁殖技术、饲养管理、选育及杂交利用、疫病防控技术、常见病的防治、养殖场的建设及管理、饲草料生产及加工调制、养殖模式及养殖效益分析。针对雷州山羊养殖的难点和经济价值，提出雷州山羊科学的养殖技术和最佳的养殖利用模式；针对不同的养殖类型提出不同的养殖模式并进行效益分析。本书内容丰富，既注重理论知识，又具有一定的实践性和可操作性，可作为广大养殖企业（户）和众多创业者的学习用书，让广大读者能够针对自身情况选择适宜的养殖模式。

本书的出版得到了中国热带农业科学院湛江实验站和农业农村部"雷州山羊等 6 个品种生产性能测定"（16301020223006）、"滇桂黔石漠化地区草畜沼一体化生态循环技术集成与示范"（16301020193002）、中央公益性科研院所本级业务费"热带草畜一体化循环养殖技术集成与示范"（1630102017005）、"优质青贮草产品加工利用与成果转化"（1630102022005）、"雷州黑山羊疫病防控关键技术研究"（1630102022003）等项目的支持。

由于笔者水平有限，难免有不足及疏漏之处，恳请读者不吝指正。

编　者

2022 年 6 月

目　　录

前言

第一章　雷州山羊的起源与生产现状

第一节　雷州山羊的起源

　　雷州山羊是我国国家级优良地方品种，因其产地广东省雷州半岛而得名，主要分布于广东、广西和海南岛等地。其养殖历史悠久，可以追溯到清朝时期，当时徐闻县城有条专门的街道叫"羊行街"，每逢墟日，到羊街交易的山羊少则几百只、多则近千只。雷州山羊是在雷州半岛独特的自然环境下长期选育而成的，历经数十年的自然选育形成了独有的品种特性和生态特性。1997年，国家开始对雷州山羊展开种质资源保护工作；2006年，雷州山羊首次列入《国家级禽畜遗传资料保护名录》，成为广东省列入此名录的9个品种之一。雷州山羊是一个以产肉为主的地方优良品种。受热带地区自然生态环境的影响，雷州山羊具有性成熟早、繁殖力高、适应性强、耐粗饲、耐湿热、生长发育快、肉质鲜美等特点，深受广东、广西、海南等地群众欢迎，是中国热带地区宝贵的品种资源。

第二节　雷州山羊种源地生态条件

　　雷州半岛位于祖国大陆最南端的广东省湛江市，海拔26.4m，地属坡伏状台地区，地势平缓。该半岛属热带范围，年平均温度约为23.2℃，最高气温出现在5—7月（约36℃），最低气温出现在1—2月（约5℃），年积温约为8 000℃。该半岛雨量充沛，年降水量约1 400mm，以8—9月降水最多，月降水量最高时可达600mm；年平均相对湿度为84%，3月最高达92.9%，11月至次年1月湿度较低达82%，全年无霜。该半岛光热资源丰富，年总辐射超过500kJ/cm²。该半岛大部分地区为丘陵地带，密布灌木林，也有不少草坡，适宜放牧面积有60多万亩*，500亩以上的草坡有44处，总面积达8万亩左右，这些草坡多分布在丘陵平原地带，海拔在245m以下。按其植被不同，可分为：草丛草坡，以禾本科植物为主，混生部分灌木，植被高度为3～31cm，覆盖度为75%～98%；灌木丛草坡，以灌木为主，也有禾本科草类，植被高度为3～60cm，覆盖度为60%～59%；疏林草坡、灌林草坡、疏林迹地、木

---

　　* 亩为非法定计量单位，1亩≈667m²。

麻黄地草坡，这类草地灌木丛生，植被高度 4～19cm，覆盖度 50％～90％。据调查，44 处天然草坡上的重要牧草有 47 种，属于高级牧草品种的有 14 种，另外还有大量灌木林；所有的草坡都是砖红黏质土，且地处热带，气温高，夏长冬短，生长期长，产草量也高，一般每亩产草量为 750～1 250kg，最高产草量可达 2 000kg。

第三节　雷州山羊生活习性

山羊虽然是人类最早驯养的家畜种类之一，但与其他家畜相比，山羊自驯养以来得到的饲养和管理条件不佳，这使其一些原始特性在一定程度上得以保留和延续，从而形成独特的行为和习性。

一、有较强的抗病能力，生存能力强

雷州山羊适应性较强，四肢健壮，能适应长距离放牧。它不仅适宜在密集的灌丛和崎岖的山地放牧，还能长途跋涉寻找食物和饮水。雷州山羊不仅可以采食树叶，而且可以攀爬树干和树枝，对于幼树尤其如此。雷州山羊对热带和亚热带气候较为适应，体质强壮，抗病能力较强。正因如此，其发病后，初期的临床症状常不明显，往往也不易察觉，待发病症状明显时，往往病情已很严重，治疗效果也不太理想。所以，尽管雷州山羊发病少、抗病力强，但养殖过程中仍要采取预防为主的方针。

二、食谱广，采食、消化吸收能力强

雷州山羊能采食地面低草、小草、花蕾和灌木树叶，对草籽的咀嚼也很充分，素有"清道夫"之称。其后肢能站立，有助于采食高处的灌木或乔木的幼嫩枝叶；舌上苦味感觉器发达，适应采食各种苦味植物；瘤胃很大，瘤胃内的微生物种类很多（细菌、真菌和纤毛虫等），能分解饲料中的纤维素，把非蛋白氮转化为菌体蛋白，可合成维生素。雷州山羊肠道相对长度长于其他家畜，可达到自身体长的 25 倍，对草料消化充分，对营养物质吸收利用完全，比其他草食家畜抗饥饿能力更强。

三、性格活泼好动，喜欢登高

雷州山羊生性好动，除卧息反刍之外，大部分时间均处于走走停停的逍遥运动之中。羔羊表现得尤为突出，经常有前肢腾空、躯体直立、跳跃、嬉戏等动作。在放牧时，雷州山羊喜欢游走，善于登高，采食范围广。根据雷州山羊这一习性，在舍饲条件下，应设置宽敞的运动场，如果是倚山建羊舍，运动场

可在凹凸不平的山上围建，如果在平地建羊舍，运动场内可垒石墙或土堆，供山羊登高活动，使羊获得足够的运动，保证其健康地生长。

四、合群性强

雷州山羊具有较强的合群性，易建立起群体结构，主要通过视、听、嗅、触等感官活动来传递和接受各种信息，以保持和调整群体成员之间的活动。无论放牧还是舍饲，山羊总喜欢在一起活动，并由年龄大、后代多、身强体壮的羊担任头羊，带领全群统一行动。所以，对于大群放牧的羊群只要有一只训练有素的头羊带领，就较容易放牧。头羊可以根据饲养员的口令，带领羊群向指定地点移动。山羊喜群居，如果单独饲养，往往表现不安；群牧的山羊中个别掉队者常常鸣叫不止。山羊的这种合群性给生产带来了好处，既方便管理，又有利于放牧。应注意，经常掉队的羊，往往不是因病，就是因为老弱跟不上群。

五、喜干厌湿，爱清洁

雷州山羊喜欢干燥的生活环境，舍饲的山羊常常喜欢在地势较高的干燥地方站立或休息。山羊长期生活在潮湿低洼的环境里，往往易感染肺炎、蹄炎及寄生虫病。故羊舍应建在地势高、排水通畅、背风向阳的地方，有条件的养羊户还可以在羊舍内建羊床，供其休息，以防潮湿。雷州山羊嗅觉灵敏，故饲喂草料、饮水一定要清洁新鲜。对于放牧羊群的草场要根据面积、羊群数量，按照一定顺序轮流放牧。对于舍饲的羊群要在羊舍内设置水槽、食槽和草料架，且要常清洗。饮水要勤换，饲草要少喂勤添，羊舍要干净卫生。

第二章 雷州山羊的种质特性

第一节 雷州山羊的类型

据资料介绍，雷州山羊分为高脚种与矮脚种两个类型。

一、高脚种

高脚雷州山羊是一种大骨羊，体型较高，成年公羊平均体高为 65.6cm，成年母羊平均体高为 62.2cm，腹小，乳房不够发达，多产单羔，好走动，喜吃灌木枝叶，目前较稀少。

二、矮脚种

矮脚雷州山羊是一种细骨羊，体型较矮，成年公羊平均体高为 56.8cm，成年母羊平均体高为 52.7cm，腹大，乳房较发达，生长快，多产双羔，不择食，采食较为安定，很受群众欢迎，是目前雷州山羊饲养的一种主要类型。

第二节 雷州山羊的动物学分类

按照现代动物分类学来划分，雷州山羊属于动物界脊椎动物门、哺乳纲、偶蹄目、反刍亚目、洞角科、绵羊山羊亚科、山羊属（Capra）、山羊种。

一、体形外貌

雷州山羊公羊、母羊均有角，两耳竖立、中等大小，颌下有胡须，颈细长，胸窄腹大，被毛多为黑色，短密而光亮，也有少量麻褐色。麻色山羊除被毛黄色外，背浅、尾及四肢前端多为黑色或黑黄色，也有的面部黑白纵条纹相间，或腹部及四肢后部呈白色。雷州山羊全身被毛短而密，富有光泽，无绒毛，股部、背部、尾部的毛较长，公羊尤其明显。雷州山羊面直，额稍凸，公羊角粗大，角尖向后方弯曲，并向两侧开张，耳中等大，向两边竖立开张，颌下有髯。公羊颈粗，母羊颈细长，颈前与头部相连处角狭，颈后与胸部相连处逐渐增大。背腰平直，乳房发育良好，多呈球形。

二、生产性能

1. 生长发育

雷州山羊体格偏小，生长发育较为缓慢。公羔初生重1.8～2.3kg，母羔初生重1.3～2.0kg。断奶前日增重一般在100g以上，6月龄时体重20kg以上。周岁公羊平均为31.7kg，周岁母羊平均为28.6kg；2岁公羊平均为50.0kg，2岁母羊平均为43.0kg；3岁公羊平均为54.0kg，3岁母羊平均为47.7kg。

2. 产肉性能

雷州山羊成年公羊平均体重为54.1kg，母羊平均体重为47.7kg，阉羊平均体重为50.8kg。雷州山羊肉用性能好，肉质鲜美，脂肪分布均匀，膻味较淡。雷州山羊的屠宰率因季节、年龄有差异，一般在50％～60％，育肥良好的阉羊，屠宰率可高达70％左右。

3. 繁殖性能

雷州山羊性成熟早，一般4月龄左右即可达性成熟，也有早到3月龄或迟至5月龄才达性成熟。母羊7～8月龄就可配种，1岁时即可产羔；公羔3～4月龄性成熟，公羊配种年龄一般在10～11月龄、体重28kg以上时即可作种用。雷州山羊是不完全的季节性发情动物，在良好的饲养条件下，雷州山羊母羊没有休情期，可以全年发情。发情周期为18～21d，发情持续期为37.4h，妊娠期约为150d。产后休情期，在产羔季节为40d，在非产羔季节为60d，产后第1次发情，最早可在21d。雷州山羊多数1年产2胎，少数2年产3胎，每胎平均产2羔，产羔率为150％～200％。雷州山羊过去无挤奶习惯。据测试，在不加精料、晚上隔开羔羊的情况下，产奶量为0.28～0.38kg，也有达到0.4kg以上的。

4. 板皮品质

雷州山羊板皮具有皮质致密、轻便、弹性好、皮张大的特点，熟制后可染成各种颜色。

三、种用价值

雷州山羊是南方热区优良的地方品种，经长期自然选择适应热区的环境，但其体型相对较小，生产缓慢等问题也制约了规模的扩大发展。长期的传统放牧方式和乱交乱配，导致了雷州山羊品种退化严重，品种结构较混乱，高脚和低脚、单羔和多羔个体混合饲养，杂交乱配严重，养殖效益不高。近几年利用努比亚黑山羊和波尔黑山羊杂交改良雷州山羊向肉用方向发展，已取得了明显的进展与成就。通过杂交育种，其杂交后代个体在初生重、育成羊体重和生长速度等方面有明显提高，而且杂交育肥羊出栏时间平均缩短3～6个月。因此，应该有组织、有计划地对雷州山羊进行科学、合理的品种资源保护与利用。

第三章　雷州山羊的繁殖技术

第一节　雷州山羊繁殖的生理特性

一、山羊生殖器官组成和构造

1. 公羊的生殖器官

公羊的生殖器官主要包括睾丸、附睾、阴囊、输精管、副性腺和阴茎等部分（图3-1），不同品种之间的差异仅是部分器官的大小不同。

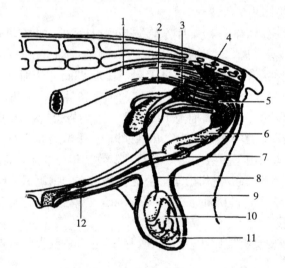

图3-1　公羊生殖器官

1. 直肠　2. 输精管壶腹　3. 精囊腺　4. 前列腺　5. 尿道球腺　6. 阴茎
7. S状弯曲　8. 输精管　9. 附睾头　10. 睾丸　11. 附睾尾　12. 包皮

（1）睾丸　雷州山羊公羊睾丸有2个，均呈长卵圆形，长轴与地平面垂直。睾丸表面为浆膜，往里是白膜，再往里是实质部。睾丸的主要机能如下：

①由分布在间质组织内的曲精细管产生精子，每克睾丸组织每天可产生2 400万～2 700万个精子，每个睾丸均重100～150g。

②分泌雄性激素，尤其是睾酮，激发公羊的性欲和性兴奋，刺激完成第二性征的发育。

（2）附睾　附睾有 2 个，均呈不规则的长管形，沿睾丸一侧从上到下附着在睾丸上，可划分为头、体、尾 3 部分，其头部有十几条睾丸输出管，汇合于睾丸网而形成一条弯曲小管，此管腔到尾部变粗，进入输精管。附睾的功能如下：

①附睾是精子最后成熟的地方。据研究，从精细管中出来的精子受精能力极低，通过附睾需 13～15d 的时间，其形态得到完全发育，运动和受精能力可大大提高。

②附睾是精子的储存库。附睾内 pH 为弱酸性（6.2～6.8），渗透压高，温度低，使精子处于低耗能量的休眠状态。

③附睾为精子提供营养物质，以使精子在附睾内长期储存而不死亡。

（3）阴囊　阴囊是包裹睾丸及附睾的囊状物，上端狭细，内有一中隔，分成左右两腔，每腔各有 1 个睾丸。在结构上，阴囊最外层为毛发，皮肤内有汗腺、脂腺和肌肉组织，最内层阴囊鞘膜包裹睾丸。阴囊的功能如下：

①阴囊可支持和保护睾丸。

②阴囊可调节睾丸温度。

（4）输精管　输精管有 2 条，是从附睾尾延续到尿道的较厚的环形肌肉层管道。两条输精管相遇在尿道时，最后 3～4cm 变粗，形成输精管壶腹部。输精管的功能如下：

①输精管作为暂时储存精子的地方。

②依靠肌肉收缩力在射精时将精液推入尿道。

（5）副性腺　副性腺紧附尿道，与输精管相接；它包括 2 个阴囊腺、1 个前列腺和 2 个尿道球腺。其中，精囊腺最大，位于尿道与输精管连接处；其后是前列腺，围绕在尿道周围，有数个小排泄管直通尿道；最后是尿道球腺，位于骨盆腔出口处的尿道上端。副性腺的功能如下：

①冲洗尿道，使精子免受尿液污染（尿道球腺）。

②稀释精子，增大精液量（前列腺）。

③提供精子所需的能源即果糖，中和精液的酸碱度（精囊腺）。

（6）尿道　尿道是从膀胱通向阴茎的一根长管道，是尿液和精液共同排出的通道。

（7）阴茎　阴茎内有 1 条管道（阴茎尿道），被 3 个血管丰富的海绵体所包围；海绵体外覆盖着一系列肌肉组织和一层厚厚的弹性纤维组织。阴茎的功能如下：

①作为公羊的交配器官。在性兴奋时，进入阴茎的血管收缩，海绵体组织空隙充血，阴茎膨大呈勃起挺长状，便于完成交配行为；当性松弛时，血液流出海绵体，阴茎垂松，其在阴囊后部恢复成 S 状弯曲，阴茎缩回到阴鞘内。

②具有射精和排尿双重功能。在交配时，细长的尿道（3～4cm）伸出阴茎头（即龟头），呈帽状隆起，分布有大量感觉纤维，将精液喷洒在母羊的子宫颈口外和阴道深部。

2. 母羊的生殖器官

母羊的生殖器官包括 3 个部分：一是性腺，即卵巢。二是生殖道，包括输卵管、子宫、阴道。以上两部分也称内生殖器官。三是外生殖器官，包括尿生殖前庭、阴唇、阴蒂（图 3-2）。

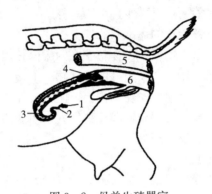

图 3-2　母羊生殖器官
1. 卵巢　2. 输卵管　3. 子宫角　4. 子宫颈　5. 直肠　6. 阴道

（1）卵巢　山羊卵巢位于子宫角尖端外侧，耻骨前缘之后，形状为椭圆形，长 1～1.5cm。初情期开始后，根据发情周期的不同，卵巢上有大小不等的卵泡、红体或黄体突出于卵巢表面。卵巢组织分为髓质部和皮质部。髓质部由结缔组织和神经血管系统构成。皮质部有卵泡、卵泡的前身和续产物。卵泡、红体和黄体的形态构造因发育阶段不同而有很大的变化。卵巢的主要机能如下：

①卵泡发育和排卵。卵巢皮质部分布着许多原始卵泡。原始卵泡是由一个卵母细胞和周围一单层卵泡细胞构成，它在胎儿时期即完成了全部数量的储备。初情期开始后，初级卵泡经过次级卵泡、生长卵泡和成熟卵泡发育阶段，最终排出卵子。排卵后在原始卵泡处形成黄体。

②分泌雌激素和黄体酮。在卵泡发育过程中，包围在卵泡细胞外的两层卵巢皮质基细胞形成卵泡膜，内膜分泌雌激素。一定量的雌激素是导致母畜发情的直接原因。排卵之后，在原排卵处颗粒膜形成皱襞，增生的颗粒细胞形成绳索状，从卵泡腔周围呈辐射状延伸到腔的中央形成黄体。黄体能分泌黄体酮，它是维持妊娠所必需的激素之一。

（2）输卵管　输卵管是卵子进入子宫的必经通道，包在输卵管系膜内，长15～30cm，有许多弯曲。管的前 1/3 段较粗，称为壶腹，是精子受精的地方。

其余部分较细，称为峡部。壶腹和峡部连接处叫壶峡连接部。管的前端（卵巢端）靠近卵巢，扩大呈漏斗状，叫作漏斗。漏斗的面积为 $6\sim10\mathrm{cm}^2$。漏斗的边缘形成许多褶皱，称为输卵管伞。输卵管的主要功能如下：

①承受并运送卵子。从卵巢排出的卵子最先被输卵管伞捕获，然后将其运送到漏斗和壶腹，再到壶峡连接部。

②生殖机能。精子获能、受精以及卵裂均在输卵管内进行。

③分泌机能。分泌物主要为黏蛋白及黏多糖，既是精子、卵子的运载工具，也是精子、卵子及早期胚胎的培养液。

（3）子宫　子宫由两侧子宫角、子宫体及子宫颈构成。羊的子宫角基部之间有一纵隔，将两侧子宫角分开，称为对分子宫。子宫的主要机能如下：

①交配时，子宫借其肌纤维有节律的收缩运送精液，使其超越本身运动速率通过输卵管的子宫口进入输卵管。分娩时，子宫以其强力阵缩排出胎儿。

②子宫内膜的分泌物和渗出物，以及内膜进行糖、脂肪、蛋白质代谢的产物，可为精子获能提供环境，又满足孕体（囊胚到附植）的营养需要。妊娠时，子宫内膜（羊为子宫阜）形成母体胎盘，与胎儿胎盘结合成为胎儿与母体间交换营养和排泄物的器官。子宫是胎儿发育的场所。

③在发情季节，如果母畜未孕，那么在发情周期的一定阶段，一侧子宫角内膜所分泌的前列腺素对同侧卵巢的周期黄体产生溶解作用，以致黄体机能减退，垂体又大量分泌促卵泡素，引起新的卵泡发育成长，导致再次发情。

④子宫颈是子宫的门户，在不同的生理状况下伺机启闭。平时，子宫颈处于关闭状态，以防异物侵入子宫腔。发情时，稍微开张，以利精子进入，同时宫颈大量分泌黏液，是交配的润滑剂。妊娠时，子宫柱状细胞分泌黏液堵塞子宫颈管，防止感染物侵入。临近分娩时，颈管扩张，以便胎儿排出。

⑤子宫是精子的"选择性储存库"之一。子宫颈黏膜分泌细胞所分泌的黏液将一些精子导入子宫颈黏膜隐窝内。宫颈可滤剔缺损和不活动的精子，所以它是防止过多精子进入受精部位的第一道栅栏。

二、雷州山羊的繁殖规律

1. 性成熟与初配年龄

雷州山羊公羔、母羔出生后出现第一次发情的年龄即为初情期，通常称为性成熟，此时一般为 $4\sim6$ 月龄，体重为成年羊的 $40\%\sim60\%$。公羔的性成熟时间较早，为 $3\sim4$ 月龄，特征是能排出具有受精能力的成熟精子，但畸形精子或未成熟精子比例较大；母羔的性成熟时间晚一些，为 $4\sim6$ 月龄，特征是能够接受配种并孕育正常的后代。性成熟的早晚还受到营养条件、个体发育等因素的影响。应当注意，性成熟的羊不适于立即配种（即初配），因为其生殖器官和机体其他器官都还处于生长发育时期,过早配种会阻碍个体的正常发育,也对后代的体质和生产性能表现不利,但若过迟配种,则会降低羊的利用价值和经济效益,故生产中提倡适时配种。一般来讲,初配母羊的体重达到成羊体重的70%是比较适宜的时间。雷州山羊公羊、母羊的初配年龄通常在12月龄左右,但饲养管理条件好的母羊,也可以提前配种。

2. 发情与配种

母羊达到性成熟年龄时,卵巢出现周期性排卵现象,随着每次排卵,生殖器官也在发生周期性的系列变化,周而复始地循环,直至性衰退。大部分山羊性活动旺盛的时期主要是在春秋两季,以秋季最为集中,部分山羊品种能够常年发情,发情旺期就是山羊最适宜的配种繁殖期。山羊能否正常繁殖往往取决于能否正常发情、能否适时配种或输精。

(1) 发情表现 公羊的发情表现(又称为性行为)比较明显,常表现为性兴奋,如举头、口唇上翘、发出连串鸣叫、追逐母羊并用前肢压踩母羊等,要等到兴奋高潮时进行交配。公羊交配动作迅速,时间短,一般仅数十秒即完成。母羊发情一般表现为兴奋不安,对外界刺激敏感,食欲减退,接近公羊或在公羊追逐与爬跨时站立不动,外阴充血肿胀,阴道松弛并分泌出黏液,黏液有时会从外阴部流出。据观察,在发情开始时,阴道流出的黏液量少而清亮;12~18h后,量多且转为混浊;25~30h后,黏液量少而黏稠,呈奶油样。

(2) 发情持续期 母羊每次发情持续的时间称为发情持续期。雷州山羊的发情持续期为24~48h,并受年龄、繁殖季节等因素影响。一般来讲,羔羊初情期发情持续时间最短(18~30h),1.5岁后到成年逐渐延长(20~40h);繁殖季节初期发情持续时间较短,中期较长,末期变短;混有公羊的母羊群比母羊单独饲喂的发情持续时间短,但发情比较一致。

(3) 排卵时间 母羊排卵一般多在发情开始后30~36h。但有些发情期短的个体可能在发情结束后排卵,也有些羊未表现发情而排卵(称为静默发情)。据研究,卵子排出后在输卵管中的存活时间为12~24h,而公羊精子进入母羊生殖道后受精作用的旺盛时间为10~12h,故母羊最适宜的配种时间应是发情开始后12~16h。

(4) 发情周期 母羊从上一次发情开始到下一次发情的间隔时间叫作发情周期。山羊的发情周期平均为21d,范围为18~24d。在一个发情期内,没有受孕的母羊,会再次出现发情。在一个完整的发情周期里,生殖道将发生一系列规律性变化。但相比之下,发情周期的长短受到个体、年龄等因素的影响。

3. 受精与妊娠

(1) 受精 在母羊生殖道即输卵管1/3处,精子进入卵子形成受精卵,此为受精过程。公羊一次射出的精子数量很多，但到达受精部位的精子还不足1 000 个。衰老的精子或卵子对受精、受精卵的附植、胚胎发育和羔羊发育都是不利的，故生产中必须加强适时配种和保证公羊的精液品质。

（2）妊娠期　受精卵在母羊体内分裂、分化到发育成为胎儿并排出体外的时间称为妊娠期，一般为 5 个月，变动范围为 144～155d。健康、发情正常的母羊，配种后 20d 不再发情，就可能是妊娠了。母羊妊娠后，机体生理、生殖器等亦发生相应变化。妊娠母羊变得安静温顺、食欲增加、毛色变得光亮、体形逐渐丰满、行动谨慎、喜好静卧、阴门紧闭、阴道黏膜苍白、黏液浓稠。在妊娠后期，乳房膨胀、腹围增大、体重增加、呼吸加快、排粪排尿次数增多。一些母羊还会出现腹下和后肢水肿的现象。妊娠前期（约 90d）胎儿生长缓慢、母羊体重增加较慢；妊娠后期（约 60d）胎儿生长迅速，营养供应充足时，母羊和胎儿体重总共增加 5～8kg。妊娠期受到许多因素的影响，同一品种不同个体间妊娠期的差异可达 1～5d。母羊营养水平低时妊娠期较长，怀双羔母羊的妊娠期比怀单羔的稍短，老龄母羊的妊娠期稍长。

第二节　雷州山羊的繁殖

一、山羊配种季节的确定

山羊的配种季节受到很多因素的控制，如发情季节、温度、营养状况、性刺激等，这些是在确定配种季节时首先要考虑的；其次是根据计划的产羔次数和产羔时间来定。一般来说，公羊没有明显的配种季节，但精液的品质却有明显的季节性变化。公羊的性活动秋季最高、冬季最低；精液的品质与温度和昼夜长短有关，持续交替的高温、低温变化会降低精子总数、活力、正常精子比例等精液指标，故公羊的配种最好选在秋季和春季。

二、发情鉴定

发情鉴定的目的是及时发现发情母羊，正确掌握配种或人工授精时间，以防误配漏配而降低受胎率与产羔率。雷州山羊的发情鉴定主要有外部观察法、阴道检查法和试情法 3 种。

1. 外部观察法

母山羊发情时表现尤为明显，主要为兴奋不安，食欲减退，反刍停止，大声鸣叫，强烈摇尾。外阴部及阴道充血、肿胀、松弛，并排出或流出大量黏液。外部观察法鉴定母羊发情是目前常用的方法。

2. 阴道检查法

这是一种较为准确的发情鉴定方法。它是通过开膣器观察阴道黏膜、分泌物和子宫颈口的变化情况来判断发情与否。阴道检查时，先将母羊保定好，外阴部清洗干净；再把开膛器清洗、消毒、烘干后，涂上灭菌的润滑剂或用生理盐水浸湿；检查员左手横向持开膛器，闭合前端，慢慢插入，轻轻打开前端，通过反光镜或手电筒光线检查阴道内变化；当发现阴道黏膜充血、红色、表面光亮湿润、有透明黏液渗出且子宫颈口充血、松弛、开张、有黏液流出时，即可定为发情。当子宫颈口开张、湿润、流出黏液呈混浊状（而不是清亮的）时，是配种与输精较为适宜的时机。

3. 试情法

在羊群较大时，鉴定母羊发情最好采用公羊试情法。试情公羊应选择身体健康、性欲旺盛、没有疾病、年龄 1.5～5 岁，个体比较大的本地公山羊或杂种公羊。试情公羊不能与发情母羊交配。为了防止试情羊偷配，对试情羊应采取以下措施：

（1）系上试情布　每当试情时，在试情羊腹下系上试情布。试情布用长 40cm、宽 35cm 的白布，四角系上带子，试情时拴在试情羊腹下，每天用过的试情布都要清洗干净。

（2）结扎输精管　在配种季节到来之前，对试情公羊进行输精管结扎。

（3）阴茎移位　对试情公羊进行阴茎移位术，这样试情公羊爬跨发情母羊时阴茎伸向一侧，不能交配。

试情时每 100 只母羊放入 2～3 只试情公羊为宜，配种季节每天早晚各试情 1 次，每次试情时间 1h 左右。配种后的母羊应继续试情一个发情周期，防止返情母羊漏配，造成空怀。

三、发情控制技术

发情控制技术是指通过干预山羊的自然繁殖模式，使之与管理目标和经济目的相一致，从而提高母羊繁殖效率的技术方法。通常对个体实施诱导发情，对羊群实施同期或同步发情。实践证明，发情控制给羊群的管理决策带来更大的方便和灵活性，具体表现在：一是母羊分期分批发情配种，可以减少优秀公羊或母羊往返配种的次数；二是为个别优秀的母羊选择特定的配种与产羔日期，对于难以判断发情的母羊能准确预告其发情时间；三是由同期发情带来的配种与产羔同期，有利于实施人工授精技术和推广规模化羔羊育肥；四是有可能增加繁殖季节早期母羊发情的只数和受胎率。发情控制的效果主要取决于母羊所处的状态。按照同期发情的处理方法，发情控制可分为激素法（刺激或模拟活动性黄体消退）和非激素法（羔羊早期断奶、光照控制和引入公羊气味）两大类；而按照实施对象，可分为诱导发情（对个体）和同期发情（对群体）两大类。

1. 诱导发情

诱导发情又称诱发发情，主要是指母羊在乏情期内，人为地借助外源激素或非激素法引起母羊发情排卵，并进行配种。此法能打破季节性繁殖规律，缩短母羊繁殖周期，实现密集产羔，提高母羊繁殖力。其主要途径有羔羊早期断奶、激素处理、生物学刺激等。

（1）羔羊早期断奶　此法的实质是通过羔羊的早期断奶，缩短母羊的产羔间隔，使母羊早日恢复性周期活动并提早发情。早期断奶的时间可根据生产需要与断奶羔羊的管理水平来决定。一般来说，1年2胎的母羊，在羔羊出生后0.5～1月龄断奶；3年5胎的母羊，在羔羊出生后1.5～2月龄断奶；2年3胎的母羊，羔羊出生后2.5～3月龄断奶。要注意，早期断奶羔羊应设法进行人工育羔。

（2）激素处理　其方法是将孕激素阴道栓放入母羊子宫颈外口处16～18d，于撤栓前2d肌内注射400IU孕马血清促性腺激素，于撤栓时肌内注射0.05mg氟前列烯醇，处理后的母羊发情率可达90%以上。为提高发情母羊的受胎率，可在配种时注射1mL促黄体酮。

2. 同期发情

在繁殖季节，通过人为干预母羊发情周期，实现群体母羊同时发情。常用方法主要是利用药物诱发发情。同期发情配种时间集中，有利于发挥人工授精的优点，充分利用优良的种公羊，使产羔时间集中，便于管理，尤其在肥羔专业化、规模化、工厂化生产过程中具有重要的实践意义与经济价值。目前常用的同期发情药物根据其性质可分为三类：一是抑制卵泡和发情的制剂，如黄体酮、甲地孕酮、氟孕酮等；二是加速黄体消退、导致母羊发情、缩短发情周期的制剂，如前列腺素等；三是促进卵泡生长发育和成熟排卵的制剂，如孕马血清促性腺激素、垂体促卵泡素、人绒毛膜促性腺激素等。

（1）孕激素阴道栓处理法　孕激素阴道栓处理法是目前山羊同期发情的一种最常用方法。其原理为在施药期内，如果黄体发生退化，外源孕激素将代替内源孕激素（黄体分泌的孕激素），人为地创造一个黄体期，推迟发情期的到来。血液中孕激素长期维持在相对较高的水平，可以抑制卵泡的发育和羊的发情。而这样经过一定时间处理后同时停药（即取出阴道栓），黄体期结束，山羊出现发情特征。方法是将孕激素阴道栓放入母羊子宫颈外口处16～18d后取出，之后在2～3d内母羊发情率可达90%。阴道栓可购买商业制剂，也可自制。自制方法是将海绵团成2～3cm的小方块，拴上45cm细线，浸吸孕激素制剂，用专用埋栓导入器或开膣器将吸有孕激素的海绵送入子宫颈外口处。常用孕激素和剂量为黄体酮150～300mg、甲孕酮50～70mg、甲地孕酮

80～150mg、氟孕酮 20～40mg。单独的孕激素阴道栓处理效果较低，若配合其他激素使用可以取得很好的同期发情效果。乏情期亦可使用阴道栓对山羊进行同期发情处理。而在非繁殖季节，采用孕酮栓＋孕马血清促性腺激素＋人绒毛膜促性腺激素法进行诱导同期发情处理可以取得很好的效果。此外，若在取栓时配以肌内注射垂体促卵泡素＋前列腺素，羊在取栓后 24h 左右即可得到很好的同期发情效果。

（2）前列腺素注射法　将前列腺素或其类似物，在母羊发情后数日向子宫内灌注或肌内注射一定剂量，能在 2～3d 内引起发情。理论上讲，前列腺素只有当卵巢上存在活动的黄体时，才具有同期发情的效果，其原理是前列腺素诱发的黄体消退降低了血液黄体酮的水平，从而引起发情。因此，当卵巢活动处于不同阶段时，不同处理方案的效果可能会有差异。

四、雷州山羊的配种方法

雷州山羊的配种方法有自由交配、人工辅助交配和人工授精 3 种。

1. 自由交配

自由交配是养羊生产中最原始的交配方法。平常公羊和母羊混群放牧，或在配种期公羊和母羊混群，由发情母羊、公羊随时交配。这种配种方法虽有一定好处，但缺点较多：一是增加了公羊的饲养数量，加大了生产成本，公羊和母羊的比例一般为 1：20～1：30；二是母羊在一个发情期内，交配次数太多，不仅浪费公羊精液，对公羊体力消耗太大，同时无法掌握公羊精液品质的好坏及母羊是否受胎；三是公羊和母羊合群放牧，母羊发情后，公羊交配次数太多，互相干扰，影响公羊和母羊抓膘；四是无法选种选配和进行系谱记录，母羔初情期早配会影响母羔的生长发育和后代品质的提高；五是无法控制生殖道疾病传播和记载预产期，造成管理上的困难。一些养羊场或养羊专业户，无条件采取其他配种方法而实行自由交配，应在选种选配的原则下，在母羊群中放入指定的种公羊进行交配，以利于提高羊群的品质。

2. 人工辅助交配

人工辅助交配有利于克服自由交配的缺点，即将公羊和母羊分群放牧饲养，到了配种季节每天对母羊进行试情，发情母羊与指定的公羊进行交配。采取这种方法，可以准确地登记配种日期、公羊和母羊的耳号、配种次数，可以计算出母羊预产期，便于做好产前的准备工作。同时，人工辅助交配有利于选种选配，提高种羊的利用率。人工辅助交配，在一个配种期内，每只种公羊可负担 50～60 只母羊的配种。

3. 人工授精

羊的人工授精，是通过人为的、借助器械的方式，将公羊的精液采出来，经过适当处理后，再输入发情母羊生殖道内，使母羊受精的一种先进配种方法。雷州山羊的人工授精常采用开膣器法、输精管插入法以及一次性塑料管输精法。

（1）开膣器法　这种方法适用于体格比较大的经产母羊。操作过程是将待配母羊固定在配种架上，洗净并擦干母羊的外阴部，把消毒过的开膣器插入阴道，并轻轻转动找到母羊的子宫颈，然后将输精器通过开膣器的管塞，将 0.05～0.1mL 精液压入子宫颈内。这种方法的优点是输精部位准确，受胎率较高，但对小羊来说存在输精操作困难、小羊受苦、影响受胎率等缺点。

（2）输精管插入法　把山羊两后腿提起倒立，两腿夹住羊的前躯进行保定，对阴户外部进行洗涤和消毒。输精员用手扒开母羊阴户，输精管沿母羊背部平行不断地缓慢扭转插入阴道底部输精。输精管插入子宫颈时，手势务必轻柔，切忌粗暴或用力过猛，以防戳伤子宫颈黏膜。这种方法克服了用开膣器输精困难的缺点，并有良好的受精效果。此法受胎率达 93.07％。

（3）一次性塑料管输精法

①材料的选择和主要技术指标：材料选择无毒、无色、透明的半软质塑管，直径为 4mm，管长 180～200mm，容积 0.5mL 以上，头盖和尾盖可以塞住塑料管口使之不漏精液，硬度、弹性符合输精要求，不能过软或过硬，使输精管顺利到达阴道底部，接近子宫颈口，而不损害阴道黏膜。

②制作方法：将塑料管弯成 U 形，用滴管吸取稀释好的精液，并直抵塑料管一端的开口处，沿管壁灌入稀释好的精液，输入量 0.5mL。拔出滴管，平衡 U 形管，即两端开口处离精液面 2cm（呈空管）。然后盖上尾盖，贴上标签，标明日期、品种，套上包装袋，将袋口重新封好保存。

③操作方法：先拿掉塑料管一端的头盖，由一人将发情母羊两腿提起倒立，用两腿夹住羊的前躯保定，对母羊阴户周围进行消毒处理，再扒开阴户，把输精管缓缓旋转插入母羊阴户至阴道底部子宫颈口处，取掉另一头的尾盖或剪除一小段（节），精液即可自行流入子宫颈内。精液流入缓慢时，可轻轻改变输液管的角度或稍微伸缩，幅度不宜大，以便精液流出。输精完毕，轻轻抽出输精管，并在母羊背部拍打一下，放开母羊后腿，输精管用后即弃去。

五、雷州山羊的妊娠诊断与生产技术

1. 妊娠诊断

雷州山羊配种后的妊娠诊断，特别是早期诊断，是提高受胎率、减少空怀的一项重要工作。判断是否妊娠的方法主要有以下几种：

（1）外部观察法　发情正常的母羊，配种后 20d 左右不再发情即可初步判断为妊娠。妊娠母羊，消化机能增强、食欲旺盛、体重增加、被毛光顺，性情变得温顺、安静，阴门收缩紧闭、行动小心谨慎。妊娠后期，母羊腹围增大，尤其右侧突出，两侧腹部不对称，乳房逐渐增大，临产前可以挤出少许黄色乳汁。

（2）公羊试情法　母羊配种后应继续试情一个发情期，在下一个发情期内不再出现发情，对公羊没有性欲要求，不接受公羊爬跨，可认为母羊已经妊娠。

（3）腹部触诊法　这一方法适用于妊娠 2 个月以上的羊。一般在早晨空腹时进行。触诊时检查者用两腿夹住羊的颈部，两手放在母羊腹下乳房前方的两侧部位，连续将腹部微微托起。左手将羊的右腹向左方微推，左手拇指和食指叉开微加压力，可以摸到游动较硬的块状物，反复几次，即可基本断定母羊已妊娠。检查时要细心，手的动作应轻巧灵活，仔细触摸，不可用力太大，以免造成流产。

（4）超声波诊断法　测定时，将母羊轻轻放倒，多采取右侧卧，妊娠中后期也可自然站立保定，然后在后腹部涂上液体石蜡，将探头紧贴腹壁，向周围不断改变探头滑动的方向。妊娠 20d 左右可以在乳房基部稍后的地方听到有节律的"唰唰"声，母体子宫的血流音与母体心音同步，每分钟 98～128 次。妊娠 50d 在乳房基部 4cm 处可以听到胎儿的血流音，此种声音为一种快速的"唧唧"单音，每分钟 210 次左右。妊娠中后期可以在此处听到胎儿的心音。这种诊断方法，准确率可达到 90% 以上。直肠内超声波探测法可提高诊断的准确率。

2. 雷州山羊临产前的症状

母羊临产前，外阴部、乳房、尻部以及行为均发生一系列变化，这些都是母羊临产前的预兆。母羊临产前有以下几方面的症状：

（1）临产母羊乳房迅速增大，稍发红发亮，乳头直立。初产母羊在妊娠 3～4 个月时，乳房慢慢膨大，到妊娠后期更为显著。临产前能挤出黄色乳汁。

（2）临产母羊腹部下垂，尾根两侧肌肉松软，有凹陷，产前 2～3h 凹陷更为明显，行走时可看到颤动。这些表现是临产前的一个典型征兆。

（3）临产母羊的阴唇肿大潮红，阴门容易开张，卧下时更为明显，生殖道流出的黏液变稀而透明，牵缕性增加。

（4）母羊临近分娩时在行动上表现出举动不安、排尿次数增多、时卧时起、频频用前蹄刨地、回头望腹、常离群在安静的地方呆立、目光凝滞、食欲减退、反刍停止，躺卧时两后肢不向腹下曲缩而呈伸直状态。当发现母羊卧地、四肢伸直努责时，已到临产时刻。

3. 接产

接产是养羊生产中的重要环节，接产工作组织不好、安排不当、护理不好，将会造成较大的经济损失，因此，必须重视接产工作。

（1）产羔前的准备　拟订妊娠母羊预产计划表。根据母羊配种月份和配种日期，以及妊娠期按150d推算出妊娠母羊的预产日期，并印发给妊娠母羊的饲养员、产房接产人员、兽医，使他们掌握每只妊娠母羊的产羔时间，这样便于对临产母羊进行饲养管理和接产。多数雷州山羊是在妊娠148～153d产羔。

（2）产房的准备　根据各地的气候条件、经济发展水平，产房准备应因地制宜，不强求一致。冬季和早春产羔，因天气比较冷，必须预先做好产房准备。产羔开始前10～15d对产房进行检修，产房要保暖，空气要新鲜，光线要充足。初生羔羊对低温环境特别敏感，出生后1h直肠温度降低2～3℃，防寒措施不到位时羔羊容易发生感冒、肺炎等疾病。产房温度宜保持在8℃以上。产前对产房全面消毒，消毒过后保持地面干燥，并铺上干净的垫草。产房要配备产羔栏，每个产羔栏的面积为1～1.6m²。

（3）草料的准备　母羊产后前几天在产房饲养。产前应备足优质干草、精料、多汁饲料等，以备产后母羊的补饲。晚春、夏秋季节，可在产羔舍附近放牧。

（4）配备足够人员　接产护羔是一项细致而繁重的工作。根据产羔母羊数、双胎率及产羔集中程度配备人员，做到昼夜值班，护理好待产母羊和产后母羊与羔羊，防止其被压死、踩死、挤死。

（5）用具药品的准备　如5％的碘酒、来苏儿、酒精、强心剂和镇静剂等，还要准备好注射器、编号用具、纱布、毛巾、脸盆、秤、分娩记录本等。

（6）助产　一般情况下，经产母羊产羔较快，正常分娩的母羊羊膜破裂后几分钟到半小时羔羊便会顺利产出，不需要助产。正常胎位的羔羊，出生时先出两个前肢的蹄，随后是嘴鼻，然后露出头顶，这时羔羊就会很快生出来。产双羔先后间隔5～30min，多至几小时。少数初产母羊，因骨盆狭窄、阴道狭小，老龄母羊由于体弱或胎儿过大、1胎多产，产羔时比较困难。如遇到难产，需要助产。其方法是等羔羊嘴端露出后，左手向前推动母羊会阴部，羔羊头部露出后，再用左手托住头部，右手握住前肢，随母羊努责时向后下方拉出胎儿。遇到胎位不正，如两肢在前不见头部或头在前未见前肢等情况，先将母羊后躯部垫高，当母羊阵缩时将胎儿露出的部分推回去。接产人员应将指甲剪短、磨光，用2％的来苏儿溶液洗手，涂上润滑剂，手伸入阴道探明胎位，帮助纠正成顺胎，然后再产出。

（7）初产羔羊及产后母羊护理　羔羊出生后应尽快将其口、鼻、耳内黏液掏出。羔羊身上的黏液让母羊舐干，母羊不舐时，在羔羊身上撒些麸皮，引诱母羊舐干，这样可以增强母子亲和力。若天气寒冷、母羊又不肯舐时，可用干布等擦干羔羊身上的黏液，以免羔羊受凉引起感冒。羔羊的脐带让其自然断裂，有的脐带不断，应先掐住脐带基部，将脐带中的血向外排挤，在离羔羊腹部4~5cm处，用手拧断或剪断，然后涂上5%碘酒消毒（不然会引起脐带炎，有时还会并发疝气）。羔羊出生后0.5~3h胎衣排出，需立即处理掉。母羊分娩结束后，用温水洗擦其乳房，擦干后挤出几滴乳汁，待羔羊称重后帮助羔羊早吃初乳。给母羊饮些加有麸皮的温水，消除疲劳，减少腹部空虚之感。休息后喂给母羊优质干草，根据产乳情况给料，并保持产羔栏干燥。

（8）羔羊假死的处理　有时妊娠期满出生的羔羊，生长发育正常，但不呼吸，心脏仍有跳动，这种现象称为"假死"。造成"假死"的原因主要是胎儿过早的呼吸动作吸入羊水，或子宫内缺乏氧气，分娩时间延长，也有可能是受凉。遇到羔羊"假死"时，要认真检查，不要把"假死"当成真死而处理掉，特别是种用雷州羔羊，会造成很大损失。抢救"假死"的办法：一是提起羔羊两后肢，使头向下，拍打背部、胸部或向左右摇晃，使堵塞咽喉的黏液流出；二是进行人工呼吸，有节律地推压羔羊胸部两侧，也可拉住前两肢，以拉锯式的反复屈伸，拍打胸部两侧，促使羔羊恢复呼吸；三是向羔羊鼻孔吹气，吹气时，不要用力太大，以免破坏肺泡。因为受凉造成"假死"的羔羊，应立即放到暖室或温箱，使之早日恢复正常状态。

第三节　雷州山羊的繁殖新技术

一、人工授精技术

（一）采精

1. 采精前准备

（1）采精室（场）的准备　采精室地面用0.1%新洁尔灭溶液或3%~5%来苏儿或石炭酸溶液喷洒消毒，夜间打开紫外线灯消毒，工作服可在夜间挂在采精室进行紫外线消毒。

（2）台羊或采精台的准备　采精前，将活台羊牵入采精架加以保定，然后彻底清洗其后躯，特别是尾根、外阴、肛门等部分。外阴部用2%来苏儿水消毒，并用干净抹布擦干。如用假母羊做台羊，须先经过训练，即先用真母羊为台羊，采精数次，再改用假母羊为台羊。

（3）公羊性准备　种公羊采精前性准备的充分与否，直接影响着精液的数量和质量。因此，在临采精前，均须以不同诱情方法使公羊有充分的性欲和性兴奋。一般采取让公羊在活台羊附近停留片刻，进行几次假爬跨或观看其他公羊爬跨射精等方法，增加性刺激强度，引导其表现出较强烈的性行为。利用假台羊采精，要事先对种公羊进行调教，使其建立条件反射。调教的方法是：在假台羊的后躯涂抹发情母羊的阴道黏液和尿液，公羊会因此受到刺激而引起性兴奋并爬跨假台羊，经过几次采精即可调教成功；在假台羊旁边牵一只发情母羊，诱使公羊进行爬跨，但不让其交配而把其拉下，反复多次，待公羊的性冲动达高潮时，迅速牵走母羊，令其爬跨假台羊采精；将待调教的公羊拴系在假台羊附近，让其目睹另一只已调教好的公羊爬跨假台羊，然后再诱其爬跨。在公羊调教过程中，要反复进行训练，耐心诱导，切勿施用强迫、恐吓、抽打等不良刺激，以防止性抑制而给调教造成困难。第一次爬跨采精成功后，还要经过几次反复，以使公羊建立巩固的条件反射。此外，还要注意人畜安全和公羊生殖器官的清洁卫生。

2. 采精方法（假阴道）

（1）假阴道的准备　假阴道的安装和消毒。首先检查所用的内胎有无损坏和沙眼。安装时先将内胎装入外壳，使光面朝内，并要求两头等长；将内胎一端翻套在外壳上，用相同的方法套好另一端，此时勿使内胎有机转情况，并使松紧适度；然后在两端分别套上橡皮圈固定。用长柄镊子夹上 70%酒精棉球消毒内胎，从内向外旋转，勿留空间，要求彻底消毒，待酒精挥发后，用生理盐水棉球多次擦拭。

（2）灌注温水　左手握住假阴道的中部，右手用量杯将温水（50～55℃）从灌水孔灌入，水量为外壳与内胎间容量的 1/3～1/2。实践中常竖立假阴道，水达灌水孔即可。最后装上带活塞的气嘴。

（3）涂抹凡士林　用消毒玻璃棒取少许经消毒的凡士林涂抹内胎，深度以假阴道长度的前 1/3～1/2 处为宜。

（4）检温、吹气加压　用消毒的温度计插入假阴道内检查温度，以 39～42℃为宜。若温度过高或过低，可用冷水或热水加以调节。过后向夹层内注入空气，使涂凡士林一端的内胎壁愈合，口部呈三角形。最后用纱布盖好入口，准备采精。

（5）采精技术　采精人员右手握住假阴道后端，固定好集精杯（瓶），并将气嘴活塞朝下，蹲在台羊右后侧，让假阴道靠近母羊的臀部；在公羊跨上母羊背侧的同时，将假阴道与地面保持 35°～40°角，迅速将公羊的阴茎引入假阴道内，切勿用手抓碰阴茎；若假阴道内温度、压力、滑度适宜，当公羊后躯急速用力向前一冲时，即已射精；此时，顺公羊动作向后移下假阴道，并迅速将假阴道竖起，集精杯一端向下；然后打开活塞上的气嘴，放出空气，取下集精杯，用盖盖好，送精液处理室待检。

（6）采精频率　合理安排公羊采精频率是维持公羊健康和最大限度采集精

液的重要条件。公羊采精频率取决于精子产生数量、储存量、每次射精量、精子活率、精子形态正常率和饲养管理水平等因素。随意增加采精次数，不仅会降低精液品质，而且会造成公羊生殖机能降低和体质衰弱等不良后果。在生产上，山羊的适宜采精频率见表3-1。对于常年采精公羊，采精频率通常为每周采精4～10次。生产上所采精液样品中如出现未成熟精子、精子尾部近头端有未脱落原生质滴、种公羊性欲下降等，都说明公羊采精次数过多，这时应立即减少或停止采精。

表3-1　正常成年公羊的采精频率及其精液特性

每周采精次数/次	平均每次射精量/mL	平均每次射出精子总数/亿个	平均每周射出精子总数/亿个	精子活率/%	正常精子率/%
4～10	0.5～1.5	15～60	60～300	60～80	80～95

（二）精液品质检查（评定）

1. 精液的外观检查

（1）精液量　射精量是指公羊1次采精所射出精液的容积，可以用带有刻度的集精瓶（管）直接测出。当公羊的射精量太多或太少时，都必须查明原因。若射精量太多，可能是副性腺分泌物过多或其他异物（尿、假阴道漏水）混入；如射精量过少，可能是采精技术不当、采精过频或生殖器官机能衰退所致。凡是混入尿、水及其他不良异物的精液，均不能使用。

（2）色泽与气味　羊正常精液呈乳白色或浅乳黄色，其颜色因精子浓度高低而异。乳白程度越重，表示精子浓度越高。若精液颜色异常，表明公羊生殖器官有疾病。如精液呈淡绿色表示混有脓汁，呈淡红色表示混有血液，呈黄色表示混有尿液等。诸如此类色泽的精液，应该弃去或停止采精。精液一般无味。有的带有动物本身的气味，如羊精液略有膻味。任何精液若有异味（如尿味、腐败臭味），应停止使用。

（3）云雾状　羊正常精液因精子密度大而呈混浊不透明状。肉眼观察时，由于精子运动翻腾滚滚，精液呈云雾状。精液混浊度越大，云雾状越显著，表明精子浓度和活率也越高。

2. 显微镜检查

（1）精子活率检查　精子活率是指精液中呈前进运动的精子所占的百分率。只有具有前进运动的精子才可能具有正常的生存能力和受精能力，所以精子活率与母羊的受胎率有密切关系，它是目前评定精液品质优劣的重要指标之一。一般鲜精子活率在60%以下的公羊不可用于配种。检查精子活率的常用方法是目测评定法。通常采用光学显微镜放大 200～400 倍，对精液样品标本进行目测评定。可在普通的玻璃片上滴一滴精液，然后用盖玻片均匀盖着整个液面，做成压片，在显微镜下目测评定标本。也可采用精液检查板法。使用时将精液滴在检查板中央，过量的精液会自动流向四周，再盖上盖玻片，即制成检查标本。羊的原精液密度大，可用生理盐水、5％葡萄糖溶液或其他等渗稀释液稀释后再进行制片。精子的活动受室内温度影响极大。温度高了，活动加快；温度低了，则活动减弱。因此，检查时室温应保持在 18～30℃，并应在显微镜周围温度保持在 37～38℃ 的保温箱内进行。精子运动方式可分为直线前进运动、旋转运动、摆动运动 3 种。精子的直线前进运动最有利于受精。评定精子活率就是以精液中精子直线前进运动的百分比来衡量。

（2）精子密度检查　精子密度通常是指每毫升精液中所含精子数。根据精子密度可以计算出每次射精的总精子数，再结合精子活率和每次输精量中含有的效精子数，即可确定精液合理的稀释倍数和可配母羊的数量。精子密度也是评定精液品质优劣常规检查的主要项目。但一般只需在采精后对新鲜的原精液做一次性密度检查即可。目前测定精子密度的主要方法是目测法、血细胞计数板计数法和光电比色计测定法。

目测法（又称估测法）是在检查精子活力的同时进行的。在显微镜下根据精子稠密程度，精子密度可分为密（25 亿个/mL 以上）、中（20 亿～25 亿个/mL）、稀（20 亿个/mL 以下）三级（图 3-3）。

"密"指在视野中精子之间距离小于 1 个精子的长度；"中"指在视野中精子之间距离大约等于 1 个精子的长度；"稀"指在视野中精子之间距离大于 1 个精子的长度。

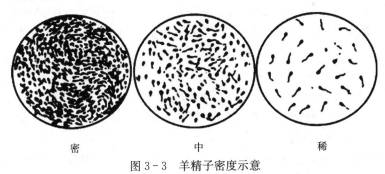

图 3-3　羊精子密度示意

血细胞计数板计数法计算精子与计算血液中红细胞、白细胞的操作方法类似。这是一种比较准确的测定精子密度的方法，且设备比较简单，但操作步骤较多，故一般也只在对公羊精液品质做定期检查时采用。其操作方法是用红细胞吸管吸至 0.5 刻度，然后再吸入 3％氯化钠溶液至 100 刻度，稀释 200 倍；

以拇指及食指分别按住吸管的两端，充分摇动使精液和3‰氯化钠溶液混合均匀，然后弃去吸管前端数滴，将吸管尖端放在计算板与盖玻板之间的空隙边缘，使吸管中的精液流入计算室，充满其中；在400～600倍显微镜下观察，用计数器数出5个大方格内的精子数。计算时以精子头部为准，计算在方格四边线条上的精子，只计算上边和左边的，避免重复。选择的5个大方格，应位于1条直角线上，或四角各取1个加中央1个。求得5个大方格的精子总数后，乘上1 000万或加7个0，即可得每毫升精液所含精子数。

光电比色计精子密度测定法的原理是精子密度越高，其精液越浓，以致透光性越低，从而使光电比色计通过反射光或透射光能准确地测定精液样品中的精子密度。目前世界各国已普遍应用于牛、羊精子密度的测定。其优点是准确、快速，使用精液量少，仪器价格一般，经久耐用，操作简便，一般技术人员均可掌握。其方法是先将原精液稀释成不同倍数，并用血细胞计数板计算其精子密度，从而制成已知系列各级精子密度的标准管，然后使用光电比色计测定其透光度，根据透光度求出每相差1%透光度的级差精子数，编制成精子密度查数表备用。一般检测精液样品时，只需将原精液按1∶80～1∶100的比例稀释后，先用光电比色计测定其透光值，然后根据透光值查对精子密度查数表，即可从中找出其相对应的精子密度值。

（3）精子形态检查 精子形态正常与否与受胎率有密切的关系。如果精液中形态异常的精子所占的比例过大，不仅影响受胎率，甚至可能造成遗传障碍，所以有必要进行精子形态的检查。特别是冷冻精液，对精子的形态检查更有必要。精子形态检查有畸形率和顶体异常率检查两项。

①精子畸形率。一般品质优良的精液，其精子畸形率不超过14%，普通的也不能超过20%。超过20%会影响受精率，不宜用作输精。畸形精子一般分为四类：头部畸形，如头部巨大、瘦小、细长、圆形、轮廓不明显、皱褶、缺损、双头等；颈部畸形，如颈部膨大、纤细、曲折、不全、带有原生质滴、不鲜明、双颈等；体部畸形，如体部膨大、纤细、不全、带有原生质滴、曲折、双体等；尾部畸形，如尾部弯曲、回旋、短小、长大、缺损、带有原生质滴、双尾等。正常精子及各类型畸形精子如图3-4所示。一般头部、颈部畸形较少，体部、尾部畸形较多。

精液中有大量畸形精子出现时，说明精子在生成过程中受到破坏，或副性腺及尿道分泌物有病理变化；也可能是由精液射出起至检查时或保存过程中，因没有遵守技术操作规程，精子受到外界不良影响。畸形精子的检查方法是先将精液用生理盐水或稀释液适当稀释后，做涂片；干燥后，浸入96%酒精或5%福尔马林中固定2～5min，用蒸馏水冲洗；阴干后用伊红（亚甲蓝、甲紫、红墨水也可以）染色2～5min，用蒸馏水冲洗后即可放在600～1 500倍显微

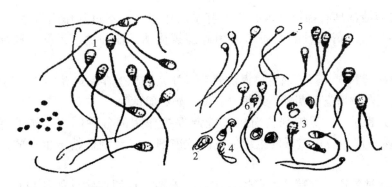

图 3 - 4 精子类型

1. 正常精子 2. 脱落的原生质滴 3. 各类畸形精子 4. 精子头尾分离 5、6. 带原生质滴精子

镜下检查，总数不少于 300 个。在日常精液检查中，不需要每天检查畸形精子率，只有在必要时才进行。

②精子顶体异常率。同畸形率检查一样制成抹片，待自然干燥后再用福尔马林磷酸盐固定液固定 15min，水冲洗后用姬姆萨缓冲液染色 1.5～2h，再用水冲洗干燥后，用树脂封装，置于 1 000 倍以上普通显微镜下随机观察500 个精子（最少不得少于 200 个），即可计算出顶体异常率。顶体异常一般表现有膨胀、缺损、部分脱落和全部脱落等情况。福尔马林磷酸盐固定液的配制：先配制 0.89％氯化钠溶液，取 2.25g $Na_2HPO_4 \cdot 2H_2O$ 和 0.55g $NaH_2PO_4 \cdot 2H_2O$ 放入容量瓶中，加入 0.89％氯化钠溶液约 30mL；待磷酸盐全部溶解，加入经碳酸镁饱和的甲醛 8mL；再用 0.89％氯化钠溶液配制到100mL，静置24h 后即可使用。姬姆萨原液的配制方法为：取姬姆萨染料 1g、甘油 66mL、甲醛 66mL，先将姬姆萨粉剂溶于少量甘油中，在研钵内研磨，直至无颗粒；再将全部甘油倒入，置于 56℃恒温箱中 2h；然后加入甲醛，密封保存于棕色瓶中。

（三）精液的稀释

1. 精液稀释的目的

山羊的精液密度大，一般 1mL 原精液中约有 25 亿个精子，但每次配种，只要输入 5 000 万～8 000 万个精子，就可使母羊受胎。精液稀释以后不仅可以扩大精液量，增加可配母羊数量，更重要的是稀释液可以中和副性腺的分泌物，缓解对精子的损害作用，同时供给精子所需的营养，为精子生存创造一个良好的环境，从而延长精子存活时间，便于精液的保存和运输。

2. 稀释液的主要成分和作用

（1）稀释剂 稀释剂主要用于扩大精液容量。各种营养物质和保护物质的等渗溶液都具有稀释精液、扩大容量的作用，只不过其作用有主次之分。一般用于扩大精液量的物质多采用等渗氯化钠、葡萄糖、果糖、蔗糖及奶类等。

（2）营养剂　营养剂主要提供营养以补充精子生存和运动所消耗的能量。常用的营养物质有葡萄糖、果糖、乳糖、奶和卵黄等。

（3）保护剂　保护剂指对精子能起保护作用的各种制剂，如维持精液pH的缓冲剂、防止精子发生冷休克的抗冻剂，以及创造精子生存的抑菌环境等。

①缓冲物质。在精液保存过程中，随着精子代谢产物（如乳酸和二氧化碳）的积累，pH会逐渐降低，超过一定限度时，会使精子发生不可逆的变性。因此，为防止在精液保存过程中pH变化，需加入适量的缓冲剂。常用的缓冲物质有柠檬酸钠、酒石酸钾钠、磷酸二氢钾等。

②抗冻物质。在精液低温和冷冻保存过程中，必须加入抗冻剂以防止冷休克和冻害的发生。常用的抗冻剂为甘油和二甲基亚砜等。此外，奶类和卵黄也具有防止冷休克的作用。

③抗菌物质。在精液稀释过程中必须加入一定剂量的抗生素，以抑制细菌的繁衍。常用的抗生素有青霉素、链霉素和氨苯磺胺等。

④其他添加剂。其他添加剂的主要作用是改善精子外在环境的理化特性，以及母羊生殖道的生理机能，以提高受精概率、促进受精卵发育。

3. 稀释液的种类和配制方法

（1）稀释液的种类　根据稀释液的性质和用途，稀释液可分为现用稀释液、常温保存稀释液、低温保存稀释液和冷冻保存稀释液四类。

①现用稀释液。以扩大精液容量、增加配种头数为目的的现用稀释液一般于采精后稀释，立即输精时使用。在牧场、农村饲养种公羊的单位开展人工授精可采用这种稀释液。现用稀释液以简单的等渗糖类和奶类物质为主体配制，也可将0.85%或0.89%氯化钠溶液高压灭菌后使用。

②常温保存稀释液。该类稀释液适宜精液常温短期保存用，一般pH较低。肉羊常温保存稀释液有鲜乳稀释液、葡萄糖-柠檬酸钠-卵黄稀释液。鲜乳稀释液是将新鲜牛奶或羊奶用数层纱布过滤，然后在水浴锅中加热至92～95℃，维持10～15min，冷却至室温，除去上层奶皮，每毫升加青霉素1 000IU、链霉素1 000IU，用于山羊、绵羊精液的稀释。葡萄糖-柠檬酸钠-卵黄稀释液：用100mL蒸馏水加3g无水葡萄糖、1.4g柠檬酸钠溶解过滤后煮沸消毒15～20min，降至室温后加入20mL新鲜卵黄，每毫升加入青霉素1 000IU、链霉素1 000IU，适用于绵羊精液稀释；100mL蒸馏水加5g乳糖、3g无水葡萄糖、1.5g柠檬酸钠或加入5.5g葡萄糖、0.9g果糖、0.6g柠檬酸

钠、0.17g 乙二胺四乙酸二钠，溶解过滤消毒冷却后每毫升加青霉素 1 000IU、链霉素 1 000IU，适用于山羊精液稀释。

③低温保存稀释液。适宜精液低温保存用，其成分较复杂，多数含有卵黄和奶类等抗冷休克作用物质，还有的添加甘油或二甲基亚砜等用以抗冻害。绵羊精液保存稀释液配方：10g 奶粉加 100mL 蒸馏水配成基础液，取 90％基础液和 10％卵黄再加上 1 000IU/mL 青霉素和 1 000IU/mL 双氢链霉素制成稀释液。

山羊精液保存稀释液配方：葡萄糖 0.8g、二水柠檬酸钠 2.8g 加蒸馏水 100mL 配成基础液，取 80％基础液、20％卵黄、青霉素 1 000IU/mL、双氢链霉素 1 000IU/mL 配成稀释液。

④冷冻保存稀释液。常见的抗冻保护剂分为渗透型和非渗透型。甘油、乙二醇、二甲基亚砜、1,2-丙二醇等防冷剂能进入细胞内，属于渗透型防冻剂；非渗透型防冻剂在冷冻过程中不进入细胞内，如蔗糖、海藻糖和果糖等多元糖。渗透型防冻剂的主要作用机制是与水结合后，使水的冰点下降，使之不宜形成冰晶，从而起到保护作用。而非渗透型防冻剂的作用则是提高细胞外的渗透压，使细胞内的水分外流，使细胞在冷冻过程中减少冰晶的形成，从而达到保护作用。

（2）稀释方法和倍数

①稀释方法。稀释液的温度要与精液一致，在 20～25℃时进行稀释。将与精液等温的稀释液沿精液瓶壁缓缓倒入，用经消毒的细玻璃棒轻轻搅匀。如做 20 倍以上高倍稀释时，应分两步进行，先加入稀释液总量的 1/3～1/2 做低倍稀释，稍等片刻后再将剩余的稀释液全部加入。稀释完毕后，必须进行精子活率检查，如稀释前后活率一样，即可进行分装与保存。

②稀释倍数。精液进行适当倍数的稀释可以提高精子的存活力。绵羊、山羊的精液稀释比例一般为 1∶2～1∶4；精子密度在 25 亿以上的精液可以按照 1∶40～1∶50 的比例稀释。根据试验，山羊精液以 1∶10 稀释的常温精液受胎率达 95.16％，甚至以 1∶20、1∶30、1∶40、1∶50、1∶80、1∶100 这 6 种稀释比例输精后的情期受胎率均在 80％以上。其中 1∶20～1∶40 的情期受胎率达 91.74％～97.23％，1∶50～1∶100 的情期受胎率达 81.82％～89.38％。

（四）液态精液的保存和运输

1. 液态精液的保存

精液保存时可暂时抑制或停止精子的运动，降低其代谢速度，减缓其能量消耗，以达到延长精子存活时间而又不至于丧失受精能力的目的。精液的保存方法，一般可按保存温度分为常温（15～25℃）保存、低温（0～5℃）保存、冷冻（-196～-79℃）保存等。

（1）常温保存　常温保存温度为15～25℃，允许温度有一定的变动幅度，所以也称变温保存或室温保存。常温保存无须特殊的温控和制冷设备，比较简便。常温保存方法是将稀释后的精液装瓶密封，用纱布或毛巾包裹好，在15～25℃避光保存。通常采用隔水保温方法处理，也可将储精瓶直接放在室内、地窖或自来水中保存。

（2）低温保存　将羊的精液保存于0～5℃环境下，称低温保存。低温保存时间较常温保存时间长。降温处理精子发生冷休克的温度是0～10℃。稀释后的精液，为避免精子发生冷休克，必须采取缓慢降温的方法，从30℃降至5℃时，每分钟下降0.2℃左右为宜，整个降温过程需1～2h完成。方法是将分装好的精液瓶用纱布或毛布包缠好，再裹以塑料袋防水，置于0～5℃低温环境中存放，也可将精液瓶放入容器内，一起放置在0～5℃低温环境中，经1～2h，精液温度即可降至0～5℃。

低湿保存最常用的方法是将精液放置在冰箱内保存，也可放于盛有冰块或化学制冷剂（水中加入尿素、硫酸铵等）的广口瓶内，还可吊入水井深处保存。无论哪种方法，均应注意维持温度的恒定。

低温保存的精液在输精前要进行升温处理，升温的速度对精子的影响较小，故一般可直接投入30℃温水中直接升温。

2. 液态精液的运输

可用塑料细管盛装和运输液态精液。运输精液的细管可用内径0.3cm、长20cm的灭菌软塑料管；每管装稀释精液0.44～0.5mL；在酒精灯上将细管两端加热，待管端熔化时，用镊子夹一下，将两端密封。运输距离在1～2h的路程时，可用干净的毛巾或软纸将精液细管包起来，装在运输袋内带走。如果运输距离在4～6h时，就要将装有精液的细管放入盛有凉水和冰块的保温瓶中运输，到达目的地后，从保温瓶中取出细管，使温度回升，按上述方法输精。液态精液运输时应注意：盛装精液的器具应安放稳妥，做到避光、防湿、防震、防撞；运输途中，必须维持精液的温度恒定，切忌温度升降变化；运输精液应附有精液运输单，其内容包括发放的站名、公畜品种和畜号、采精日期、精液剂量、稀释液种类、稀释倍数、精子活率和密度等内容。

（五）输精

1. 输精前的准备

（1）母羊准备　将发情母羊两后肢保定在输精室内离地高度50cm左右的横杠式输精架上或站立在输精坑边。若无输精架或输精坑，可由工作人员保定母羊，其方法是工作人员倒骑在羊的颈部，用双手握住羊的两后肢飞节上部并稍向上提起，以便输精。在输精前先用0.01%高锰酸钾或2%来苏儿消毒液消毒母羊外阴部，再用温水洗掉药液并擦干，最后以生理盐水棉球擦拭。

（2）器械准备　各种输精用具在使用之前必须彻底洗净消毒，用灭菌稀释液冲洗。玻璃和金属输精器可置入高温干燥箱内消毒或蒸煮消毒。橡胶管不宜高温，可蒸汽消毒。阴道开张器及其他金属器材等用具，可高温干燥消毒，也可浸泡在消毒液内或利用酒精火焰消毒。输精枪以每只母羊1支为宜。当数只母羊用1支输精枪时，每输完1只后，先用湿棉球（卫生纸、纱布块）由尖端向后擦拭干净外壁，再用酒精棉球涂擦消毒，其管内腔先用灭菌生理盐水冲洗干净，再用灭菌稀释液冲洗后方可再次使用。

（3）精液准备　用于输精的精液必须符合羊输精所要求的输精量、精子活率及有效精子数等。

（4）人员准备　输精人员要身着工作服，将手洗干净后，用75％酒精消毒，待酒精挥发干后再持输精器。

2. 输精的要求

（1）输精时间　母羊输精时间一般在发情后10～36h。在生产上，一般早晨发现母羊发情可在当天下午输精；傍晚发现母羊发情，可于第2天上午输精。为提高母羊受胎率，可第一次输精后间隔12h再输1次，此后若母羊仍继续发情，可再输精1次。

（2）输精量　原精液可为0.05～0.1mL，稀释后精液或冷冻精液应为0.1～0.2mL。要求每个输精剂量中有效精子数应不少于2 000万个。

（3）输精方法　输精时将开腔器插入阴道深部，旋转90°，开启开腔器寻找子宫颈口。如果在暗处输精，用额灯或手电筒光源辅助。开腔器开张幅度宜小，从缝里找子宫颈口较容易；开张越大，刺激越大，容易导致羊努责，越不易找到子宫颈口。子宫颈口的位置不一定正对阴道，但其在阴道内呈一小突起，附近黏膜充血而颜色较深。找到子宫颈口后，将输精器插入子宫颈口内1～2cm处将精液缓缓注入。有些羊需用输精器前端拨开子宫颈外1～3cm处上、下2片或3片突起的皱襞，方可将输精器插入子宫颈内。若子宫颈口较紧或不正，可将精液注入子宫颈口附近，但输精量应加大1倍。输完精后先将输精器取出，再将开腔器抽出。注意，输精瞬间应缩小开腔器开张程度，以减少刺激，并向外拉1/3，使阴道前边闭合，确保输精效果。输精完毕，母羊应在原保定位置停留一会儿再放走。输精人员的手和输精器外壁要用生理盐水擦净后再操作。

二、胚胎移植技术

目前，雷州山羊的胚胎移植尚未实施，但国内其他山羊（如波尔山羊等）

的胚胎移植技术较为成熟。下面就山羊胚胎移植技术进行简要介绍，为后期开展雷州山羊的胚胎移植提供参考。

1. 山羊胚胎移植的基本原则

（1）生理上要一致　供体和受体在发情时间上要尽量接近，同步差应在24h之内，误差越小越好。同步差越大，受胎率越低，甚至不能受孕。只有发情时间一致，才能保证生理上的一致。

（2）解剖部位上要一致　不同发育阶段的胚胎对母体生殖道环境要求极其严格，其变化直接受卵巢上黄体分泌激素多少的控制，黄体的形成时间与卵母细胞受精时间一致，胚胎的发育则和子宫内膜的发育是一致的。胚胎的发育伴随着在输卵管、子宫相对位置的变化，要求受体提供相应的变化。胚胎空间位置错乱意味着相互关系的破坏，会导致胚胎的死亡。因此，胚胎移植前和移植后，其空间部位要求尽量相似。换句话说，如果胚胎来自输卵管，那么也要将其移植至输卵管；如果来自子宫角，那么则应移入子宫角。

（3）移植的期限要一致　胚胎采集与移植的期限不能超过周期黄体的寿命，最长也要在黄体退化前数日进行，通常是在供体羊发情配种后3～7d采集胚胎。7.5～8d之后，胚胎开始附植，开始与子宫建立密不可分的关系，移植就不能进行了。采集胚胎的方法一般有三种：一是在配种的2.5～3d经输卵管采集；二是在配种的3～4d运用输卵管和子宫角结合法采集；三是在配种的6～7d经子宫角采集。

（4）严格检查胚胎的质量　从供体羊采集的胚胎存在着未受精、退化、发育不正常等现象，必须经过严格鉴定，确定发育正常者方可移植。为了保证胚胎的质量，移植过程中要使用较高质量的冲胚液、保存液，避免物理、化学、生物方面的影响，冲出胚胎后应尽快移植。

（5）严格选择供体羊和受体羊　供体羊和受体羊的年龄、体重、品种、饲养管理条件、健康状况、生殖器官发育、生殖生理机能均对移植成败具有较大影响，应注意加以选择。

2. 供体羊的选择

（1）对供体羊的要求　选择的供体母羊应符合品种标准，具有较高的生产性能和遗传育种价值，繁殖机能正常，营养与体质状况好，年龄以2.5～6岁为宜，青年羊至少应在1.5岁（18月龄）以上，健康，无规定传染病和影响繁殖的疾病。某些有特殊价值的老龄羊，也可加强饲养管理，选作供体羊，多留一些后代。一般来说，没有产过羔的，无论是何种年龄，包括初情期的处女羊，都不宜选取，因为这样的羊没有经产史，无法考察其繁殖机能。对选择的供体羊应进行生殖系统检查，要求其生殖器官发育正常，无卵巢囊肿、子宫炎等疾病，无流产史、难产史和屡配不孕史，膘情适中，过肥过瘦均不宜选取。

在羊场和市场购买的供体羊应检查是否进行过采胚手术。每只供体羊采胚理论上是可以反复多次利用的，但实际上由于手术过程中操作不当，往往造成生殖器官粘连而难以冲胚，每采胚一次风险增加一次。因此，对手术采胚后的风险应有必要的心理准备。在选择供体母羊的同时，也要注意与配公羊的选择，因为后者也为受精卵提供优良的遗传基因。选择与配公羊，要像一般作繁殖计划那样考虑选种选配，并认真检查与配公羊精液品质，选择精液品质好的公羊与供体母羊配种，为超排卵获得好的受精率创造条件。若受精率不高，将严重影响胚胎移植的效果。要高度重视种公羊的饲养管理和使用，要给予全价饲料，特别是蛋白质和矿物质饲料的供给，在配种季节未曾到来之前，就应给予补饲。

（2）供体母羊的饲养管理　供体羊群至少应在移植计划开始前2个月建立，以避免其后可能出现的应激。在气候恶劣的条件下，羊群应有较好的遮阴、避风或挡雨设施。供体母羊应有适当的配种体况，青年羊体重达到成年羊体重的70％以上方可使用。良好的营养状况是保持正常繁殖机能的必要条件。供体羊应在有优质牧草的草场放牧，补充高蛋白饲料、维生素和矿物质，并供给食盐和清洁饮水，做到合理饲养，精心管理。在采胚前后，不得任意变换饲草料和管理程序，使母羊保持中等以上的膘情。冬季青草缺乏时应补饲胡萝卜或青贮饲料，确保供体羊的膘情和生殖机能良好。

3. 供体羊的预处理

（1）流产处理　供体羊在计划进行超排的前两个月组群集中饲养，如果曾经与公羊混过群或配过种，在组群7d后先行前列腺素（PG）流产处理，方法按PG药品说明进行。

（2）治疗生殖道疾病　对供体羊群进行生殖道检查，发现疾病及时治疗。对一般的生殖道炎症，可以采用注射青霉素、链霉素加阴道冲洗药。阴道冲洗可以用0.1％的高锰酸钾液，也可购买专用的阴道冲洗液。

（3）驱虫防疫　在超排进行的前两个月，完成驱虫、药浴及常规的防疫注射。常用的驱虫药物有敌百虫、左旋咪唑、阿维菌素、阿苯达唑等。常用的药浴药物有0.1％～0.2％杀虫脒、1％敌百虫溶液、80～200mg/L速灭菊酯溶液或石硫合剂等。常用的疫苗有三联四防疫苗、传染性胸膜肺炎疫苗、羊痘疫苗、口蹄疫疫苗等。

（4）观察记录　对于集中的供体进行发情周期的观察记录，方法是每天早晚放入试情公羊进行试情，对发情时间及发情期进行记录。

4. 超数排卵的方法

超数排卵的方法按控制发情方式分为三种：一是自然发情法。首先对供体母羊逐日试情，将发情的母羊及时挑出，记录其发情日期和时刻，将发情开始之日的第 2 天，算作下一周期的第 1 天，在该个体预定再次发情的前 3～5 天开始给予激素。二是黄体酮海绵栓法，对供体、受体同时放置黄体酮海绵栓，放入的那天为第 1 天，绵羊在第 11 天、山羊在第 16 天开始注射超排药物，如果用促卵泡素（FSH），一般连续 3 天减量注射，如果用孕马血清促性腺激素（PMSG）就一次性注射，在第 15～18 天取黄体酮海绵栓，完成超排进入配种程序。三是 PG 两次处理法，给供体羊注射 PG，观察记录发情情况，10 天之后进行第 2 次 PG 注射，同样观察记录发情情况。其后的操作与第一种方法相同。

超数排卵的方法按用药划分有两种：一是 FSH 减量注射法。供体母羊在发情周期的第 17 天开始，肌内注射，早晚各注射 1 次，间隔 12h，分 3 天减量注射，注射剂量 100～200IU，也可根据羊的体重或其他因素具体确定计量。供体羊一般在开始注射的第 4 天发情，发情后立即肌内注射促黄体素 75～100IU。二是孕马血清促性腺激素处理法。在发情周期的第 17 天，1 次肌内注射 PMSG 1 000～2 000IU，发情后 18～24h 肌内注射等量的抗PMSG。

具体超排参考方案如下。方案一：采用阴道栓＋240mg FSH 3d 6 次股二头肌内注射，最后一次注射时撤栓。方案二：0d PG，12d FSH，13d FSH，14d FSH＋PG，15d FSH，FSH 剂量逐渐减少。

5. 配种与输精

自然交配或人工输精见本节"一、人工授精技术"中的相关内容。

6. 胚胎的回收

雷州山羊胚胎的回收方法为手术法，以雷州山羊供体羊发情日为 0d，2～3d 用输卵管法，6～7d 用子宫角法。

为了确保移植成功，要做好人员、手术操作间、器械、药品的准备。术前供体羊应空腹 1d。施术时，先将羊前低后高仰卧保定，确定部位，剪毛、消毒、麻醉，在腹中线的一侧乳房边缘做 4～5cm 切口，逐层切开，切开腹膜后将食指、中指伸入腹腔，在与骨盆腔交界的前后位置寻找子宫角，找到子宫角后，用二指夹持牵引到切口外，先循一侧子宫角至输卵管，在输卵管的末端转弯处找到该侧卵巢，若卵巢上有排卵点表明有卵排出，即可开始采胚。用冲洗输卵管腔，回收进入输卵管部胚胎的方法称为输卵管法。回收时，将长5～7cm、外径 3～4mm 的硅胶管由输卵管伞的喇叭口插入输卵管 2～3cm，用血管钳或手指固定，冲卵管的另一端接集卵皿。助手用注射器吸取 37℃左右的冲卵液 5～10mL，在子宫角与输卵管相接的顶端部位，将针头沿输卵管方向插入，用手指捏紧，然后推压注射器，使冲卵液经输卵管至集卵皿。冲洗子宫角，回收进入子宫角胚胎的方法称为子宫角回收法。用止血钳在排卵侧子宫角近宫体部扎孔，将冲卵管气囊端从孔中朝输卵管方向插入，至近子宫角大弯处，充气 4～5mL，使气囊完全充盈，将子宫角充分堵塞。在子宫的输卵管端，用钝性针头从子宫角尖端插入，连接注射器，推入冲卵液 15～20mL。助手持集卵皿接住冲卵液。术毕，抽出冲卵管，针孔涂布甘油或油剂青霉素，复位子宫，肌肉、脂肪、皮肤分层缝合。从回收的冲卵液中在实体显微镜下检出胚胎，鉴定胚胎发育状况，把发育良好的胚胎转移至磷酸缓冲液（PBS）中保存并准备移植。

7. 受体羊的选择

胚胎移植效果的好坏，主要表现在移植后受体的妊娠率和产羔率。而受胎率的高低又和受体的膘情、发情状态、生殖道内环境有密切关系，因此，认真选择符合要求的受体是移植成功的主要因素之一。受体母羊通常要选择膘情好、有正常生育能力、适应性强的适龄土种羊或低代杂种羊，1岁半的幼龄母羊性周期还不甚规律，老龄羊的采食能力、膘情较差，配种受胎后胎儿不能得到很好的发育，像这类年幼和年老的羊一般不宜选作受体羊。受体羊的年龄应与供体羊较为接近，相差 1 岁之内最好。笔者在胚胎移植实践中，遇到的多数是在移植前 2～3 个月才在市场上购买受体羊，结果买到的有相当数量的是流产的，或者是屡配不孕的，或者是发情不正常的，大大影响了移植效果。对此，应引起高度重视，可以提前受体羊的购买时间，并进行观察，对频繁发情、无发情表现的先行淘汰，确保受体羊群的质量。

8. 受体羊预处理

在胚胎移植前 2 个月，要对选择好的受体羊进行集中饲养，并进行驱虫、药浴、防疫注射、生殖道检查，对于有生殖疾病的羊进行治疗。对于购买来的受体，不知其是否妊娠，故要进行 PG 处理，使妊娠个体流产。需要注意的是，PG 处理应在集中 1 周后进行，对于配种 3d 之内的羊，PG注射不能起到流产作用。流产的羊要进行阴道冲洗，并注射青霉素 320 万IU、链霉素 100 万 IU，每天 3 次，连续 3d。被选择的受体，发情期必须与供体一致。与其他因素相比，受体羊与供体羊同步发情，是胚胎移植成功更为重要的因素。一种方法是从数量较大的受体羊群内选择与供体羊发情自然同步的受体羊，受体羊与供体羊数量之比不低于 20∶1。另一种方法是让供体羊与一定数量的受体羊，在胚胎移植前的一个发情周期内，都接受黄体酮及其类似物或前列腺素类似物的处理，使受体羊与供体羊集中在同一时期发情。

9. 胚胎移植

胚胎移植的过程与胚胎回收的过程相同，切开腹腔拉出卵巢，检查黄体发育情况，无黄体或黄体过小的不能移植。采用输卵管法移胚时，术者持移卵器从输卵管喇叭口斜向插入输卵管，把带胚胎的保存液注入输卵管，将子宫复位缝合。采用子宫法移胚时，用钝性针头在子宫角输卵管端避开血管斜向子宫体方向扎孔，然后把吸有胚胎的移卵管向输卵管方向插入子宫角，将胚胎推入子宫角，针孔涂布油剂青霉素，子宫复位缝合。在该发情周期结束时进行鉴定，不发情者即视为妊娠。

第四章 雷州山羊的饲养管理

第一节 雷州山羊的营养需要和日粮配制

一、雷州山羊消化生理和营养物质利用

1. 消化器官组成及机能

羊属于反刍动物，具有复胃。复胃分 4 个室，即瘤胃、网胃、瓣胃和皱胃，4 个胃的总容积约为 30L。前 3 个胃的黏膜无腺体，统称为前胃。皱胃黏膜有腺体，其功能与单胃动物的胃相似，称为真胃。在 4 个胃中，瘤胃体积最大，约占胃总容积的 80%，其功能是临时贮存采食的饲草，以便休息时再进行反刍；瘤胃也是瘤胃微生物存在的场所。网胃和瓣胃，其消化生理作用与瘤胃基本相似。小肠是羊消化吸收营养物质的主要器官。羊的小肠细长曲折，成年羊的小肠有 22～25m。胃内容物——食糜进入小肠后，在各种消化液（主要有胰液、肠液、胆汁等）的作用下被消化分解，其分解后的营养物质在小肠内被吸收，未消化的食物随着小肠的蠕动被推入大肠。羊的大肠较小肠粗而短，长度为 4～13m。大肠内也有微生物存在，可对食物进一步消化吸收，但大肠的主要功能是吸收水分和形成粪便。

2. 消化生理特性

（1）瘤胃的功能　山羊的瘤胃温度保持在 39～41℃，pH 为 6～8。瘤胃内适宜的环境使大量微生物在其中栖息繁殖。现已知的 60 多种微生物中，以厌氧性纤毛虫、细菌和真菌为主，并随饲料种类、饲喂方式及动物年龄等因素的不同而变化。每毫升瘤胃内容物中含有 100 亿～500 亿个细菌和 100 万～200 万条纤毛原虫。瘤胃的容积特别大，雷州山羊的瘤胃一般可达 23L，约占胃总容积的 80%，占整个消化道容积的 70%，可作为饲草的临时贮存库。瘤胃不能分泌消化液，但是胃壁分布有大量的纵型肌环，它们能够强有力地收缩和松弛，进行节律性的蠕动，使得食物受到充分搅拌并与瘤胃微生物充分接触。瘤胃微生物对于改变和消化饲料营养物质起到重要作用，主要包括：产生纤维水解酶，能将摄入的 50%～80% 的粗纤维分解转化成碳水化合物和低级脂肪酸，再经过瘤胃上皮细胞吸收；将饲料中的非蛋白氮或者低质量的蛋白质转化为高品质的菌体蛋白，这一来源能满足山羊机体对蛋白质需要量的 20%～30%；合成的 B 族维生素和维生素 K 能满足机体对这几种维生素的需要。

（2）反刍　山羊摄取食物后一般不经过充分咀嚼就会吞咽进瘤胃，饲料在瘤胃中与水和唾液混合后被揉磨、浸泡、软化、发酵，再以食团的形式沿食道上行至口腔，经细致咀嚼再吞咽后回到瘤胃进行消化和吸收，这个过程称为反刍。反刍包括逆呕、再咀嚼、再混合唾液和再吞咽四个过程，其机制是通过食物刺激网胃、瘤胃前庭以及食管黏膜而引发的反射性逆呕。这一过程可以嚼碎食糜，增加其与瘤胃微生物的接触面积，促进食糜的发酵和分解；还能利用与食糜一起大量吞进口腔唾液中含有的钙、钠、钾、镁等矿物质及其碱性物质，供给瘤胃微生物生长所需的养分并中和部分瘤胃发酵产生的胃酸，以保持瘤胃微生物正常生长。反刍是周期性进行的行为，每次反刍周期为 40～60min，每天的总反刍时间为 6～9h，逆呕吞咽的总食团约为 500 个。一般成年羊在采食 0.5～1h 后即出现第一个反刍周期。山羊反刍的节律和周期性易受外界因素影响，当受到外界刺激如噪声、惊吓时，和安静卧息时相比，羊的反刍次数减少，节律杂乱甚至停止；采食切短的干草的反刍次数多于采食不切短的干草，采食研磨后的饲料的反刍次数和时间均比前两种少。反刍是维持山羊正常生理活动的关键，一旦反刍受到影响，食物滞留在瘤胃内，发酵产生的气体就会很难排出体外，从而引起瘤胃局部膨胀、引发炎症。在母羊发情、妊娠最后阶段和产后舔羔时，反刍会减弱或暂停。羊反刍姿势多为侧卧式，少数为站立式。

（3）嗳气　瘤胃微生物在对瘤胃内饲料进行强烈发酵的过程中，会产生大量的挥发性脂肪酸以及各种气体，其中二氧化碳占 50%～70%，甲烷占 20%～45%，还有少量的硫化氢、氨气和一氧化碳等。这些气体在瘤胃内堆积，使胃壁的张力增加，刺激了牵张感受器，反射性地引起瘤胃的二次收缩，从而将气体从后向前推进。只有通过不断的嗳气动作将瘤胃产生的气体排出体外，才能预防臌气。瘤胃内气体的产生和组成易受日粮组成、饲喂时间及加工调制的影响。羔羊瘤胃中的气体以甲烷居多，但是随着年龄增长，日粮中纤维素的含量增加，瘤胃产生的二氧化碳的含量也随之增加。健康成年羊瘤胃中二氧化碳的含量比甲烷多，但在饥饿或臌气时，甲烷含量则会高于二氧化碳含量。雷州山羊在饲喂后 30min 内是产生嗳气的高峰期。如果嗳气受到影响，大量气体堆积便会使瘤胃和网胃急剧膨胀。病羊会表现为呆立拱背、呼吸困难、腹部急性膨大，且左侧大于右侧，停止反刍，重症时会口吐白沫且很快窒息死亡。

（4）肠道的消化吸收　山羊肠道的长度为 32～38m，相当于体长的 27 倍，比其他畜种都要长，是营养物质消化吸收的重要器官。较长的肠道增加了食糜通过消化道的时间，同时也提高了食糜的消化吸收率。山羊摄入饲料的可消化干物质在瘤胃中可消化 70%，在小肠内可消化 11%，在盲肠和结肠中可消化 19%；摄入饲料中的粗纤维在瘤胃中可消化 70%，在盲肠可消化 17%，在结肠中可消化 13%。

3. 羔羊的消化生理特点

羔羊的胃比较小，其重量仅占消化道的 22%，成年羊胃的重量在总消化道的占比可高达 80%。同时，羔羊的前 3 个胃在全部胃重量的占比也比成年羊小，瘤胃和网胃仅占 31%，瓣胃占 8%，而皱胃占比可达到 61%。羔羊与成年羊在消化生理特点上的主要区别在于羔羊的瘤胃功能尚未发育完全，瘤胃微生物的区系尚未形成。此时的羔羊既不能反刍，也不能利用微生物分解及发酵青粗饲料，而起消化作用的主要是皱胃。饲喂羔羊，应考虑其消化特点，要饲喂蛋白质含量高、纤维素含量少、体积小、能量高的优质饲料。

羔羊消化生理的另一特点是具有食管沟反射的功能。食管沟起于瘤胃的贲门，延伸至网胃及瓣胃的入口。食管沟闭合时可形成一个中空的通道，乳汁或饲料能从食道经食管沟到达网胃和瓣胃，经瓣胃管进入皱胃，由皱胃所分泌的凝乳酶进行消化。食管沟的闭合出现在哺乳期的羔羊吮吸乳汁时，称为食管沟反射。用桶喂乳时，羔羊食管沟闭合不完全，会导致部分乳汁进入发育未完全的瘤胃、网胃内，引起发酵而产生乳酸，造成腹泻。一般情况下，羔羊在断奶后，食管沟反射会随着年龄增长逐渐消失。

随着年龄的增长和采食植物性饲料的增加，羔羊前 3 个胃的体积和比重逐渐增加，约在 30 日龄起出现反刍活动。此时皱胃凝乳酶的分泌逐渐减少，其他消化酶分泌逐渐增多，羔羊对青粗饲料的消化分解能力开始加强，瘤胃的发育及其机能逐渐完善。羔羊对淀粉的耐受量很低，小肠液中淀粉酶活性低，因而消化淀粉的能力是有限的。

4. 主要营养物质利用机理

（1）碳水化合物　瘤胃是山羊消化碳水化合物的主要器官，其黏膜上皮细胞可吸收碳水化合物的消化分解产物进入血液循环。淀粉在瘤胃内降解是瘤胃微生物分解的淀粉酶和糖化酶的作用；纤维素、半纤维素等在瘤胃内降解是瘤胃真菌产生的纤维素分解酶、半纤维素分解酶和木聚糖酶等酶的作用。饲料中的碳水化合物在瘤胃中一般先分解为葡萄糖、木糖和果糖等，然后被利用糖的微生物摄取，将木糖转化成葡萄糖，再连同一起被摄取的葡萄糖和果糖经酵解转化为能被吸收利用的挥发性脂肪酸、三磷酸腺苷以及二氧化碳和甲烷等气体。

（2）蛋白质　饲料蛋白在山羊体内的消化吸收有 3 个途径：一是进入瘤胃后，60%～80% 的蛋白质被瘤胃微生物降解，再转化为菌体蛋白被利用，其降解速度和降解速率受到蛋白质在瘤胃液中的溶解度、蛋白质结构、进食水平等因素的影响；二是未降解的蛋白质与菌体蛋白一起进入皱胃，在胃酸和胃蛋白酶的作用下降解为多肽和少量氨基酸并随食糜进入小肠后被吸收；三是未被小肠吸收的蛋白质及多肽、氨基酸随食糜进入大肠，在同时进入大肠的小肠消化酶和大肠内微生物的作用下，仍可被吸收一部分。瘤胃微生物还能够直接利用氨基酸合成蛋白质或者先利用氨合成氨基酸后，再转变成微生物蛋白质。瘤胃内的氨除了被微生物利用外，其余一部分被吸收并运送至肝，在肝内经鸟氨酸循环变为尿素。这种内源尿素一部分经血液分泌在唾液中并经唾液重新进入瘤胃，另外一部分通过瘤胃上皮细胞扩散到瘤胃内，被微生物分解，其余的随尿排出。在养羊生产中，尿素可以用来代替日粮中约 30% 的蛋白质。

（3）脂肪　饲料中的脂肪主要是谷物籽实中的甘油三酯和饲草中的半乳糖脂，以及少量的磷脂。其主要消化利用机理是这些多烯不饱和脂肪酸在瘤胃微生物分泌的脂肪酶作用下，分解成游离脂肪酸、半乳糖和甘油，不饱和脂肪酸进一步被氢化成饱和脂肪酸，半乳糖和甘油则降解为挥发性脂肪酸，在小肠上段经小肠绒毛膜吸收进入山羊体内。

二、雷州山羊的营养需要与饲养标准

1. 雷州山羊需要的营养物质

（1）水　水对维持羊的生命活动极其重要，是体液的主要成分，也是构成羊机体成分比例最大的成分。初生羔羊身体含水 80% 左右，成年羊含水 50%。水是一种理想且重要的溶剂，各种营养物质的吸收和输送、代谢产物的排出都需要溶解在水中才能进行。水是化学反应的介质，它参与很多生物化学反应，包括蛋白质、脂肪和碳水化合物的水解，有机物质合成以及细胞呼吸过程。有机体内所有聚合作用和解聚合作用都伴有水的结合或释放。水对体温的调节起着重要作用，它能储存热能、迅速传递热能和蒸发散失热能，有利于山羊体温的调节。水还是一种润滑剂，含大量水分的唾液能使羊顺利地吞咽食物，关节囊液、体腔内和各器官间组织液中的水可以减少关节和器官间的摩擦，起到润滑作用。缺水会使羊的食欲降低、健康受损、生长发育受阻以及生产力降低。动物失去全部脂肪、半数蛋白或者失去 40% 的体重时仍能存活，但若脱水 5% 会食欲减退，脱水 10% 则生理失常、代谢紊乱，脱水 20% 就会导致死亡。山羊体内需水量受机体代谢水平、环境温度、生理阶段、体重、采食量和饲料组成等多种因素影响。每采食 1kg 饲料干物质，需摄入 1~2kg 水。成年羊一般每天需饮水 3~4kg。

（2）碳水化合物　碳水化合物包括淀粉、糖类、半纤维素、纤维素和木质素等，是植物性饲料中最主要的组成部分，约占其干物质重量的 75%。碳水化合物一般分为粗纤维和无氮浸出物两大类。粗纤维包括纤维素、半纤维素、多缩戊糖及镶嵌物质，是植物细胞壁的主要成分；无氮浸出物是指从饲料干物质重量中减去水分、粗蛋白质、粗脂肪、粗纤维、粗灰分后剩余部分的含量，包括单糖、双糖、淀粉和糖原。山羊体内的碳水化合物以葡萄糖和糖原为主，但含量极少。碳水化合物易溶于水，有利于动物消化吸收，是组成羊日粮的主体。碳水化合物是山羊生命活动所需能量的主要来源，其中葡萄糖是大脑神经系统、胎儿生长发育、脂肪组织、肌肉、乳腺等代谢的唯一能源。羊的一切生命活动和生产过程，如呼吸、维持体温、生长、繁殖和泌乳等都需要靠能量来维持。每克碳水化合物在体内平均可产生 16.15kJ 的热能，通过氧化供能来满足羊的生理需要。碳水化合物是体组织的成分之一，如半乳糖和类脂肪是神经组织的必需物质，戊糖则是细胞核酸的组成成分。一些低级核酸与氨基可结合形成氨基酸，许多糖类与蛋白质化合而成糖蛋白。碳水化合物除供应热能之外，剩余部分可在体内转化成肝糖原、肌糖原和脂肪作为营养物质的储备。胎儿在妊娠后期能储存大量糖原和脂肪作为出生后的能量来源。

碳水化合物在山羊瘤胃中发酵产生的挥发性脂肪酸（包括乙酸、丙酸、丁酸），不仅是重要的能量来源，还可以作为合成乳酸或乳糖的主要原料。粗纤维是羊的必需营养物质，除了上述作用以外，其性质稳定，不易被消化，吸水性好，容积大，能填充羊的消化道给羊以饱感。它还能刺激消化道黏膜，促进肠道蠕动和粪便排出，保证消化道的正常机能。

饲料中含有的碳水化合物不足，会直接导致山羊的能量需求得不到满足。在能量供应不足时，山羊容易出现生长缓慢或停滞，体重下降，繁殖力低，泌乳量下降，羊毛生长缓慢，抗病力低或死亡等症状；但能量供应过多时，同样会引起与肥胖相关的健康问题。另外，葡萄糖供给不足时，会产生妊娠毒血症，严重时会致命。

（3）蛋白质　蛋白质主要由碳、氢、氧、氮组成，是山羊维持正常生命活动以及建造机体组织、器官的重要物质。蛋白质还是机体内功能物质的主要成分，如在山羊体内代谢活动中起催化作用的酶类、起调节作用的激素，以及在免疫功能中起到防御作用的抗体等。当日粮提供的能量和营养物质不足以满足山羊的需要时，蛋白质还可以分解供能；当日粮中的蛋白质过量时，它还可以转化为糖和脂肪，或者分解产热。但是山羊所需能量的主要来源还是碳水化合物，通过分解转化剩余的蛋白质来提供能量，其能值低、不经济，同时产生过量的非蛋白氮和高水平的可溶性蛋白质容易造成氨中毒，因此，合理的蛋白质水平相当重要。蛋白质缺乏，会降低羔羊的生长速率，体重减轻，使成年羊出现消瘦、衰弱；种公羊会出现精液品质下降；母羊则会出现胎儿发育不良，产死胎、畸形胎，泌乳减少。长期缺乏蛋白质，还会使山羊血红蛋白减少进而出现贫血症。当血液中免疫球蛋白数量不足时，山羊抗病力减弱、发病率增加，严重者会引起死亡。

（4）矿物质 矿物质是山羊机体组织、细胞骨骼和体液的重要部分，是生命活动的必需物质。它几乎参与了山羊体内各种生命活动，包括调节体内渗透压、酸碱平衡，参与体组织特别是骨骼和牙齿的形成，参与三大营养物质代谢，维持细胞膜渗透性以及神经肌肉的兴奋性等。目前已证实山羊必需的矿物质有15种，按其在体内的含量分为常量元素和微量元素。在体内含量大于或等于0.01%的称为常量元素，包括钾、钠、钙、磷、氯、镁、硫7种；含量小于0.01%的称为微量元素，包括碘、铁、锰、钼、铜、锌、钴、硒8种。如果羊体内矿物质缺乏，会引起食物消化、营养运输、血液凝固、神经传导、肌肉收缩和体内酸碱平衡等功能紊乱，从而影响健康、生长发育、繁殖和畜产品产量，严重缺乏时还会导致死亡。

①钙和磷。钙和磷是山羊体内含量最多的矿物质元素，占体重的1%～2%，占体内矿物质总量的65%～70%，其中约99%的钙和80%的磷都分布在骨骼和牙齿中，其余的分布在软组织和体液中。作为骨骼和牙齿的重要成分，钙参与支持结构物质的组成，起到支持和保护的作用；它同时还参与血液凝固，维持血液酸碱平衡，促进肌肉和神经功能，调节神经兴奋性，改变细胞膜通透性，激发多种酶活性，促进多种激素分泌，如胰岛素、肾上腺素皮质醇。磷主要以磷酸的形式参与多种物质代谢。钙和磷的缺乏症一般表现为生长缓慢、生产力下降、食欲下降、饲料利用率低、异食癖、骨骼发育异常等。羔羊钙和磷的缺乏症还表现为生长停滞、佝偻病以及骨软化症。母羊钙和磷缺乏症还表现为难产、胎衣不下和子宫脱出，发情无规律、乏情、卵巢萎缩、卵巢囊肿等。过量的钙会影响其他元素的吸收利用，从而导致其他元素缺乏症，而过量的磷会导致血钙下降。

②钠和氯。钠和氯主要分布在体液和软组织中，氯在肾脏中的含量最高。山羊体内钠和氯的主要生理功能包括维持体内渗透压、调节酸碱平衡和控制水代谢。钠是制造胆汁的重要原料，还对传导神经冲动和营养物质吸收起重要作用。氯促进形成胃液中的盐酸，参与蛋白质消化。食盐还有调味作用，能刺激唾液分泌，促进淀粉酶的活动。钠和氯的缺乏症一般表现为食欲不振、消化不良、异食癖、生长缓慢、发育受阻、精神萎靡、被毛粗糙、繁殖力降低、饲料利用率降低以及生产力下降等。日粮中补充食盐能满足山羊对钠和氯的需要。但是过量食入食盐又没有充足的饮水，会引起山羊腹泻，严重时还会导致中毒或死亡。

③镁。山羊体内镁的含量约占体重的0.05%，其中大部分存在于骨骼和牙齿中，小部分分布于软组织中。其生理作用包括维持骨骼正常发育；参与三大营养物质的代谢过程；参与DNA、RNA和蛋白质的合成；作为多种酶的活化因子或者直接参与酶的组成，包括磷酸酶、氧化酶、激酶、精氨酸酶等；调

节神经、肌肉兴奋性，保证其正常功能。山羊对镁的需要量高于非反刍动物，常见的缺乏症表现为痉挛，还包括神经过敏、呼吸减弱、心跳加速等。山羊骨骼中含有体内 $60\%\sim70\%$ 的镁，当食物中摄入不足时，骨骼中的镁将会释放到软组织中。对羔羊而言，骨骼中 30% 的镁可以通过代谢分解来弥补镁的缺乏，然而对于成年羊而言，这个比值仅为 2%。饲料中过量的镁会导致镁中毒，表现为昏睡、运动失调、下痢、食欲降低、生产力低下，严重时会导致死亡。

④钾。钾约占机体干物质的 0.3%，其含量在矿物质中仅次于钙和镁，主要存在于细胞内液，在各组织器官中又以肾、肝中含量最高，皮肤和骨骼含量最少。钾的生理功能主要包括与钠和氯作为电解质维持渗透压，调节酸碱平衡，控制水代谢；参与糖和蛋白质代谢；钾离子还影响神经肌肉的兴奋性；对一些酶的活化起到促进作用。钾的缺乏症一般表现为采食量下降、精神不振和痉挛，严重时会导致死亡。日粮中钾摄入过多会影响镁和钠的吸收。

⑤硫。硫在山羊体内的含量约为 0.15%，是必需的常量元素，也是保证瘤胃微生物最佳生长的重要养分。在瘤胃微生物消化过程中，硫可促进含硫氨基酸（蛋氨酸和胱氨酸）以及维生素 B_{12} 的合成。含硫氨基酸进而又会促进体蛋白质、被毛、激素、软骨素基质以及牛磺酸的合成。硫的生理作用还包括参与能量代谢中辅酶 A 的合成，参与碳水化合物代谢过程中硫胺素的合成，作为黏多糖的成分参与胶原和结缔组织的代谢等。硫的缺乏症一般包括流涎过多、身体消瘦、虚弱、食欲不振、异食癖以及纤维素利用率下降等。而日粮中过量的硫会使山羊产生厌食、便秘、腹泻、抑郁等中毒反应，严重时会导致死亡。

⑥碘。羊体内含碘量很少。碘主要分布于组织细胞中，主要存在于甲状腺内。在血液中，碘以甲状腺素的形式存在，参与构成甲状腺球蛋白。碘作为甲状腺素的成分，参与几乎所有物质代谢过程。碘的缺乏症状主要表现为甲状腺肥大，羔羊发育缓慢，严重时出现无毛症或者死亡。成年羊缺碘会造成新陈代谢减弱、皮肤干燥、消瘦、剪毛量和泌乳量降低。妊娠母羊缺碘会导致胎儿死亡、产死胎，或者新生胎儿无毛、体弱、生长缓慢和存活率低。日粮中含碘量过高会降低饲料适口性、采食量，山羊会表现出碘中毒的症状，包括皮肤角质化、呕吐、流涎、腹泻、抽搐、昏迷、死亡。对于缺碘的山羊，可采用碘化食盐（含 $0.1\%\sim0.2\%$ 碘化钾）补饲。

⑦铁。山羊体内的铁元素主要分布于血红素和肌红蛋白中，也是它们的重要组成成分，有造血元素之称。肝、脾、骨髓是储存铁元素的主要器官。铁的生理功能包括参与细胞色素氧化酶、过氧化物酶、过氧化氢酶、黄嘌呤氧化酶等的组成，帮助机体组织氧的运输，与细胞内生物氧化密切相关，预防机体感

染疾病等。铁的缺乏症主要表现为小红细胞性贫血，生长缓慢、嗜睡、呼吸加快等。铁过量，其慢性中毒表现为食欲不振、生长缓慢、饲料转化率低，急性中毒症状为厌食、尿少、腹泻、体温低、代谢性酸中毒、休克，严重时会导致死亡。

⑧铜。山羊体内的铜主要分布于肝、脑、心脏、肾和羊毛中，其中约一半在肌肉组织中。铜的生理功能包括催化红细胞和血红素形成；促进血红蛋白合成和红细胞成熟；在酶的作用下，参与有色毛纤维色素形成；参与骨细胞、胶原和弹性蛋白形成；维持骨组织健康。铜的缺乏症一般表现为羔羊贫血、共济失调，骨骼生化作用受损，骨骼疏松、关节肿大、易骨折，毛纤维强度、弹性、染色亲和性下降。日粮中铜过量引发的中毒症状表现为黄疸、溶血、血红蛋白尿、肝和肾呈现黑色。

⑨锌。锌在各组织器官中均有分布，其中骨骼和骨骼肌中的含量最多，达到体内锌总含量的80%。锌在山羊体内的生理功能包括维持公羊睾丸的正常发育和精子正常形成；维持上皮细胞和羊毛的正常形态和生长；参与骨质形成；是多种酶的组成成分，调节酶活性；参与胱氨酸和黏多糖的正常代谢；参与激素的形成、储存、分泌，维持激素的正常功能等。锌的缺乏症一般表现为羔羊角质化不全症、掉毛、生长缓慢、采食量下降，公羊睾丸萎缩、畸形精子增多，母羊繁殖力下降。成年羊还会出现鼻黏膜和口腔黏膜发炎、出血，皮肤变厚、被毛粗糙、关节僵硬、肢端肿大。锌过量引起的中毒反应包括食欲不振、贫血、呕吐、腹泻等。

⑩锰。锰在山羊体组织中均有分布，其中以骨骼、肝、肾、胰腺中的含量较为丰富。肝脏中锰的含量比较稳定。锰的生理功能包括参与骨骼形成，维持骨骼的健康和正常发育；作为一些酶类的成分参与碳水化合物、脂类、蛋白质和胆固醇代谢；维持神经健康。锰还与山羊的生长繁殖相关。山羊缺锰时，羔羊会出现软骨组织增生、关节肿大，母羊受胎率低、流产、体重减轻。锰过量时会干扰其他元素的吸收，出现其他元素缺乏症。锰中毒的表现一般为生长受阻、贫血和胃肠道损害，有时还会出现神经症状。

⑪钼。山羊体内的钼元素主要分布于骨骼、肌肉和肝脏中。钼是黄嘌呤氧化酶和硝酸还原酶的组成成分，在嘌呤代谢中具有重要作用，还参与体内氧化还原反应。对于羔羊而言，钼对刺激瘤胃微生物活动、提高粗纤维消化率起着重要作用。钼与铜、硫元素有着相互促进和制约的关系。钼的缺乏症一般表现为生长受阻、繁殖力下降、流产等。山羊对于饲粮中的钼含量较为敏感，过量的钼会造成山羊毛纤维直、粪便松软、尿黄、脱毛、贫血、骨骼异常等，严重时会导致死亡。

⑫钴。钴多分布于山羊的肝、肾、脾以及胰脏中，其中以肝中的含量最为

丰富。钴是山羊瘤胃微生物合成维生素 D 和维生素 B_{12} 的原料，参与机体造血过程，与蛋白质、碳水化合物的代谢有关。钴还可以激活体内许多酶活性，增强瘤胃微生物分解纤维素的能力。钴的缺乏症表现为食欲不振、生长缓慢、异食癖、被毛粗糙、消瘦、贫血、流泪、精神不振、泌乳量和产毛量下降，母羊表现为发情次数减少、易流产。山羊对钴的耐受性较强，一般不会出现钴中毒，过量食用会造成厌食、体重下降和贫血等症状。

⑬硒。硒一般与蛋白质结合存在于山羊体内，肾和肝脏中的硒浓度最高。硒是谷胱甘肽过氧化物酶的主要成分，具有抗氧化作用；刺激免疫球蛋白及抗体的生成，提高机体免疫活性。此外，硒还具有抗溶血作用以及维持正常的生殖机能。硒的缺乏症主要为白肌病，肌肉表面可见明显白色条纹。其他症状还包括骨骼肌、心肌变性，生长缓慢，消瘦，繁殖性能受损，母羊不育或死胎等。过量的硒易引发慢性或急性中毒，慢性中毒表现为肌肉衰退、行动失调、视力减退、消瘦、贫血、脱蹄、脱毛等；急性中毒表现为腹泻、体温升高、心率加快、组织大量出血和水肿，严重时会因呼吸困难导致死亡。

（5）维生素 维生素是羊健康、生长发育、繁殖后代和维持生命所必需的营养物质，其功能主要在于启动和调节有机体的物质代谢，主要以辅酶和催化剂的形式广泛参与到体内代谢的多种化学反应中。

山羊所需的维生素分为脂溶性维生素和水溶性维生素，前者包括维生素 A、维生素 D、维生素 E、维生素 K，后者包括 B 族维生素和维生素 C。一般而言，山羊瘤胃微生物可以合成 B 族维生素和维生素 K，因此饲料中可以不用再单独添加。维生素 C 可以在羊的体组织中生成。对于一些胡萝卜素含量高的饲料，如高质量的牧草或青草，山羊的肝脏可以利用并储存大量的维生素 A。因此，一般情况下，除羔羊外，只需在饲料中适当添加维生素 D、维生素 E 和维生素 K。维生素缺乏会引起羔羊生长停滞、免疫力减退，成年羊机体代谢紊乱、生产性能下降、繁殖力下降等。

①维生素 A。维生素 A 是一种环状不饱和一元醇，有视黄醇、视黄醛、视黄酸三种衍生物，在肝脏中含量丰富。维生素 A 的生理功能包括维持正常视力，骨骼的生长发育，增强机体免疫力、繁殖力。维生素 A 缺乏症包括夜盲症、生长迟缓、骨骼畸形、繁殖器官退化、母羊难产、流产，公羊精子数减少、活力下降等。

②维生素 D。维生素 D 为类固醇衍生物，包括维生素 D_2 和维生素 D_3。维生素 D 的生理功能主要是促进钙和磷的吸收与代谢，提高血液的钙磷水平。另外，它还参与骨骼的形成并促进骨骼的正常钙化。维生素 D 不足会引发钙和磷的代谢障碍，从而导致羔羊的佝偻病，以及成年羊的骨组织疏松。其他缺乏症状还包括免疫力降低、食欲不振、发育缓慢等。

③维生素 E。维生素 E 又名抗不育维生素，是一种化学结构类似酚的化合物，具有生物学活性，可作为生物抗氧化剂。其生理功能除抗氧化之外还包括促进性腺发育、调节性功能；具有抗应激作用，增强机体免疫功能；维持正常的繁殖机能，一定程度上改善冻精品质；提高羊肉储藏期限，延缓颜色变化。与硒的缺乏症相似，维生素 E 的缺乏症包括贫血、繁殖机能下降、肝坏死、羔羊的白肌病，母羊流产，公羊精子减少、品质降低、无性机能等，严重时还会出现神经和肌肉代谢失调。

④维生素 K。维生素 K 分为维生素 K_1、维生素 K_2、维生素 K_3、维生素 K_4。其中，维生素 K_1 又叫叶绿醌，在植物中形成；维生素 K_2 又叫甲基萘醌，由胃肠道微生物合成；维生素 K_3 和维生素 K_4 为人工合成。维生素 K 耐热，不溶于水，但易在碱、酸、光照和辐射等情况下分解。其生理功能主要是催化肝脏中对凝血酶原和凝血质的合成，在凝血酶原和凝血因子的作用下使血液凝固。维生素 K 缺乏时，血液凝固的速度下降，从而可能引发出血。虽然瘤胃微生物可以合成维生素 K，但在实际生产中，饲料间的颉颃作用仍然可能导致维生素 K 缺乏症的出现。

⑤B 族维生素。B 族维生素包括硫胺素（维生素 B_1）、核黄素（维生素 B_2）、烟酸（维生素 B_3）、胆碱（维生素 B_4）、泛酸（维生素 B_5）、吡哆醇（维生素 B_6）、生物素（维生素 B_7）、叶酸（维生素 B_9）和氰钴胺（维生素 B_{12}）。它们在山羊体内的生理功能主要是作为细胞内酶的辅酶，参与糖类、脂肪和蛋白质的代谢。山羊的瘤胃微生物在正常情况下能合成足够的 B 族维生素以满足需求，但羔羊的饲粮中仍需添加适量 B 族维生素。

2. 雷州山羊的饲养标准

山羊的饲养标准又叫山羊的营养需要量，是指山羊维持生命活动和从事生产对能量和各种营养物质的需要量。饲养标准可以反映山羊不同发育阶段、不同生理状况、不同生产目标和水平对能量、蛋白质、矿物质和维生素等的适宜需要量。

雷州山羊目前还没有专门的饲养标准，建议参照中华人民共和国农业行业标准《肉羊营养需要量》（NY/T 816—2021）。

三、雷州山羊常用饲料的营养价值评定

1. 饲料的分类

饲料的分类是指根据不同饲料的特性、成分及其营养价值，给予相同或相似的一类饲料一个标准名称。目前，人们常常将饲料根据其来源、形态、营养特性等进行分类。根据饲料来源可分为植物性、动物性、矿物质、维生素和添加剂饲料；根据饲料的形态可分为液体、固体、粉末状、颗粒状饲料等；根据

饲料的主要营养特性可分为能量、蛋白质、维生素、添加剂和矿物质饲料。目前，我国统一实行的分类标准是根据营养特性将饲料分为粗饲料、青绿饲料、青贮饲料、能量饲料、蛋白质饲料、矿物质饲料、维生素饲料和饲料添加剂八大类。

2. 常见饲料种类的营养特性

（1）粗饲料 粗饲料又叫作粗料，是指天然水分含量在60%以下、干物质中粗纤维含量达到18%的饲料，如干草类、糟渣类和农副产品类等。粗饲料在饲料分类系统中属于第一大类，这类饲料来源广、体积大、种类多，但它同时也有许多缺点，包括难消化、易产生饱感、营养价值偏低、纤维含量高、木质化程度高、质地粗硬、有机物质消化率低以及资源储备量大。粗饲料是山羊饲料中的主要组成部分，通常作为基础饲料，为了提高饲料的营养价值、利用效率，通常在饲喂之前对粗饲料进行相应的加工调制处理。

（2）青绿饲料 青绿饲料是指天然水分含量在60%以上，可供饲喂山羊的青绿植株、茎、叶片等。其分类主要有：青绿牧草，包括禾本科、豆科、菊科和莎草科四大类；饲用作物，如高粱、大麦、大豆苗等；树叶类及非淀粉类的根茎、瓜果，如甜菜茎和叶、胡萝卜、菊芋等；水生饲料，如水浮莲、水葫芦、水芹菜等。青绿饲料的营养特性主要为：青绿幼嫩，柔软多汁，适口性好；粗蛋白含量丰富，蛋白品质高，非蛋白氮大部分是游离氨基酸、酰胺等，利于瘤胃微生物合成菌体蛋白；矿物质中钙、磷含量丰富，比例适中；粗纤维含量少，木质化程度低，无氮浸出物含量丰富；除维生素D外，其余种类的维生素含量丰富；新鲜青绿饲料干物质含量少，有效能值低。以青绿饲料饲喂山羊时需注意，不同种类的青绿饲料应当在各自的最佳营养期收割饲喂，注意加工调制方法以及搭配合理。

（3）青贮饲料 青贮饲料指以天然新鲜青绿植物性饲料、半干青绿植株、新鲜高水分玉米籽实或麦类籽实为原料，经适当处理后切碎、压实、密封于青贮窖、塔等设备中，在厌氧环境下，通过乳酸菌发酵后调制成的饲料。青贮饲料可根据其水分含量分为：含水率在65%～75%，以新鲜的青绿饲料为主调制成的青绿饲料；含水率在45%～55%，以半干青绿植株调制成的青绿饲料；含水率在28%～35%，以新鲜玉米或麦类籽实为主要原料的谷物湿贮。青贮饲料的营养特性主要为：能长期、有效地保存青绿饲料的营养成分和多汁性，尤其能减少蛋白质和维生素的损失；青贮过程中产生大量乳酸，具有芳香味，柔软多汁，适口性好；能扩大饲料资源，通过改善其适口性，将原本山羊不喜欢的植物变为喜食的植物。

（4）能量饲料 能量饲料是指饲料干物质中粗纤维含量小于18%、粗蛋白质含量小于20%的饲料。山羊生产上常见的能量饲料包括：禾本科籽实，如玉米、高粱、大麦、燕麦等；谷物加工副产品，如稻糠、玉米糠、高粱糠等；富含淀粉和糖类的根茎类，如胡萝卜、甘薯、木薯、菊芋块茎等；瓜类，如南瓜、番瓜等。能量饲料的营养特性一般为淀粉含量高，消化性好，有效能值高，粗纤维含量较低。

（5）蛋白质饲料　蛋白质饲料是指饲料干物质中粗纤维含量小于18%、粗蛋白质含量大于或等于20%的饲料。此类饲料按照来源可分为：植物性饲料，如豆科籽实及其加工副产品、糟渣类、饼粕类等；动物性蛋白质饲料，主要是鱼类、肉骨类及乳品加工副产品，包括鱼粉、肉骨粉等；单细胞蛋白质饲料，主要包括酵母、真菌及藻类；非蛋白氮饲料，一般指通过化学合成的尿素、缩二脲、铵盐等。蛋白质饲料的营养特点包括粗蛋白质含量高，粗纤维含量低，可消化养分含量高，有效能值高等。近年来疯牛病和绵羊痒病的发生和蔓延给世界经济和健康带来巨大威胁，为了防止此类疾病的发生，我国禁止在肉羊饲料中使用除蛋、乳制品外的动物源性饲料。此外，山羊所需的大部分蛋白质可以通过瘤胃微生物的合成来满足，因此蛋白质饲料一般只作为补充料进行饲喂，且非蛋白氮饲料可以替代山羊饲粮中的部分蛋白质。

（6）矿物质饲料　矿物质饲料是指能为山羊提供矿物质元素需求的天然的单一矿物质，工业合成的多种混合的矿物质饲料以及配合有载体的微量元素、常量元素的矿物质饲料。天然矿物质包括食盐、石灰石粉、沸石粉、膨润土等；工业合成矿物质指无机盐类和有机配位体与金属离子的螯合物、络合物，如磷酸氢钙、硫酸铜。此类饲料不含能量、蛋白质等营养成分，只含矿物质，主要用于补充钙、磷、钠、钾、氯、镁、硫等常量元素，且最好与精料混合饲喂。

（7）维生素饲料　维生素饲料指工业合成或提纯的单一维生素或复合维生素，但不包括某一种或几种维生素含量较多的天然饲料。维生素是一类动物代谢所必需的低分子有机化合物，山羊体内一般不能合成或者合成的数量和种类不能满足需求，尤其是在特定的季节和特定的生产阶段，必须通过饲粮提供。按照维生素饲料的溶解性，可将其分为脂溶性和水溶性两大类。脂溶性维生素只含有碳、氢、氧三种元素，水溶性维生素有的还含有氮、硫、钴。

（8）饲料添加剂　饲料添加剂是指在饲料加工、制作、使用过程中添加到饲粮中，起到保护饲料中的营养物质、促进营养物质的消化吸收、调节机体代谢、增进动物健康，从而改善营养物质的利用效率、提高动物生产水平、改进动物产品品质的物质的总称。山羊的饲料添加剂分为两大类：一类是营养性添加剂，以矿物质添加剂、氨基酸添加剂和维生素添加剂为主；另一类是非营养性添加剂，包括生长促进剂、驱虫保健剂、防腐剂和调味剂等。为了便于饲料行业的科研、教学、生产、经营和管理，我国出台了中华人民共和国国家标准《饲料工业通用术语》。

四、雷州山羊的日粮配制及加工技术

1. 基本概念

（1）日粮和饲粮　日粮是指每只羊一昼夜采食的饲料总量。饲粮是指按照日粮中各种成分的比例配制而成的大量混合饲料。

（2）配合饲料　配合饲料是指根据动物营养标准、饲料原料的营养特点以及饲料资源的数量及价格，按照科学的饲料配方生产出来的由多种饲料原料组成的混合饲料。

2. 日粮配合的原则

（1）以饲养标准为依据　根据羊的体重、用途、生产性能、性别、年龄等不同条件需要的干物质、能量、蛋白质及其他营养物质，选择相应的饲养标准和饲料营养成分表来进行日粮配合。

（2）做到因地制宜　饲养标准是在一定的生产条件下制定的，不能完整、全面地反映各个地方的实际情况，因此需根据实际的饲养效果，对饲养标准进行相应的调整。

（3）合理选择饲料原料　需根据当地的饲料来源、饲料的适口性以及山羊的消化生理特点来选择营养丰富、价格合理、种类多样、互补性强、适口性好的饲料原料。

（4）保持饲料稳定性　饲料的种类应该保持相对稳定，如果日粮成分发生较大变动，瘤胃微生物不适应，会影响消化功能甚至导致消化道疾病。为防止出现此类现象，在改变饲料种类时，应在一段时间的过渡期内逐渐地改变。

（5）安全性原则　使用的饲料原料和添加剂均应符合国家标准和规定，不仅要让饲粮对山羊健康无害，而且在某些产品中的残留也应在允许范围之内。

3. 日粮配合的方法

日粮配合的方法包括计算机求解法和手工计算法。计算机求解法是指利用设定好的计算机程序软件，将山羊的体重、日增重以及饲料的种类、营养成分、价格等因素输入计算机，计算机软件将会自动计算出配方，其方法主要包括线性规划法、多目标规划法、参数规划法等。手工计算法包括试差法、对角线法、联立方程法等，其中试差法是最常用的方法。

试差法是根据专业知识和经验，先初步拟定一个饲料配方，计算其营养价值，然后和相应的饲养标准做比较，如果某种营养成分不足或是过量，再适当调整配合饲料中的原料比例，反复多次，直到所有营养指标满足要求为止。其步骤如下：

①通过查询饲养标准表，确定特定羊群的营养需要量。

②查询所用饲料的营养成分及营养价值表。

③确定各类粗饲料的饲喂量，配制基础日粮。根据当地粗饲料的来源、品质、价格，选用一两种主要的粗饲料最大限度地利用。

④确定补充饲料的种类和数量。一般是用混合精料来满足能量和蛋白质需要量的不足部分，然后用矿物质补充料来平衡日粮中的钙、磷等矿物质元素的需求。

现以体重 30kg、泌乳量为 0.45kg/d 的泌乳前期母山羊为例，运用试差法进行日粮配合。可用饲料为玉米秸青贮、野干草、玉米、麸皮、棉籽饼、豆饼、磷酸氢钙、尿素和食盐。具体步骤如下。

步骤 1：查饲养标准与饲料成分表

根据中国肉羊饲养标准（山羊）以及中国饲料成分及营养价值表，列出如表 4-1、表 4-2 的参数。

表 4-1　泌乳前期母山羊营养需要量

体重/kg	泌乳量/(kg/d)	干物质/(kg/d)	消化能/(MJ/d)	粗蛋白质/(g/d)	钙/(g/d)	磷/(g/d)	食盐/(g/d)
30	0.45	0.9	12.34	152	6.2	4.1	4.5

表 4-2　饲料成分及营养价值

饲料名称	干物质/%	消化能/(MJ/kg)	粗蛋白质/%	钙/%	磷/%
玉米秸青贮	26.0	2.47	2.1	0.18	0.03
野干草	90.6	7.99	8.9	0.54	0.09
玉米	88.4	15.40	8.6	0.04	0.21
麸皮	88.6	11.90	14.4	0.18	0.78
棉籽饼	92.2	13.72	33.8	0.31	0.64
豆饼	90.6	15.94	43.0	0.32	0.50
磷酸氢钙				23	16

步骤 2：确定粗饲料采食量

假定粗饲料的干物质采食量占干物质总量的一半，即为 0.45kg。其中一半为玉米秸青贮，一半为野干草，其重量均为 0.225kg。根据粗饲料成分及营养价值表计算出粗饲料提供的养分含量（表 4-3）。

表4-3 粗饲料提供的养分含量

饲料名称	干物质/ %	消化能/ （MJ/kg）	粗蛋白质/ %	钙/ %	磷/ %
玉米秸青贮	0.225	2.14	18.17	1.56	0.26
野干草	0.225	1.98	22.10	1.34	0.22
合计	0.45	4.12	40.28	2.9	0.48
与标准差	−0.45	−8.22	−111.72	−3.3	−3.62

步骤3：初步拟定各种精料用量并计算出粗精料养分含量（表4-4）

表4-4 拟定粗精料养分含量

饲料名称	用量/ kg	干物质/ kg	消化能/ MJ	粗蛋白质/ g	钙/ g	磷/ g
玉米	0.2	0.177	3.08	17.2	0.08	0.42
麸皮	0.1	0.089	1.19	14.4	0.18	0.78
豆饼	0.2	0.181	3.18	86.0	0.64	1.0
磷酸氢钙	0.01	0.01			2.3	1.6
食盐	0.004	0.004				
合计	0.514	0.461	7.458	117.6	3.2	3.8
粗精料合计		0.911	11.58	157.87	6.09	4.281
饲养标准		0.9	12.3	152	6.2	4.1

从表4-4可见，饲粮中的消化能和粗蛋白已基本符合要求，如果消化能偏高或偏低，应相应减少或增加能量饲料，粗蛋白的调整也是如此。当能量和蛋白质满足营养需要后，再看矿物质水平，由表4-4中可以看出，两者都基本满足标准要求，因此不必补充相应饲料。

步骤4：确定饲料配方

本例中泌乳前期母羊的日粮配方为玉米秸青贮饲料0.87kg、野干草0.25kg、玉米0.2kg、麸皮0.1kg、豆饼0.2kg、磷酸氢钙0.01kg、食盐4g，另加添加剂预混料。

4. 日粮加工技术

此处仅针对青粗饲料的加工调制作一说明。

（1）物理方法 此类方法比较简单，能提高山羊的采食量和适口性，但是对于饲料营养价值和消化率并无作用。常见的物理方法如下：

①切短。此类方法可增加饲料与瘤胃微生物的接触面积，便于降解发酵，还能减少饲料浪费，是调制秸秆等粗饲料最简便、最重要的方法。

②粉碎。添加一定比例的粉碎秸秆，可提高山羊对粗饲料的采食量。但是粉碎的粗细度需适中，粉碎过细的话，山羊咀嚼不全，唾液不能充分混合，容易引起反刍停滞。

③制粒与压块。将粉碎后的粗饲料直接制成颗粒饲料，有利于机械化饲养，有利于山羊充分咀嚼，改善适口性。制粒或压块后的粗饲料便于储存和运输，减少浪费。

④浸泡。将切碎的秸秆类粗饲料加入清水或盐水浸泡过后，再拌上适量糠麸或精料进行饲喂，能提高山羊采食量和适口性。

（2）化学处理　通过化学制剂的作用使粗饲料内部结构发生改变，从而促进瘤胃微生物对饲料的消化分解，提高消化率和营养价值。

①碱化处理。碱类物质能使饲料纤维物质内部的氢键变弱，使纤维素分子膨胀，从而使木质素、角质与其分离，让消化液和细菌酶类能与木质素起作用，将不易溶解的木质素转化为易于溶解的羟基木质素。其主要目的是提高干物质的消化率。

②氨化处理。在秸秆等粗纤维中加入一定比例的氨水、液氨、尿素等氮源，促使木质素与纤维素、半纤维素分离，破坏木质素与纤维素之间的联系，从而提高粗饲料的消化率、营养价值和适口性。从某种意义上来讲，它也是一种碱化处理。

③酸化处理。酸化处理的原理基本和碱化、氨化处理相同，但使用试剂不同，即用硫酸、盐酸、磷酸和甲酸处理秸秆类粗饲料，以破坏其中的纤维素内部氢键和木质素与半纤维素之间的酯键结构。但是酸处理的成本较高，实际生产上一般很少使用。

（3）生物处理　生物处理包括青贮、酶解和微生物处理，其中应用最广的是青贮和微生物处理。

①青贮。青贮是指将青绿饲料放入密闭的青贮容器内经微生物厌氧发酵、采用化学制剂调制或者降低水分后使青绿饲料长期保存其营养特性的一种处理方法。

②微生物处理。利用微生物所产生的纤维素酶来分解秸秆中的粗纤维，使秸秆类粗饲料变得质地柔软、适口性好、消化率高。

第二节　雷州山羊不同生理阶段的饲养管理技术

一、种公羊的饲养管理

种公羊是发展养羊生产的重要生产资料，对羊群的生产水平、产品品质都有重要的影响。在现代养羊业中，人工授精技术得到广泛应用，需要的种公羊不多，因而对种公羊品质的要求越来越高。养好种公羊是使其优良遗传特性得以充分发挥的关键。种公羊应常年保持结实健壮的体质，达到中等以上的种用体况，并具有旺盛的性欲和良好的配种能力，精液品质好。种公羊的基本要求是体质结实、四肢健壮、体脂率适中、精力充沛、性欲旺盛、精液品质好。种公羊精液的数量和品质取决于日粮的全价性和饲养管理的科学性和合理性。在饲养上，实践证明种公羊最好的饲养方式是放牧加补饲。放牧应选择优质的天然草场或人工草场，补饲日粮应富含蛋白质、维生素和矿物质，还应具备品质优良、易消化、体积小和适口性好等特点。实践证明，种公羊理想的饲草包括优质王草、苜蓿干草、青燕麦干草、三叶草等；补饲日粮包括玉米、豆饼、麸皮、大麦、燕麦、胡萝卜、甜菜、青贮玉米等。种公羊的饲养管理一般分为配种期和非配种期。

1. 种公羊非配种期的饲养管理

种公羊在非配种期的饲养以恢复和保持其良好的种用体况为目的。配种结束后，种公羊的体况都有不同程度的下降，为使体况很快恢复，在配种刚结束的1～2个月内，种公羊的日粮应与配种期基本一致，但对日粮的组成可做适当调整，增加优质青干草或青绿多汁饲料的比例，并根据体况的恢复情况，逐渐转为饲喂非配种期的日粮。冬季，种公羊的饲养要保持较高的营养水平，每日一般补给精料0.5kg、干草2kg、青绿饲料2.5kg、食盐5～10g。这样既有利于体况恢复，又能保证其安全越冬。做到精粗料合理搭配，补喂适量青绿多汁饲料（或青贮料），在精料中应补充一定的矿物质微量元素。在临近配种期的1个月左右，即配种预备期，应增加饲料量，按配种喂量60%～70%给予，逐渐增加到配种期的精料给量。同时为完成配种任务，要加强饲养，加强运动，有条件时要进行放牧，为配种期奠定基础。我国南方大部分低山地区，气候比较温和，雨量充沛，牧草的生长期长，枯草期短，加之农副产品丰富，羊的繁殖季节可表现为春、秋两季，部分母羊可全年发情配种。因此，对种公羊全年均衡饲养尤为重要。除搞好放牧、运动外，每天应补饲0.5～1.0kg混合精料和一定的优质干草。

2. 种公羊配种期的饲养管理

种公羊在配种期要消耗大量的养分和体力，因配种任务或采精次数不同，个体之间对营养的需要量相差很大。配种时间越长、配种强度越大，种公羊的体能消耗也就越多，体况下降也比较明显，需要补充较多营养，否则会影响种公羊的精液品质和配种能力。对于这些配种任务繁重的优秀种公羊，每天应补饲1.5～3.0kg的混合精料，并在日粮中增加部分动物性蛋白质饲料（如鸡蛋等），以保持其良好的精液品质。配种期，种公羊的饲养管理要做到认真、细致，要经常观察羊的采食、饮水、运动及粪、尿排泄等情况。保持饲料、饮水的清洁卫生，如有剩料应及时清除，减少饲料的污染和浪费。青草或干草要放入草架饲喂。南方地区夏季高温、潮湿，对种公羊不利，会造成精液品质下降。种公羊的放牧应选择高燥、凉爽的草场，尽可能充分利用早、晚进行放牧，中午将公羊赶回圈内休息。种公羊舍要通风良好。如有可能，种公羊舍应修成带漏缝地板的双层式楼圈或在羊舍中铺设羊床。在配种前1.5~2个月，逐渐调整种公羊的日粮，增加混合精料的比例，同时进行采精训练和精液品质检查。开始时每周采精检查1次，以后增至每周2次，并根据种公羊的体况和精液品质来调节日粮或增加运动。对精液稀薄的种公羊，应增加日粮中蛋白质饲料的比例；当精子活力差时，应加强种公羊的放牧和运动。种公羊的采精次数要根据羊的年龄、体况和种用价值来确定。青年羊（1.5岁左右）以每天采精1~2次为宜，采1d休息1d，不要连续采精；成年公羊每天可采精3~4次，个别情况下可采精5~6次，每次采精应有1~2h的间隔时间。特殊情况下（种公羊少而发情母羊多），成年公羊可间隔30min左右连续采精2~3次。采精较频繁时，要保证成年种公羊每周有1~2d的休息时间，以免因过度消耗体力而造成种公羊的体况明显下降。

二、母羊的饲养管理

1. 配种期种母羊的饲养管理

母羊是羊群发展的基础。种母羊是否能够正常发情、配种、妊娠，实现多产羔且成活率高、体质健壮，在一定程度上都取决于母羊饲养管理的好坏。雷州山羊的配种集中于春、秋两季。为保持母羊良好的配种体况，应尽可能做到全年均衡饲养，尤其应搞好母羊的冬春补饲，即在配种前1~1.5个月要给予优质青绿饲料，或到茂盛的牧草地放牧，根据羊群及个体的营养情况，给以适量补饲，即每天单独补喂0.3~0.5kg混合精料，进行抓膘，使其在配种期内正常发情、受胎。

2. 妊娠羊的饲养管理

雷州山羊母羊妊娠期约为150d，分为妊娠前期（前3个月）和妊娠后期（后2个月）。妊娠前期因胎儿发育较慢，需要的营养物质少，一般给予足够的青草，适量补饲即可满足需要。妊娠后期是胎儿迅速生长时期，羔羊初生重的90%是在母羊妊娠后期增加的。这一阶段若营养不足，羔羊初生重小，抵抗力弱，极易死亡。若母羊膘情不好，到哺乳阶段没做好泌乳的准备会缺奶。因此，此时应加强补饲，每只羊每天需补饲精料450g、干草1~1.5kg、青贮料1.5kg、食盐10g。而在产前1周，要适当减少精料用量，以免胎儿体重过大而造成难产。给妊娠母羊的必须是优质草料和清洁饮水，发霉、腐败、变质和来源不明的饲料都不能饲喂，避免羔羊流产，造成经济损失。管理上要特别精心，出牧、归牧、饮水、补饲都要有序慢稳，防止拥挤、滑跌，杜绝跳崖、跳沟，以防造成损失，应尽可能选平坦的牧草地放牧。应特别注意，不要无故拽捉、惊扰羊群。适当降低圈舍养殖密度，不能将母羊胡乱组群，避免母羊间发生角斗，以防造成流产。同期母羊群要远离公羊，避免爬跨和打斗，造成流产。母羊妊娠后期，尤其分娩前管理要特别精心，不能远牧；产前1周左右，夜间应将母羊放于待产圈中饲养和护理。对于肷窝下陷、腹部下垂、乳房和阴门肿大、流出黏液、常独卧墙角、排尿频繁、举动不安、时起时卧、不停地回头望腹、发出鸣叫等的母羊，要做好分娩前的准备工作。

3. 母羊哺乳期的饲养管理

母羊哺乳期分为哺乳前期（0～1个月）和哺乳后期（1～2个月），管理重点应放在哺乳前期。母乳是羔羊生长发育所需营养的主要来源，特别是产后头20～30d，母羊奶多，羔羊发育好，抗病力强，成活率高。如果母羊养得不好，不仅母羊消瘦、产奶量少，而且影响羔羊的生长发育。母羊产羔后泌乳量逐渐上升，在4～6周内达到泌乳高峰，10周后逐渐下降（乳用品种可维持更长的时间）。随着泌乳量的增加，母羊需要的养分也应增加，当草料所提供的养分不能满足其需要时，母羊会大量动用体内储备的养分来弥补。泌乳性能好的母羊往往比较瘦弱，这是一个重要原因。在哺乳前期，为满足羔羊生长发育对养分的需要，保持母羊的高泌乳量是关键。在加强母羊放牧的前提下，应根据带羔的多少和泌乳量的高低，搞好母羊补饲。带单羔的母羊，每天补喂混合精料0.3～0.5kg；带双羔或多羔的母羊，每天应补饲0.5～1.5kg。对体况较好的母羊，产后1～3d内可不补喂精料，以免造成消化不良或发生乳腺炎。

通常，母羊产后腹内空虚、体质衰弱、体力和水分消耗很大、消化机能较差，因而要给易消化的优质干草，饮盐水、麸皮汤可调节母羊的消化机能，促进恶露排出。3d后逐渐增加精饲料的用量，同时给母羊饲喂一些优质青干草和青绿多汁饲料，可促进母羊的泌乳机能。哺乳后期，母羊泌乳能力逐渐下降，且羔羊能自己采食饲草和精料，不依赖母乳生存，补饲标准可降低些，但对体况下降明显的瘦弱母羊，仍需补喂一定的干草和青贮饲料，使母羊在下一个配种期到来时能保持良好的体况。母羊和羔羊放牧时，时间要由短到长，距离由近到远，要特别注意天气变化，及时赶回羊圈。断奶前要减少母羊多汁饲料、青贮料和精料的喂量，防止乳腺炎发生。母羊圈舍要经常打扫，勤换垫草，污物要及时清除，保持清洁干燥。

三、初生羔羊的护理

羔羊出生后，生活环境骤然发生改变，为使其逐渐适应外界环境，必须做好羔羊的护理。羔羊的日常护理需做到三防、四勤。

1. 三防

（1）防冻　在养羊生产中，新生羔羊体温过低是体弱、死亡的主要原因。羔羊的正常体温是 39～40℃，一旦体温低于 36℃ 或 37℃，不及时采取保暖措施会导致羔羊很快死亡。出现羔羊体温过低的主要原因：一是出生后 5h 之内全身未擦干，散热过多。二是出生 6h 以后（多半在 12～72h）因吃不足奶，导致饥饿而耗尽体内有限的能量储备，而自身又难以产生需要的热能。通常，母羊产下羔羊后，均会舔干净羔羊身上的黏液，若遇初产母羊或缺乏这种行为的母羊，则应人为用干净布块或干草迅速将羔羊抹干，以免羔羊受凉。羊舍应注意保暖、防潮、避风、防雨淋。保持舍内干燥、清洁，常换垫草。冬季及早春天气寒冷，应注意保温。同时应使初生羔羊尽快吃到初奶，增强对寒冷的抵抗力。

（2）防饿　母羊产后 5d 以内分泌的乳汁叫初乳，它是羔羊出生后唯一的全价天然食品。初乳中含有丰富的蛋白质（17%～23%）、脂肪（9%～16%）等营养物质和抗体，具有营养、抗病和轻泻作用。羔羊出生后及时吃到初乳，对增强体质、抵抗疾病和排出胎粪具有很重要的作用。因此，应让初生羔羊尽量早吃、多吃初乳，吃得越早、越多，增重越快，体质越强，发病越少，成活率越高。新生羔羊出生站立后，就有吮奶的本能要求。因此，母山羊分娩完毕后，应将母山羊的乳房用温水洗净，挤出最初几滴初奶，帮助初生羔羊找到母羊乳头。由于新生羔羊 1 次吮乳量有限，每隔 2～3h 应哺乳 1 次。生双羔的母羊，应同时让两只羔羊近前吮乳，然后可将母羊关进单间室内，放一桶温水和干草，让母羊安静 1.5h 左右，再将羔羊放进去，待母子自行相认哺乳。

如果发现母羊产羔后无奶，应及时给羔羊找产期相近的母羊作保姆羊。一般选奶水充足但其羔羊因某种原因已死亡的母羊作保姆羊。母羊靠嗅觉来识别自己的羔羊，为了混淆母羊的嗅觉，可把保姆羊的乳汁或其产羔时的羊水涂在要寄养的羔羊身上，或将刚生下要寄养羔羊身上的羊水或尿抹在保姆羊的鼻端，使母羊不易识别。开始时需人工强迫母羊哺乳，以后逐渐锻炼保姆羊自己给羔羊哺乳。如果母羊产羔后不认羔，这时就需要人为地强迫母羊给羔羊哺乳，加强对羔羊的护理，待母羊认羔后再转到小母子栏饲养。母羊和羔羊在产羔栏中饲喂，褥草要经常更换。在常乳期（6～60d），奶是羔羊的主要食物，但同时开始训练吃料，在饲槽里放上用开水烫过的半湿料，引导小羊去啃，反复数次小羊就会吃了。注意烫料的温度不可过高，应与奶温相同，以免烫伤羊嘴。在奶、草过渡期（2 月龄至断奶），羔羊已能采食饲料，应注意其个体发育情况，要求饲料多样化，并随时进行调整，以促使羔羊正常发育。日粮中可消化蛋白质以 16%～30% 为佳，可消化总养分以 74% 为宜。此时的羔羊还应适当运动。随着日龄的增加，可把羔羊赶到牧草地上放牧。母子分开放牧有利于增重、抓膘和预防寄生虫病。断奶的羔羊在转群或出售前要全部驱虫。

（3）防病　初生羔羊生长快、对营养物质的需求量大、饲养管理技术要求高、疾病抵抗力差，若饲养不当、预防措施不力，则羔羊成活率低，死亡率高，往往造成重大损失，所以应注重疾病的防治。做好适配母羊的驱虫和预防注射工作，在配种前1个月用盐酸左旋咪唑按每千克体重6～8mg内服，或用阿苯达唑按每千克体重5～15mg内服进行驱虫，还可以采用克虫星（伊维菌素）针剂按标签说明肌内注射驱虫，驱虫后即可注射羊四联苗，能有效预防羔羊痢疾的发生。同时抓好妊娠母羊的饲养管理。饮水以干净的温水为宜，水温不能低于20℃，圈舍要勤打扫，保持干燥、保温、避风。在产羔前应对圈舍、用具进行全面彻底的清理和消毒，更新产羔围栏的垫草，铺撒草木灰。在产羔期内定期消毒，更换垫草，保持良好卫生环境。对病羔设隔离圈单独饲养，并做到一畜一消毒、更换垫草。羔羊出生后要按时让其吃足母乳。对羔羊脐部严格消毒、防止感染，出生当日注射破伤风抗毒素1支。抓好羔羊断奶关，羔羊60d断奶为宜，断奶时应逐步进行，使羔羊有一个适应过程，不能一刀切。对羔羊要每天进行仔细观察，发现病羔立即隔离治疗，并对病羔接触的用具和场所进行彻底消毒，病羔用过的垫草烧毁，病死羔应消毒后深埋。

2. 四勤

（1）勤检查　主要检查羔羊的精神状态和母羊的泌乳状况，以便及时处理，减少经济损失。发现羔羊营养不良时，应注意辅助哺乳；对生病羔羊，应及时隔离治疗；对病死羔羊，应及时清理出栏外，并进行无害化处置。

（2）勤配奶　对失去或找不到母羊的羔羊，可改用牛奶进行人工哺乳。应选择乳脂率高的牛奶，30日龄前不宜用乳脂少的鲜奶，最好选用其他羊的乳汁。奶温以30℃左右为宜。开始5d内每天喂5次，以后减为3次，20d后每天2次。喂量为第一周每天200g、第二周每天300g、第三周每天400～700g、第四周每天700～900g（应注意羔羊消化道的状况，是否出现腹胀、拉稀等症状）。

（3）勤治疗　对病羔要做到早发现，及时采用抗生素或磺胺类药物治疗。对四肢瘫软、口鼻俱凉、呼吸微弱的濒死羔羊，应采用相应的方法治疗。

（4）勤消毒　注意圈舍卫生消毒和母羊乳房清洁，可有效预防各种疾病的发生。

四、雷州山羊的日常管理技术

1. 羊的编号

为了准确地对羊群进行鉴定比较、选择、选配和淘汰，按照育种要求，需要对育种群每一个个体记载确切无误的系谱和生产性能等记录资料，而对羊的编号就成为其中的基础性工作，也是育种进程中的经常性工作。给羊编号的方法较多，经常采用的有耳标法、墨刺法和剪耳法三种。现在更常用的是耳标法。

耳标是固定在羊耳上的标牌，制作耳标的材料有铝片和塑料。标牌正面编号反映羊的三种信息，即出生年、性别和序号，因此，耳标的号码由2～5位数字组成。1～2位数字表示出生年，其后为序号，最后一位数字表示性别（单号为公羊，双号为母羊）。如果是纯种繁育场，饲养品种单一，耳标的编号相对比较容易。如果一个育种场饲养有不同的品种，或不同杂交代数的个体，可在耳标背面编品种名，用品种名的英文首字母或汉语拼音的首字母代表；杂种羊可用F1、B1、B2等表示。一般耳标的编号不宜太长，为便于资料的计算机管理和查阅，尽可能要求长度一致。佩戴耳标时，耳标钳打孔过程中应尽量避开血管。若出现出血现象，应注意消毒以防感染。耳标脱落的个体应及时补戴，且注意不要有个体号相同的编号。

2. 抓羊、保定羊、导羊

在进行个体品质鉴定、称重、配种、防疫、检疫和买卖羊等时，都需要进行抓羊、保定羊和导羊前进等操作。

（1）抓羊　在抓羊时要尽量缩小其活动范围。抓羊的动作，一是要快，二是要准，出其不意，迅速抓住山羊的后胁或飞节上部。因为胁部皮肤松弛、柔软，容易抓住，又不会使羊受伤。除此两部位，其他部位不能随意乱抓，以免伤害羊体。

（2）保定羊　一般是用两腿把羊颈夹在中间，抵住羊的肩部，使其不能前进，也不能后退，以便对羊进行各种处理。另外，保定人也可站在羊的一侧，一手扶颈或下颌，一手扶住羊的后臀即可。

（3）导羊　抓住羊后，当需要移动羊时就须导羊前进。方法是：一手扶在羊的颈下部，以掌握前进方向；另一手在尾根处搔痒，羊即短距离前进。喂过料的羊，可用料盆逗引前进。切忌扳羊角或抱头硬拉。

3. 去角

山羊去角的目的是防止由好斗带来的伤亡和流产，同时也可减少占地面积，易于管理。雷州山羊一般在出生后4～10d进行去角手术。方法是：将羊羔侧卧保定，用手摸到角基部，剪去角基部羊毛，在角基部周围抹上凡士林，以保护周围皮肤。然后将苛性钠（或钾）棒，一端用纸包好，作为手柄，另一端在角蕾部分旋转摩擦，直到见有微量出血为止。摩擦时要注意时间不能太长，位置要准确，摩擦面与角基范围大小相同，术后敷上消炎止血粉。羔羊去角后半天内不应让其接近母羊，以免苛性钠烧伤母羊乳房。也可以采取电烙器法，选择7～14日龄且体况很好又健康无病的羔羊，经鉴定后确定无角再进行。当电烙器达到烧红（或极热）时，在每只角芽上保持约 10s 即可。注意时间过长会导致热原性脑膜炎。灼烧部位包括角芽周围约 1cm 的组织（但不要烧伤角基外的皮肤），以防止角根再生。

4. 修蹄

山羊蹄壳不断生长，羊蹄在粗糙地面上长期磨损易造成畸形，故每年要定期修蹄 2～3 次，长期不为羊修蹄，不仅会影响羊行走和放牧，还会引起腐蹄病、肢势变形等，甚至会降低或丧失种公羊的种用价值。正确的修蹄方法是先掏出趾间的脏物；用小刀或修蹄剪剪掉所有松动而多余的蹄甲，但要平行于蹄毛线修剪；再剪掉长在趾间的赘生物、削掉软的蹄踵组织，使蹄表面平坦。修蹄时间多在雨后进行。

5. 去势

公山羊羔去势（又称阉割）的目的是减少初情期后性活动带来的不利影响，提高育肥效果。但随着羔羊屠宰利用时间的提前，特别是一些晚熟品种或杂交种，若经济利用时间在初情期之前，去势是不必要的。山羊去势的方法主要有橡皮筋法和睾丸摘除法两种。

（1）橡皮筋法　主要适用于羔羊。用强力橡皮筋置于阴囊上，缠绕扎紧，以阻断睾丸和阴囊的血液供给；术后 14d，阴囊和睾丸将一起脱落。

（2）睾丸摘除法　适用于成羊公羊和 14 日龄的羔羊。操作方法是先保定好羊，通常把羔羊按在桌上或坐在助手膝上；用手术刀在消毒的阴囊底部做一切口，或用灭菌直剪剪掉阴囊下 1/4 的皮肤；手术者用手指挤拉出 2 个睾丸，刮断精索，尽量将精索留短一些（防止突出阴囊外而造成感染）；术后伤口做消毒处理，并任其敞开，但饲养羊的圈舍要清洁卫生和无蚊蝇叮咬。

6. 药浴

为驱赶羊体外寄生虫，预防疥癣等皮肤病的发生，每年要在春季放牧前和秋季舍饲前进行药浴。药浴的方法主要有池浴、大锅或大缸浴、喷淋式药浴等。具体选择哪种方法，要根据羊的数量和饲养场设施条件而定，一般在较大规模的羊场内采用药浴池较为普遍。

（1）药液配制　可选用 0.2% 的杀虫脒、0.5%～1.0% 的精制敌百虫或 0.05% 的辛硫磷溶液，也可用石硫合剂溶液（其配方为生石灰 7.5kg、硫黄粉 12.5kg 和水）。现以辛硫磷溶液配制方法为例说明具体操作步骤。使用 50% 的辛硫磷乳油 50g 加水 100kg，其有效浓度为 0.05%，水温 25～30℃，药浴 1～2min，一般 50g 辛硫磷乳油配制成的药液可洗 14 只羊。

（2）山羊药浴时应注意的事项

①药浴最好隔 1 周再进行 1 次，残液要泼洒到羊舍内。

②药浴前 8h 停止放牧或饲喂，入浴前 2～3h 给羊饮足水，以免羊吞饮药

液中毒。

③让健康的羊先药浴，有疥癣等皮肤病的羊最后药浴。

④凡妊娠2个月以上的母羊暂不进行药浴，以免流产。

⑤要注意羊头部的药浴，无论采用何种方法药浴，必须要把羊头浸入药液1～2次。

⑥药浴后的羊应收在凉棚或宽敞棚舍内，过6～8h后再放牧或入圈。

五、雷州山羊的放牧饲养技术

1. 进行牧场规划

肉羊育肥的基本条件是有良好的草场。天然草场由于不同季节和气候，牧草产量与质量均呈明显的季节性变化。因此，必须根据草场的地形、地势、水源、交通、牧草生长状况和羊群情况分别规划牧场。基本原则是生产性能越高的羊，要求牧场的质量越好。通常对种公羊和高产母羊要留有较好的牧草地，育成羊也要留出专用牧草地，离畜舍近的牧草地要留给冬季哺乳母羊和羔羊，去势羊和空怀羊可以在品质较差和路程远的草地放牧。育肥山羊宜选择灌木丛较多的山地草场，以便充分利用夏、秋季天然草场牧草和灌木枝叶生长茂盛、营养丰富的时期搞好放牧育肥。

2. 规模适度，合理组织羊群

合理组织羊群有利于羊的放牧和管理，是保证羊吃饱、快长膘和提高草场利用率的一个重要技术环节。我国南方，以丘陵和低山区为主，草场面积小而分散，农业生产较发达，羊的放牧条件较差，在放牧时必须加强对羊群的引导和管理，才能避免对农作物的啃食，因此羊群规模比起北方来说，一般较小。羊群的组织应根据羊的类型、品种、性别、年龄（如羔羊、育成羊、成年羊）、健康状况等综合考虑，也可根据生产的特殊需要组织羊群。在生产中，羊群一般可分为公羊群、母羊群、育成公羊群、育成母羊群、羔羊群（按性别分别组群）、阉羊群等。阉羊数量很少时，可随成年母羊组群放牧。在羊的育种工作中，还可按选育性状组建核心育种群，即把育种过程中产生的理想型个体单独组群和放牧。放牧规模与经济效益有密切的关系，放牧数量多，产品量大，出栏数多，劳动效率高，收益较大；但同时受草山及饲料来源、品种、市场、技术、管理水平等因素的制约，放牧数量的多少要根据劳动力、资金、草场、羊舍等条件以及市场销售等情况来确定。采用自然交配时，配种前1个月左右将公羊按1:（25～30）的比例放入母羊群中饲养，配种结束后公羊再单独组群放牧。在南方地区，养羊一般采用放牧与补饲相结合的方式，因而组织羊群时还必须考虑羊舍面积、补饲和饮水条件、牧工的劳动强度等因素，羊群的大小要有利于放牧和日常管理。

3. 选择适宜的放牧方式和方法

要使羊生长快，不掉膘，放牧技术是关键。羊的放牧，要立足于抓膘和保膘，使羊常年保持良好的体况，充分发挥羊的生产性能。要达到这样的目的，必须了解和掌握科学的放牧方法和技术。实践证明，全年放牧的技术关键是要立足一个"膘"字，着眼一个"草"字，防范一个"病"字，狠抓一个"放"字。在放牧中，除应了解和熟悉草场的地形、牧草生长情况和气候特点外，还要做到两季慢（春、秋两季放牧要慢）、三坚持（坚持跟群放牧、坚持早出晚归、坚持每日饮水）、三稳（放牧要稳、饮水要稳、出入羊圈要稳）、四防（防雨、防蚊蝇、防扎窝子、防兽害）。同时，要根据不同季节的气候特点，合理调整放牧时间和距离，以保证羊能吃饱、吃好。在南方地区，夏季气候炎热，应延长羊的早、晚放牧时间，午间将羊赶回羊舍或其他遮阴处休息。放牧方式可分为自由放牧、固定放牧、围栏放牧、季节放牧、小区轮牧、农区散牧等。自由放牧是一种传统的放牧制度，通常任由羊群自由运动，能大面积地利用草场，具体操作上若能按"春洼、夏岗、秋平、冬暖"的原则选择好四季牧场，也可取得良好的效果。固定放牧是羊群一年四季在一个特定区域内自由采食。围栏放牧是根据地形把放牧场围起来，在一个围栏内，根据牧草供应状况，安排一定数量的羊放牧。季节放牧是根据四季牧场的划分，按季节轮流放牧。小区轮牧是在划定季节牧场的基础上，将牧场划分为若干个小区，根据牧草消长情况，每个小区放牧2～3d后再移到另一个小区放牧，使羊群能经常吃到鲜绿的牧草，同时也使牧草和灌木有再生的机会，有利于提高产草量和利用率。农区散牧是农区放牧的一种方式，主要特点是利用沟渠路边、地头林下或滩涂山坡的零星草场，采取牵、拴、赶等方法放牧。此外，在我国南方广大的农区和半农半牧区，群众还创造了一些简便、实用的山羊放牧方法，适合小规模分散养羊的特点。

（1）赶着放　即放牧员跟在羊群后面进行放牧，适合春、秋两季在平原或浅丘地区放牧，放牧时要注意控制羊群游走的方向和速度。

（2）陪着放　在平坦牧草地放牧时，放牧员站在羊群一侧；在坡地放牧时，放牧员站在羊群的中间；在田边放牧时，放牧员站在地边。这种方法便于控制羊群，四季均可采用。

（3）等着放　在丘陵山区，当牧草地相对固定，且羊群对牧道熟悉时，可采用此法。出牧时，放牧员将羊群赶上牧道后，自己抄近路走到牧草地等候羊群。采用这种方法放牧，要求牧道附近无农田、无幼树、无兽害，一般在植被稀疏的低山草场或在枯草期采用。

（4）牵牧　利用工余时间或老、弱人员用绳子牵引羊只，选择牧草生长较好的地块，让羊自由采食，这种放牧方式在农区使用较多。

（5）拴牧　即用一条长绳，一端系在羊的颈部，另一端拴一小木桩，选择好牧草地后将木桩打入地下固定，让羊在绳子长度控制的范围内自由采食。一天中可换几个地方放牧，既能使羊吃饱吃好，又节省人力，这种放牧方式多在农区采用。

4. 掌握四季放牧要点

在南方广大地区，有丰富的草地资源，尤其是丘陵山区的疏林草地和灌丛草地比较多，牧草一年四季基本上能保持青绿，枯草期比较短，在妥善解决了林木矛盾和生态治理的前提下，应提倡适时放牧和适度放牧，实行放牧与舍饲相结合的饲养方式。放牧方法和措施恰当与否，对羊群生产性能的发挥、体质锻炼和经济效益的提高等有直接的影响，因此，要高度重视山羊放牧工作。

（1）春季放牧　放牧饲养主要依靠天然草场（包括草山草坡及灌丛）、改良草场或红草场为羊提供营养物质的来源。其意义在于：适应羊放牧性强即合群性强、自由采食能力强和游走能力强的生物学特性；充分利用自然资源；增加饲养定额，降低生产成本，提高养羊业整体效益；合理的放牧还有助于保持草场相对稳定的生产力。每年春季，羊普遍较为瘦弱，同时春季又是母羊产羔和哺乳的时期，需要较多的养分。而此时气候变化频繁，牧草青黄不接，储备的草料也所剩无几，春季是养羊生产最困难的时期，稍有不慎，就会造成羊群大量死亡。所以，春季放牧和管理至关重要。春季气候较冷，多阴雨，野草开始萌芽。春季放牧主要任务是保膘保羔，恢复羊群体质。在放牧时选择避风多草的地方，先放阴坡，后阳坡，或先放黄枯草，后放青草，做到"出门慢，上坡紧，中间等，归牧赶"。因羊经过了漫长的冬春枯草季节，膘情差，嘴馋，易贪青而造成下痢，或误食毒草中毒，或是青草胀（瘤胃臌气）。因此，春季放牧一要防止羊"跑青"；二要防止羊"臌胀"，常有"放羊拦住头，放得满肚油；放羊不拦头，跑成瘦马猴"的说法。当羊放牧食青草以后，要每隔5～6d喂1次盐，喂时把盐炒至微黄时为好，同时还可加一些磨碎的清热、开胃的饲料和必需的添加剂。这样可帮助消化，增加食欲，补充营养。同时，每天至少要让羊群饮水1次。

（2）夏季放牧　夏季草地完全恢复，牧草茂密幼嫩，营养丰富，尤其是羊群经过晚春的放牧，体质较好，是放牧抓膘的大好时机。但同时夏季白天长，气候炎热、多雨，地面潮湿，蚊蝇多，所以应选择高燥、凉爽、饮水方便、蚊蝇少的草场放牧，早出晚归，延长放牧时间，做到一日三饱，自由饮水。在中午烈日下，应避免羊"扎窝子"，合理安排羊休息和反刍。由于夏季比较炎热，在没有露水的情况下，应早出晚归，根据路程远近和羊群采食情况决定一天的作息安排。要因地制宜地利用放牧方法和放牧队形，多用领着放的放牧方法。在草少的地方，用"一条鞭"队形，出牧、归牧多用"一炷香"队形，在开阔的地方用"满天星"队形。雨后要放山梁和高岗地，早晚凉爽时放山沟。出牧和归牧时要慢速行进，以减少体力消耗。同时，夏季是羊群易于发病的时候，要格外注意羊群的防疫保健和卫生消毒工作。

（3）秋季放牧　秋季天高气爽，雨水少，地面干燥，牧草结籽，营养丰富，羊吃了含脂肪多、能量高、易消化的草籽后，能在体内储脂长膘，所以秋季是抓膘的良好季节。放牧应晚出晚归，初秋要多放阳坡少放阴坡，多放牧少休息。在野草结籽的牧坡，可尽量用"一条鞭"的队形和领着放的放牧方法，以防践踏使草籽脱落。中秋时节，要早出晚归，中午适当休息让羊反刍，使羊在下午多吃草，晚上羊群归来时，必须让羊群在舍外散发体热后再进入舍内。秋末有的地方早晚已有霜冻，这时放牧重点是抢好刚刚收割的庄稼茬地，让羊群只只膘肥体壮，安全越冬。在茬地放牧时，要防止羊啃食禾苗和低矮幼树；防止羊吃高粱苗、荞麦苗和蓖麻叶等中毒。这时又是配种的季节。采用自然交配时，将公羊按 1∶（25～30）的比例放入母羊群中饲养，配种结束后公羊再单独组群放牧，否则会影响山羊抓膘。

（4）冬季放牧　冬季气候寒冷，昼短夜长，牧草枯萎，母羊妊娠。冬季饲养山羊任务繁重，饲养技术难度大，稍不注意，往往造山羊大批死亡。其中保膘、保畜、保胎又是饲养的中心任务。一般冬季养羊要注意抓好以下四个技术要点。

①合理放牧。冬季放牧前，要先打开窗户 30min，让羊舍内外气温大体平衡，以免羊群出舍吸潮受寒感冒。严防空腹饮水以免流产，待羊吃半饱后再饮水为好。冬季放牧一般应选择避风向阳、地势高燥、水源较好的阳坡低凹处。初冬，一部分牧草还未枯死。这时要抓紧放牧，迟放早归，注意抓住晴天中午暖和的时间放牧，让山羊尽量多采食一些青草，但不要让山羊吃到霜冻的草、喝到冰水。这段时间若山羊不能吃饱，回栏后要进行补饲。到了深冬时节，应将山羊收回进行舍饲。放牧时可以用"等着放"的放牧方法和"满天星"的队形。结冰季节，要减少食盐喂量，以免因多饮冰水和冷水，引起羊拉稀掉膘。有积雪时，上午气温低不要出牧，下午可出牧，放牧步履要稍快些，羊群不宜过大；在山区应把山凹、避风的牧草地留起来，以备大风雪天气放牧。冬季放牧羊群对外界环境非常敏感，一旦有响动就容易惊群。发现羊打响鼻（羊受惊的表示）时要立刻喊住羊，以防羊群惊恐奔跑。冬季收牧后，一定要把补草、补料和羊舍保温措施跟上去，让羊群在舍内能饮用温热水。

②精心舍饲。冬季气候寒冷，山羊体热消耗大，加上绝大部分母羊处于妊娠阶段，所以要特别注意加强饲养管理，除保证山羊青干草和秸秆类饲料外，还要补给黄豆、玉米、麦麸等精饲料，并注意栏内干燥保暖。为了增加羊的运动，应让羊在栏内设置的土堆或木制高台上吃草，晴天还应让羊出去运动，以

增强体质，提高抗寒能力。

③抓好保胎和冬配。冬季绝大多数母羊处于妊娠期，所以必须注意抓好保胎工作，公羊和母羊要分开饲养，放牧时不要让妊娠母羊吃到霜冻和有冰雪的草，防止因打架、冲撞、挤压、跌倒而引起流产。多给母羊喂精饲料和加盐后的温水，并注意抓好空怀母羊的配种工作，以增加经济效益。

④抓好栏舍卫生和疫病防治。山羊厌潮湿，怕贼风。冬季栏舍要避风、干燥，要随时保证山羊体表清洁卫生，同时要抓好山羊防病灭病工作，经常对粪便进行生物发酵处理，搞好山羊疾病的防治和驱虫工作，特别要抓好羊痢疾、大肠杆菌病、羊链球菌病以及感冒等病的防治，并经常用驱虫药对山羊进行预防性驱虫，确保羊体健壮，抵抗寒冬侵袭。

第三节　雷州山羊羔羊育肥技术

一、羔羊早期断奶与成活率

1. 断奶方法

羔羊早期断奶是在羔羊 45～50 日龄时断奶。断奶后在饲喂优质青饲料或放牧的同时适当补喂混合精料，可以控制母羊哺育期，缩短母羊产羔间隔和控制繁殖周期，是达到 1 年 2 胎或 2 年 3 胎的一项重要技术措施。断奶方法分为一次性断奶和逐渐断奶两种。

（1）一次性断奶　羔羊达到断奶日龄后，直接将羔羊转入育成舍或育肥舍，饲喂育成期饲料或早期育肥饲料。断奶后的羔羊不再进入哺乳舍。此法操作简便，节约成本；但易造成羔羊应激，如饲养管理不到位，羔羊的死亡率会增加。

（2）逐渐断奶　在哺乳舍设置羔羊限喂栏，羔羊达到断奶日龄后，将其转入限喂栏，确保羔羊不吸乳，同时也要做到饲料的逐渐过渡。当羔羊对母羊依赖性降低，又能够独立吃饱饲料时再转离哺乳舍。此法断奶耗时较长，管理不方便；但可提高羔羊的成活率。

2. 提高羔羊成活率的方法

（1）早吃初乳　初乳浓度大，养分含量高，尤其是含有大量的抗体球蛋白和丰富的矿物质元素，可增强羔羊的抗病力，促进胎粪排泄。如出现缺奶羔羊和孤羔，要为其找保姆羊代乳或进行人工哺乳。

（2）加强补饲，及早诱食　将青干草和优质青草放入草架或做成吊把，让羔羊自由采食，达到诱食目的。在母羊活动集中的地方设置羔羊补饲栏（母羊无法采食补饲栏内的饲料），将精饲料放入其中，让羔羊自由采食。

（3）做好环境控制　羔羊对环境变化缺乏抵抗能力，应做好环境控制。要做好羔羊的保温工作，确保合理的通风换气。

（4）做好羔羊的卫生保健工作　预防羔羊疾病（如羔羊痢疾、羔羊肠痉挛等），需做好羔羊的卫生保健工作。

二、羔羊快速育肥

1. 选羊

选择早熟和个体较大的品种或个体。一般个体较大的品种断奶重较大，育肥结束体重也就大。早熟品种幼龄时生长强度较大，只需要较短的时间就可以达到胴体要求。在同一品种内部，出生重较大、母羊泌乳能力强、体格较大、早熟性好的公羔能最先达到出栏标准。

2. 设立育肥过渡期

育肥过渡期，也叫预饲期，是指断奶羔羊进入育肥圈后的一个适应育肥环境的过渡期，也是正式育肥前的准备时间，一般为10～15d，若羔羊整齐、膘情中等，预饲期可缩短为7d。

（1）羔羊分组　将断奶羔羊转入育肥舍，供足饮水，并喂给易消化的青干草，全面驱虫和预防注射。按羔羊体格大小分组，再按组配合日粮。体格大的羔羊优先供给精料日粮，通过短期强度育肥，提前出栏上市；而对体格小的羔羊先喂给粗料比例较大的日粮，粗饲料比例可占日粮的60%～70%，待复原后再进入育肥期。

（2）羔羊饲喂技术　羔羊经过2～3d的初步环境适应，可开始使用预饲日粮每天喂料2次，每次投料量以30～45min内吃净为佳，不够再添，量多则要清扫。料槽位置适当，满足采食需要。饮水不间断。加大喂料量或变换饲料配方都应至少有3d的适应期。

3. 正式育肥羔羊

育肥可分全精料型育肥、粗饲料型育肥和精粗结合型育肥等方法。根据地理特点、饲草资源状况、饲养品种情况等具体条件，建议采用精粗结合型育肥方法。舍饲条件下，粗饲料可以采用青干草、鲜草、青贮饲料、酒槽等，羊自由采食，每天喂2～3次，每次添加量以羊吃饱后略有剩余为佳。放牧条件下，以羊吃饱为准。精料采用配合饲料，推荐两种精料配方。

配方一：玉米47.5%、麸皮10%、米糠10%、豆粕12.7%、菜籽粕16.5%、石粉1%、磷酸氢钙1%、食盐1%、尿素0.3%。

配方二：玉米60.3%、麸皮10%、豆粕25%、磷酸氢钙3%、食盐1.7%。

舍饲条件下，精料每天喂2～3次，选择在羊处于饥饿状态下添加，每次添加量以羊刚好够吃或略有剩余为准，保证每只羊每天的精料喂量在300～400g。经过4～5周育肥，在羔羊4月龄左右时止，挑出羔羊群中达到20～30kg及以上的羊出栏上市。不作育肥用的羔羊，可优先转入繁殖群饲养。

第四节　雷州山羊成年羊育肥技术

成年羊是指 2 岁以上的公羊、母羊和羯羊（被阉割后的公羊）。这些羊体重较大，体质相对较差，肉质相对较老。为了改善成年羊肉的品质，提高其羊肉产量和经济效益，在出栏前应对这部分羊群进行短期育肥，即成年羊育肥。

一、育肥前的准备

1. 选羊与分群

首先要使育肥羊处于非生产状态。母羊应停止配种、妊娠或哺乳；公羊应停止配种、试情，并进行去势。同时根据膘情、身体状况、牙齿的好坏、体重大小进行分群，一般把相近状况的羊放在同一群育肥，避免因强弱争食造成较大的个体差异。

2. 防疫、药浴和驱虫

对将要育肥的羊注射肠毒血症三联苗，进行药浴或局部涂擦药物灭癣；在育肥开始前应对羊群用阿维菌素等药物驱虫，有条件的服健胃药。在圈内设置足够的水槽和料槽，并进行环境（羊舍及运动场）清洁与消毒。

二、成年羊营养需要与饲料配方

1. 育肥的营养需要

育肥的目的就是要增加羊肉和脂肪等可食部分，改善羊肉品质。羔羊的肥育以增加肌肉为主，而对成年羊主要是增加脂肪。因此，成年羊的肥育，对日粮蛋白质水平要求不高，只要能提供充足的能量饲料，就能取得较好的肥育效果。成年育肥羊的饲养标准见表 4-5。

表 4-5　成年育肥羊的饲养标准

体重/ kg	风干饲料/ kg	消化能/ MJ	可消化 粗蛋白质/ g	钙/g	磷/g	食盐/g	胡萝卜素/ mg
40	1.5	15.9～19.2	90～100	3～4	2.0～2.5	5～10	5～10
50	1.8	16.7～23.0	100～120	4～5	2.5～3.0	5～10	5～10
60	2.0	20.9～27.2	110～130	5～6	2.8～3.5	5～10	5～10
70	2.2	23.0～29.3	120～140	6～7	3.0～4.0	5～10	5～10
80	2.4	27.2～33.5	130～160	7～8	3.5～4.5	5～10	5～10

选择最优配方配制日粮。选好日粮配方后严格按比例称量配制日粮。为提高育肥效益，应充分利用天然牧草、秸秆、树叶、农副产品及各种下脚料，扩大饲料来源。合理利用尿素及各种添加剂（如育肥素、喹乙醇、玉米赤霉醇等）。据资料，成年羊日粮中，尿素可占到10％，矿物质和维生素可占到3％。

2. 安排合理的饲喂制度

成年羊日粮的日喂量依配方不同而有差异，一般为2.0～2.7kg。每天投料2次，日喂量的分配与调整以饲槽内基本不剩为标准。喂颗粒饲料时，最好采用自动饲槽投料，雨天不宜敞圈饲喂，午后应适当喂些青干草（每只0.25kg），以利于反刍。对于农村规模养羊户和中小型养羊场来讲，抓好肉羊的饲养管理，是降低生产成本、提高经济效益的重要手段。

三、成年羊育肥方式

成年羊育肥时应按品种、体重和预期增重等主要指标确定育肥方式和日粮标准。育肥方式可根据羊的来源和牧草生长季节来选择，目前主要的育肥方式有放牧与补饲混合型和颗粒饲料型两种。无论采用何种育肥方式，放牧是降低成本和利用天然饲草饲料资源的有效方法，也适用于成年羊快速育肥。

1. 放牧与补饲混合型

夏季，成年羊以放牧育肥为主，其日采食青绿饲料可达5～6kg，精料0.4～0.5kg，合计折成干物质1.6～1.9kg，可消化蛋白质150～170g，育肥日增重140g左右。秋季，主要选择淘汰老母羊和瘦弱羊为育肥羊，育肥期一般在60～80d，此时可采用三种方式缩短育肥期：一是使淘汰母羊配上种，妊娠育肥50～60d宰杀；二是将羊先转入秋场或农田茬子地放牧，待膘情好转后，再转入舍饲育肥；三是选择体躯较大、健康无病、牙齿良好的羊育肥，此种育肥方式的典型日粮配方如下。

（1）配方一 禾本科干草0.5kg，青贮玉米4.0kg，碎谷粒0.5kg。此配方日粮中含干物质40.60％，粗蛋白质4.12％，钙0.24％，磷0.11％，代谢能17.974MJ。

（2）配方二 禾本科干草1.0kg，青贮玉米5.0kg，碎谷粒0.7kg。此配方日粮中含干物质84.55％，粗蛋白质7.59％，钙0.60％，磷0.26％，代谢能14.379MJ。

（3）配方三 青贮玉米4.0kg，碎谷粒0.5kg，尿素10g，秸秆0.5kg。此配方日粮中含干物质40.72％，粗蛋白质3.49％，钙0.19％，磷0.09％，代谢能17.263MJ。

（4）配方四 禾本科干草0.5kg，青贮玉米3.0kg，碎谷粒0.4kg，多汁饲料0.8kg。此配方日粮中含干物质40.64％，粗蛋白质3.83％，钙0.22％，磷 0.10%，代谢能 15.884MJ。

2. 颗粒饲料型

此法适用有饲料加工条件的地区和饲养肉用成年羊或羯羊。颗粒饲料中，秸秆和干草粉可占 55%～60%，精料占 35%～40%。现推荐两个典型日粮配方，供参考。

（1）配方一　草粉 35.0%，秸秆 44.5%，精料 20.0%，磷酸氢钙 0.5%。此配方每千克饲料中含干物质 86%，粗蛋白质 7.2%，钙 0.48%，磷 0.24%，代谢能 6.897MJ。

（2）配方二　禾本科草粉 30.0%，秸秆 44.5%，精料 25.0%，磷酸氢钙 0.5%。此配方每千克饲料中含干物质 86%，粗蛋白质 7.4%，钙 0.49%，磷 0.25%，代谢能 7.106MJ。

四、育肥的技术要点

1. 育肥周期

育肥周期一般以 60～80d 为宜。底膘好的成年羊育肥期可以为 40d，即育肥前期 10d、中期 20d、后期 10d；底膘中等的成年羊育肥期可以为 60d，即育肥前、中、后期各为 20d；底膘差的成年羊育肥期可以为 80d，即育肥前期 20d、中、后期各为 30d。育肥饲料配制及要求与羔羊育肥基本相同，其饲喂精粗饲料量：育肥前期精料为 0.4～0.7kg、粗料为 1.2kg、食盐 5g；育肥中期精料为 0.6～1kg、粗料为 1.0kg、食盐 10g；育肥后期精料为 1.5～1.8kg、粗料为 0.8kg、食盐 10g。经过一个育肥期的饲养，育肥羊平均日增重可达 165g，屠宰率可达 45% 以上。羔羊可增重 10～15kg。育肥出栏羊的肉质鲜嫩多汁，肥瘦适中，深受广大消费者的欢迎。

2. 粗饲料多样化

粗饲料多样化有利于降低成本，但要注意其适口性。混合精料应始终占舍饲日粮的 35% 以上，保证每只羊日喂精料在 0.4kg 以上，并合理使用非蛋白氮（尿素）资源。

3. 羊舍要求冬暖夏凉

地面干燥，使羊卧息舒服，南方地区应尽量建造高床漏缝生态羊舍。

第五章 雷州山羊选育及杂交利用

第一节 雷州山羊的选种方法

选种就是把一些符合人们期望的个体，按不同标准从现有羊群中选出来，让它们组成新的繁殖群再繁殖下一代，或者从别的羊群中选择那些符合要求的个体加入现有的繁殖群。经过这种多个世代的反复选择，不断选优去劣，最终的目标有两个：一是使羊群的整体生产水平好上加好，二是把羊群变成一个全新的群体或品种。选种是一项具有创造性的工作，是南方山羊业中最基本的改良育种技术。国内外山羊的育种工作实践表明，只要抓住机遇，有时往往只选中少数乃至一只特别优秀的种公羊，用科学的方法加以充分利用，就会使整个新品种的育成速度大大加快。山羊选种的主要对象是种公羊。选择的主要性状多为有重要经济价值的数量性状和质量性状，例如肉用山羊的体重、产肉量、屠宰率、生长速度和繁殖力等。山羊选种采用个体性能选择（个体选择）、系谱选择、同胞选择和后裔选择。

一、个体性能选择

主要通过外貌和主要生产性能来确定优劣，如肉用山羊的日增重、乳用山羊的产奶量、皮用山羊的毛皮品质。同时也要考虑其他指标，如生长发育速度、品种特征是否明显、体质是否健康和健壮、外形是否匀称。如果选择肉用种羊，要求体格大、体质结实、骨骼分布匀称、肌肉和皮下结缔组织发育良好、头轻小而短、颈粗短、肩宽广、与躯体结合良好、没有明显凹陷、胸宽且深、背腰平直、宽广而多肉、后躯宽广丰满、肌肉一直延伸到飞节处、四肢粗短，身躯呈长方形和圆桶形；如果选择乳用种羊，要求其全身清瘦、棱角突出、体大肉不多、后躯较前躯发达、中躯较长、体形一般呈三角形。从一定数量的群体选出若干只优秀个体，组成育种群来提高群体的生产性能，从而提高下一代的生产性能。个体性能选择不考虑个体与其他个体之间的亲缘关系。养羊业中，个体选择常用于断奶羔羊的鉴定留种和种羊场一般年度鉴定两种情况。断奶羔羊的鉴定依据为羔羊生长发育状况，一般根据品种特征、体形外貌、断奶时体尺和体重等进行。而种羊场一般年度鉴定是参照各山羊品种的鉴定标准，对种公羊的体质、睾丸发育、四肢、蹄质、体形外貌和生产力等进行鉴定，另有对母羊的乳房发育状况进行的测量和记录。

二、系谱选择

系谱是一只山羊祖先情况的记载，借助系谱可以了解被选个体的育种价值、过去的亲缘关系和祖代对后代在遗传上影响的程度。系谱鉴定就是分析各代祖先的生长发育、健康状况以及生产性能来确定山羊的种用价值。因此，选择种山羊时，首先要查看被选山羊的祖代资料。特别是挑选幼龄种山羊时，应以系谱作为选种依据。一般要查看三代资料。系谱选种必须有系统的记录档案，包括种羊卡片、母羊配种记录、产羔记录、生长发育记录。在生产实践中，如果结合本身成绩进行选择，会使选择效果更准确。同时在进行系谱比较时，既要考虑系谱中所表现的生产水平和遗传稳定性，又要考虑祖代的饲养条件。

三、同胞选择

同胞选择是指根据被选个体的半同胞或同胞表型特征进行选种，即通过同父母半同胞或同胞特征值资料来估算被选个体育种值的方法进行选种。这一方法在养羊业上更有其特殊意义。第一，人工授精繁殖技术在养羊业中应用广泛，同期所生的同父异母半同胞羊数量大，资料容易获得。由于是同期所生，环境影响相同，所以结果也较准确可靠。第二，可以进行早期选择，在被选个体无后代时即可进行。

四、后裔选择

后代的好坏也是选留种公羊的依据。个体特征、产羔率和生产性能都好的公羊，其育种价值的高低还得根据其后代的品质才能作出最后结论。选种的目的在于获得优良后代。如果被选种公羊的后代好，说明该公羊的种用价值高，选种正确。具有较高生产性能的后代，其亲代一般也具有很高的生产性能。如果后代不理想就不能留作种用。作后裔测验的公羊要选配优秀的母羊，一般每只公羊配 30~50 只母羊，配种时间集中，配种母羊和后裔的饲养管理条件尽可能相同。在羔羊断奶或在 1 岁半时进行等级评比，通过母女对比或同龄后代对比做出对种公羊的评价。这种方法花费大、需要时间长，但现代养羊业中仍在广泛采用这种方法选择最优秀的种公羊，以备人工授精时使用。这种方法虽然花费时间，可是一旦得到 1 只或几只特别优秀的公羊个体，就会大大加快育种进程。

第二节 雷州山羊的引种技术

引种是指从外地或国外引入优良种羊。这些种羊经风土驯化后，直接用于纯繁推广或作为经济杂交的亲本，也可作为育种的原始素材。引种的主要方式有活体引种和遗传材料引种。活体引种即引进山羊个体，这是目前最常用的种羊引进方式，成功率高。遗传材料引种即引进精液、胚胎和卵母细胞等。随着生物技术的发展，这种方式逐渐增多。此方式减少了疾病传播的机会，降低了运输和检疫费用等。但这种方式应具备相应的组织措施和技术。我国的种羊引进工作有悠久的历史，20世纪以来，种羊引进甚为频繁。大批优良种羊的引入，对加速当地山羊改良起到重要作用，不但提高了当地山羊品种的经济价值，还为培育新品种打下了基础，有力地促进了山羊业的发展。

一、引种的原则

鉴于自然条件和市场对山羊引种有很大的影响，在引种时把握以下原则，才能确保引种成功和推广顺利。

1. 适宜引种的原则

引种的目的在于利用。适宜引种有四个方面的含义。

第一是所引进的品种适应性及品种原产地与引入地之间的生态环境相似程度高，即引进地适宜引进该品种。我们知道任何品种都有适应的区域范围，即适宜区。品种原产地与引入地之间的生态环境相似程度越高，则品种引进后适应性越好，引种成功率越高。

第二是有引种的必要性。在育种时，利用当地品种无法克服一些性能上的缺陷，育种进展十分缓慢；或者是社会上对某品种需求增加，有巨大的市场潜力；引进品种具有良好的经济价值和育种价值，并且有良好的适应性。

第三是季节适宜引种。调运时间合理科学，使引入品种在生活环境上变化不至于太突然，增加引种的成功率。

第四是品种适宜引进。在掌握被引进品种的育种史、分布、体尺外貌特征、遗传稳定性、生产性能、繁殖特点、引种和杂交情况、易患的主要疾病及存在的不足、营养状况等之后，品种性能优良，适合引进。

2. 少量引进的原则

引进山羊种羊时应坚持少量引进的原则，引进1只种羊即可满足需要的话，决不引进2只。一方面，引进山羊种羊价格昂贵，应发挥一些先进的繁殖技术来扩群和增加推广面，减少不必要的引种投入；另一方面，少量引进，按照选择引种品种，进行初选试验、区域性试验，再进行生产性试验、然后按推广的程序进行，降低引种风险。

3. 从有资质的羊场引种的原则

部分经营者为牟取暴利，以次充优、以假乱真、出售不符合品种标准的雷州山羊种羊，出现纠纷的现象经常发生，会使引种者遭受经济损失；但有资质的雷州山羊种羊场可以出示《种畜禽生产经营许可证》，管理相对比较规范。所以应向有资质的羊场引种，并使引进的种羊达到相应的国家标准、行业标准或者地方标准，并附有种羊场出具的《种羊合格证》、种羊系谱。

二、引种的方法

1. 确定适宜的引种季节

确定适宜的引种季节是保证引种成功的主要因素。山羊引种的季节，最好选择目的地（引进地）与原产地（引出地）气候相近的时期，或者安排在适合山羊生活的气候范围内，这样才有利于引入的种山羊很快适应，而不会发生引种损失。主要有以下几种情况。

（1）雷州山羊引种季节为春、秋两季，最适宜的是秋季。这是因为秋季气候转凉，有利运输种山羊，同时雨量少、地面干燥，能较好地适应山羊的生活习性和生理特点。种山羊经过一个冬季的适应和饲养，对引进地气候和饲养方式逐渐适应，到了翌年春夏季节，也能比较适应高温多湿的气候条件。

（2）如果引种距离较近、往返不超过 1d 时间，可不考虑季节因素。

（3）引种最忌在夏季，6—9 月天气炎热、多雨，大都不利于远距离运羊。

（4）引进地方良种羊时，由于这些羊大都集中在农民手中，要尽量避开"夏收"和"三秋"农忙时节，以免农户无暇顾及，影响引种质量。

2. 做好引种前的准备

（1）建好羊舍和配备必要的设施　羊舍是用以开展日常饲养管理和冬季防寒的重要设施。对羊舍的要求是干燥通风，保温。羊舍应建立在地势较高、背风向阳、附近有水源的地方。南方地区因气温较高、湿度较大，应建高床漏缝地板羊舍，缝隙宽 1.5～2cm。引进种公羊每只的饲养面积应达到 2～3m²，母羊 1.5～2m²。羊舍前应设面积大于羊舍面积 2 倍的运动场，用于羊自由运动和补饲等。羊舍和运动场准备饲喂设施，包括饲槽及草架草圈等。饲槽通常有固定式、移动式和悬挂式。

（2）备好饲草料和药品　购羊前要备足饲草料。有两个方面的作用：一是在运输途中饲喂引进的种羊。一般青干草或农作物秸秆可按每只羊每天 2.5～3.0kg、混合精料 200g，再结合运输的天数准备为宜。二是为种羊引进后备足草料。如果引羊单位是现有的羊场，种羊引进后，按部就班饲养，问题不会太大；如果是个新建羊场，尤其需要备足饲草料。可以利用当地的农作物秸秆资源，通过粉碎、青贮、发酵等加工处理，进行储存；还可以利用撂荒地、冬闲田种植优质高产牧草，解决饲料来源；同时要储备适量精料用于补饲。此外还需要常备抗菌药、消毒药、驱虫药和其他药物。

（3）备好饲养人员和技术人员　种羊价格昂贵，引种复杂，所以一定要选好养羊人，最好是一位有经验、负责任、有一定养羊知识的人。同时要配备相应的畜牧技术人员和兽医技术人员。饲养人员和技术人员要了解引入山羊品种的特点及其适应性和所在地区的气候、饲料、饲养管理条件，确定引种后的风土驯化措施。

3. 选择种羊

一个好的山羊品种是由若干个体组成，同一品种、同一种群内部存在着个体差异，所以引种时要进行个体选择，挑选出优秀个体。选择种羊主要从以下几方面考虑。

（1）了解引进品种的总体情况　重点是育种史、分布、体尺外貌特征、遗传稳定性、生产性能、繁殖特点、引种和杂交情况、易患的主要疾病及存在的不足等，在选择时做到胸有成竹。优良个体应具备该品种的特征，如体形外貌特征、遗传稳定性、生产性能、适应性等。特别是体形外貌方面，不应有其他缺陷。体形外貌主要包括头形、角形、耳形及其大小、背腰是否平直、四肢是否端正、蹄色是否正常和整体结构等。选择的个体应是种群中生产性能较高者，各项生产指标应高于群体平均值。选择的个体无任何传染病、体质健壮，生长发育正常，四肢运动正常；母羊乳房正常，发育好；公羊睾丸大小正常，无隐睾、单睾、间性现象。

个体符合品种的利用方向。肉用山羊的主要利用方向是生产羊肉，其外形特征为：体躯低垂，皮薄骨细，全身肌肉丰满，疏松而匀称；前胸饱满，突出于两前肢之间，垂肉细软而不甚发达，肋骨比较直立而弯曲不大，肋骨间隙较窄，两肩与胸部结合良好，无凹陷痕迹，显得十分丰满多肉；腰线平直，宽广而丰满，整个体躯呈现粗短圆筒形状。尻部要宽、平、长，富有肌肉，忌尖尻和斜尻。两腿宽而深厚，显得十分丰满。腰角丰圆不突出。坐骨端距离宽，厚实多肉；连接腰角、坐骨端与飞节3点，要构成丰满多肉的肉三角。

（2）营养状况评价　羊的体况因不同饲养条件和季节而呈现很大差异，即使早上和晚上也可能会给人不同的视觉印象，因而在挑选个体时应给予客观评价，保证选择的准确性。

（3）选择青年种羊　青年羊正处在生长发育期，比较容易适应新环境；同时，青年羊的利用期限较长。公羊要选择1～2岁的羊，母羊多选择周岁左右的羊。年龄可以从种羊卡片上获得，也可以通过鉴别羊的牙齿来判断。羔羊出生 3～4 周内，8 个门齿就已出齐，这时的牙齿为乳白色，比较整齐，形状高而窄，接近长柱形，这种牙齿叫乳齿。1 年后，羔羊中间的乳齿被 2 颗永久齿，也叫恒齿替代，这时叫"二齿羊"；之后每过 1 年，都有 2 乳齿被恒齿替代，直到 8 颗乳齿被全部替换，这时的羊叫"新满口"，已经有 4 岁多。劳动人民在长期的生产实践中，总结通过换牙来判断山羊年龄的经验，并编成简单易记的顺口溜，以便掌握应用。内容是："一岁不扎牙（不换牙），两岁一对牙（切齿长出），三岁两对牙（内中间齿长出），四岁三对牙（外中间齿长出），五岁齐（隔齿长出来），六岁平（六岁时牙齿吃草磨损后，牙齿上部由尖变平），七岁斜（齿龈凹陷，有的牙齿开始活动），八岁歪（牙齿与牙齿之间有了空隙），九岁掉下来（牙齿脱落）。"

（4）审查系谱　重点是亲代和同胞的成绩、亲缘关系。同时注意引进的种羊最好是来自不同的品系或不同的牧场（种群）。

（5）地点的选择　一般要到该品种的主产地去。国外引进的山羊大都集中饲养在国家、省级科研部门及育种场内，在缺乏对品种的辨别能力时，最好不要到主产地以外的地方去引种，以免上当受骗。引种时要主动与当地畜牧部门取得联系。了解该羊场是否有畜牧部门签发的《种畜禽生产许可证》《种羊合格证》及《系谱耳号登记》，三者是否齐全；同时可以委托畜牧部门把好质量关。

4. 种羊检疫

种羊检疫是指为防止疾病传入，由法定的检疫机构和人员，根据有关法律规范，对种羊及其装载容器、包装物、运输工具等实施检疫。对引进的种羊要严格执行防疫制度，严格实行隔离观察，防止疾病传入。

（1）加强种羊检疫　动物检疫是引种中必须进行的一个项目。其目的：一是保证引进健康的种羊，二是防止传染病的带入和传播。进行动物检疫的部门是县级以上的动物检疫站。国内的检疫项目一般有临床检查和传染病检查，包括布鲁氏菌病、蓝舌病、羊痘、口蹄疫等。种羊检疫合格后，发给《动物检疫证书》。

（2）加强运输工具及其他有关货物的消毒　在运输种羊前 24h 内，应使用高效的消毒剂对车辆和用具进行 2 次以上的严格消毒，最好能空置 1d 后装羊，在装羊前再用刺激性较小的消毒剂彻底消毒 1 次，并开具《运输工具消毒证书》或《熏蒸/消毒证书》。

（3）实施隔离检疫　从国外引进种羊应进行隔离检疫，在指定的动物隔离检疫场所隔离检疫 45d。隔离场使用前和使用后，须用国家有关部门批准的消毒药消毒 3 次，每次间隔 3d，并做好消毒效果的检测；动物隔离检疫场至少应空闲 30d 以上，经彻底消毒后方能隔离检疫下一批动物；隔离场内如发生重大疫情，必须立即彻底消毒，空场 3 个月后方可使用。隔离检疫期间，未经隔离检疫场负责人同意，不得接待来访和参观人员。为避免相互感染，同一隔离检疫场不得同时检疫两批来源不同的动物。引种单位或者其代理人，应在动物进入隔离场的 7d 之前，派管理人员和饲养人员到达隔离检疫场，在口岸出入境检验检疫机关指定的医院进行健康检查。患有结核病、布鲁氏菌病、肝炎、化脓性疾病及其他人畜共患病的人员不能参与隔离动物的饲养管理工作。工作人员、饲养人员进出隔离区必须淋浴、更衣、换鞋，经消毒池、消毒道出入。种羊及运输工具须经消毒后方可进入隔离场。进入隔离场的饲草、饲料须来自非疫区并经消毒处理。种羊入场后，需进行分栏、编号，每日按规定进行临床观察和进行必要的检测。观察和检测结果应做好文字记录。当动物有异常现象时，尽可能制备相应的音像记录，并及时报告驻场兽医进行诊断。隔离检疫期满后，检验检疫机关对检疫合格的动物，出具《检验检疫结果证明》。

5. 种羊运输

（1）选好押运员　押运种山羊的人员，一定要有责任心、不怕苦、不怕累、懂技术、有实干精神，确保圆满完成押运任务。

（2）选好车辆　长途运输的运羊车应尽量行驶高速公路，以避免堵车，每辆车应配备两名驾驶员交替开车，行驶过程尽量避免急刹车；途中应注意选择没有其他运载动物车辆的地点就餐，绝不能与其他装运羊的车辆一起停放；随车应准备一些必要的工具和药品，如绳子、铁线、钳子、抗生素、镇痛退热药物以及镇静剂等。大量运输时最好准备一辆备用车，以免中途出现故障导致停留时间太长而造成不必要的损失。运羊车辆应备有汽车帆布，若遇有烈日或暴风雨时，应将帆布遮于车顶上面，防止烈日直射和暴风雨袭击种羊，车厢两边的篷布应挂起，以便通风散热。冬季帆布应挂在车厢靠前的上方以便挡风保暖。

（3）减少运输应激及疾病感染　种羊起运前 2～3h 应停止投喂饲料。种羊装车时不能太急，注意保护种羊的肢蹄，装羊结束后应固定好车门。长途运输的车辆，车厢最好能铺上垫料，冬天可铺上稻草、稻壳、木屑，秋天铺上细沙，以降低种羊肢蹄损伤的可能性。要根据运输工具的情况，将种羊按性别、大小、强弱进行分群。因为山羊的合群性很强，刚放入陌生的羊群中或母子隔开，就会乱叫，影响食欲和健康。装载羊的数量不要过多，装得太密会引起挤压而导致死亡。达到性成熟的公羊应单独隔开，一是避免公羊间的打斗，二是避免公羊爬跨母羊。

（4）注射或饲喂多种维生素及镇静剂　对临床表现特别兴奋的种羊，可注射适量的镇静剂。长途运输可先配制一些电解质溶液（如盐水），在路上供种羊饮用。运输途中要适时停歇，检查有无病羊，如出现呼吸急促、体温升高等异常情况应及时采取有效措施。

（5）注意保暖、防暑　尽量避免在酷暑期装运种羊，夏天运输时应避免在炎热的中午装运，可在早晨和傍晚装运；途中应注意经常供给饮水。

（6）备好饲草料和饮水　路程较近、用时不超过半天的，途中可以不喂饲草料，但要注意检查，发现问题及时处理；运输路程较远的，应备足清洁水和容易消化、体积较小的饲料。到达目的地后，应让山羊休息一会，再饮水和吃草。

6. 引进种羊的饲养管理

（1）隔离　新引进的种羊，应先饲养在隔离舍，不能直接转进羊场生产区。直接进羊场可能带来新的疫病，或者由不同菌株引发相同疾病。

（2）消毒　种羊到达目的地后，立即对卸羊台、车辆、羊体及卸车周围地面进行消毒，然后将种羊卸下，按大小、公母进行分群饲养，有损伤、疾病等情况的种羊应立即隔离单栏饲养，并及时治疗处理。

（3）饮水、饲喂　先给种羊提供饮水，休息 6～12h 后方可供给少量饲料，第 2 天开始可逐渐增加饲喂量，5d 后才恢复正常饲喂量。种羊到羊场后的第 2 周，由于疲劳加上环境的变化，机体对疫病的抵抗力会降低，饲养管理上应注意尽量减少应激，保证饲料均衡和饲喂时间的固定，使种羊尽快恢复正常状态。

（4）日常饲养　引入的良种山羊必须良养，才易成功。要注意加强引进品种的饲养管理和适应性锻炼。引种第 1 年是关键性的一年，应加强饲养管理，要做好引入种山羊的接运工作，并根据原来的饲养习惯，创造良好的饲养管理条件，选用适宜的日粮类型和饲养方法。根据引进种山羊对环境的要求，采取必要的降温或防寒措施。

第三节　雷州山羊的杂交改良

在山羊品种改良工作中，杂交技术应用最广泛。杂交技术就是将两个或者两个以上的品种或品系间公羊和母羊进行交配，以获得具有某种优良性状的后代。利用杂交可改良生产性能低的原始品种，创建一个新品种。杂交是引进外来优良遗传基因的唯一方法，是克服近交衰退的主要技术手段，杂交产生的杂种优势是生产更多更好羊产品的重要手段之一。通过杂交，可以扩大雷州山羊的遗传基础，增强后代的可塑性，有利于选种育种，许多山羊品种是在杂交的基础上培育成功的。常用的杂交方法有以下几种。

一、级进杂交

级进杂交，也称吸收杂交或改造杂交。选择优良纯种山羊公羊（改良品种）与雷州山羊（被改良品种）交配，以后再将杂种母山羊和纯种山羊公羊交配，一代一代配下去，使其后代的生产性能近似于纯种公羊，这种杂交方法称为级进杂交。尽管级进杂交后代能够获得杂种优势的个体数占比不到100%，但随着级进杂交代数的增加，杂种后代的生产性能表现逐渐接近改良品种。这种杂交模式的最大优点是杂交效果优于一般的二元杂交和三元杂交，最大缺点是不容易大面积推广。例如，用努比亚公羊与雷州山羊杂种一代母羊交配产生杂二代，杂二代母羊再与努比亚公羊交配产生杂三代，依次类推（图5-1）。

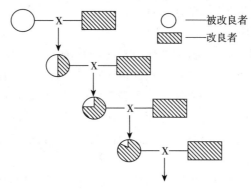

图5-1 山羊级进杂交模式

进行级进杂交必须注意以下几点。

（1）正确选择山羊种源 选择的纯种公山羊要符合其品种特征，要到正规的原种场或育种场进行引种。

（2）级进代数要适宜 品种级进杂交到什么程度，应根据级进杂交的目的和两个品种在品质上的差异而定；不要一味追求代数，在杂交过程中出现理想型的个体，就应进行自繁，建立品系，进行固定。实践证明，采用这种杂交，往往杂种1～2代表现较好，杂种优势明显。

（3）做好选种选配工作 除注意级进杂交后代的生产性能提高外，还应注意其适应性、抗病力、耐粗饲等有益性状的选择。同时要避免近亲交配。

（4）饲养管理条件良好 要创造适合高代杂种山羊的饲养管理条件，良种良养，充分发挥生产潜力。

二、育成杂交

通过杂交来培育新品种的方法称为育成杂交，又叫创造性杂交。它是通过雷州山羊与其他山羊品种进行杂交，使后代同时结合几个品种的优良特性，以扩大变异的范围，显示出品种的杂交优势，并且还能创造出亲本所不具备的新的有益性状，提高后代的生活力，增加体尺、体重，改进外形缺点，提高生产性能，有时还可以改善引入品种不能适应当地特殊自然条件的生理特点。育成杂交通常要经历以下三个阶段。

1. 杂交创新阶段

通过雷州山羊与其他山羊品种杂交，亲本的特性通过基因重组集中在杂种后代中，创造出新的山羊类型。在这一阶段中，必须根据预期目的，选择杂交亲本和选用杂交方式。亲本中最好有一个地方品种，以便杂交后有较好的适应性。要认真做好选种选配工作，避免近亲交配。杂交代数要灵活掌握，适当控制，一旦出现预期的理想型个体，就停止杂交。

2. 自繁定型阶段

当出现理想型后就进行横交固定，稳定后代的遗传基础。在这一阶段中，可进行近交，结合严格的选择，加强优良性状的固定。对后代理想型个体，选出优良的公羊和母羊进行同质选配，以获取优良的后代。对不完全符合理想的个体，可与理想型个体进行异质选配，以便后代有较大的改进。对离理想太远的个体，则坚决淘汰。对于具有某些突出优点的个体，应考虑建立品系。

3. 扩群提高阶段

通过大量繁殖，迅速增加固定的理想型数量，扩大分布地区。通过品系间的杂交，不断完善品种的整体结构，继续做好选种选配工作。

三、导入杂交

导入杂交，又称引入杂交或改良性杂交。当某一个品种具有多方面的优良性状，但还存在个别较为显著的缺陷，或在主要经济性状方面需要在短期内得到提高，而这种缺陷又不易通过本品种选育加以纠正时，可利用某个山羊的优点，采用导入杂交的方式纠正其缺点，使其性状趋于理想。导入杂交的特点是在保持原有品种主要特性的基础上，通过杂交克服其不足之处，进一步提高原有品种的质量而不是彻底改造。导入杂交的模式见图5-2。

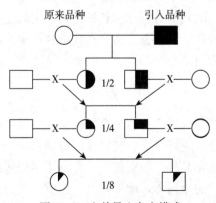

图5-2　山羊导入杂交模式

四、经济杂交

经济杂交也叫生产性杂交，是采用雷州山羊与其他品种进行杂交，产生的杂种后代供商品用，而不用作种羊。在山羊的生产中，经济杂交主要用于肉用山羊的生产，以提高产肉性能。可利用雷州山羊肉用体形好的优良特性和耐粗饲、泌乳量大、繁殖力高、适应性好的母山羊进行杂交，所产羔羊发育快、产肉率高、生产成本低。常用的方法有两个品种的简单经济杂交和三元杂交。

1. 简单经济杂交

简单经济杂交就是两品种杂交，也叫二元杂交，是山羊杂交改良最简单和最常用的方式（图 5-3）。生产上有两种组合：一是将努比亚山羊公羊与雷州山羊母羊进行交配；二是用雷州山羊母羊与波尔山羊公羊（黑色）进行交配。二元杂交后代全部用作商品羊进行育肥，决不能将杂种公羊与杂种母羊交配（横交）或将杂种公羊与本地母羊交配（回交），也不能用本地公羊与雷州山羊母羊交配。二元杂交取得理想效果的关键是要选择体形较大、产羔数多、奶水足的母羊，要获得稳定杂交效果的关键是用于杂交的母本品种个体间的整齐度要高。本地山羊的提纯复壮刻不容缓。二元杂交在人工授精技术支持下容易大面积推广。

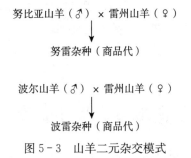

努比亚山羊（♂）× 雷州山羊（♀）

↓

努雷杂种（商品代）

波尔山羊（♂）× 雷州山羊（♀）

↓

波雷杂种（商品代）

图 5-3　山羊二元杂交模式

这种杂交方式虽然比较简单，但在实际应用中却比较麻烦，因为除了杂交以外尚需考虑两个亲本群的更新补充问题。通常人们对种公羊采取购买的办法解决，而对母羊群的更新补充则是通过组织和纯繁解决。此外，这种杂交方式的最大特点，是不能充分利用母本种群繁殖性能方面的杂种优势。因为在该方式之下，用以繁殖的母羊都是纯种，杂种母羊不再繁殖。

2. 三元杂交

努比亚黑山羊的大面积推广已在各地产生了大量的努本杂种羊，在粤西地区常见的是努雷杂种。它们比本地山羊体形大、生长发育快、屠宰率高。为了充分利用业已形成的优良努雷杂种母本群体，可将波尔山羊公羊与努雷杂种母羊交配进行三元杂交（图5-4），其杂交后代全部进行肥育，决不能将杂种公羊作种用与杂种母羊或本地母羊交配，更不能用雷州山羊公羊与杂种母羊交配。三元杂交后代理论上100％的个体能够获得杂种优势，而且决定杂二代性能的关键是第二父本的生长发育性能和胴体品质。由于波尔山羊的生长性能和胴体品质优于雷州山羊，波尔山羊作为终端父本理所应当。这种杂交模式很好地利用了努雷杂种母羊这个庞大的群体，充分发挥了三个品种的杂种优势。

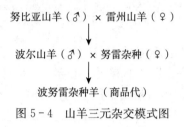

图5-4　山羊三元杂交模式图

这种杂交方式在对杂种优势利用上可能要优于二元杂交。首先，在整个杂交体系下，二元杂种母羊在繁殖性能方面的杂种优势可以得到利用，二元杂种母羊对三元杂种的母体效应也不同于纯种。其次，三元杂种集合了三个种群的差异和三个种群的互补效应，因而在单个数量性状上的杂种优势可能更大。三元杂交在组织工作上，要比二元杂交更为复杂，因为它需要有三个种群的山羊。进行山羊的经济杂交时，无论采用哪一种方法，都必须搞好组织工作，要有组织、有领导、有计划地进行。要搞好纯种山羊群的保持和提高，杂交山羊群的生产和补充。各品种在整个羊群中要有正确的比例以及完整的繁殖体系，以免羊群混乱、退化。

第四节　雷州山羊杂种优势利用技术

杂交可以充分利用种群间的互补效应，尤其是可以充分利用杂种优势，目前已成为山羊生产的一种主要方式。

一、杂种优势

不同山羊种群之间杂交产生的杂种在生活力、适应性、抗逆性以及生产性能等方面表现出一定程度优于其亲本纯繁群体的现象就是杂种优势。表现在质量性状上，畸形、缺损和致死、半致死现象减少；表现在数量性状上，饲养杂种可缩短育肥期，节省饲料，提高日增重，降低成本。对杂种优势有多种度量方法，如均值差、优势率、均值比、优势比等，常用的是均值差、优势率。

1. 均值差

均值差表示为杂种某性状均值超过双亲平均数的部分，均值越大表示杂种优势越大。假设某场雷州山羊公羊初生重平均为 3.0kg、南江黄羊为 2.0kg，雷州山羊与南江黄羊杂交后代公羊平均初生重为 2.7kg，则均值差为 $2.7-(3.0+2.0)\div2=0.2kg$。

2. 优势率

优势率是指均值差占双亲均值的百分率，这样便于不同性状之间的比较。如上面的例子，其优势率为 $0.2\div4.0\times100\%=5\%$。

二、杂交亲本选择

正确合理选择杂交用的亲本品种或品系，充分发挥各品种或品系的优势，可以提高后代的生产性能，改良繁殖状况，获得显著经济效益。

1. 亲本群的类别

（1）品种　杂交的亲本是两个不同的品种，即进行品种间的杂交。我国幅员辽阔、自然生态条件复杂多变，山羊品种数目众多、特点各异。有些品种适应性强、耐寒、产羔数多；雷州山羊性成熟早、耐粗、耐热、胴体品质好。如果将雷州山羊和不同品种进行杂交，可充分利用互补效应，杂种优势明显。

（2）品系　杂交的亲本是两个不同的品系，即品系间的杂交。

2. 对父本群的要求

（1）父本群的生长速度要快，饲料利用率要高，胴体品质要好。

（2）父本群的类型应与对杂种的要求一致。如要求肉用山羊时，即应选择肉用山羊作父本。鉴于以上要求，目前父本多是从外地或国外引进的高度选育品种，如波尔山羊。

3. 对母本群的要求

（1）母本种群应数量多、适应性强。这是因为母羊的需要量大，而适应性强的山羊便于饲养管理、易于推广。

（2）母本种群的繁殖力要高，泌乳能力要强，母性要好。这是因为母本种群既决定了一个杂交体系的繁殖成本，又作为母体效应影响着杂种后代的生长发育。

（3）母本种群在不影响杂种生长速度的前提下，体格可略小一点。

三、最佳杂交模式的确定

1. 最佳杂交模式应具备的条件

根据实际，确定最佳杂交模式必须具备以下几点。

（1）生产性能优异　所生产的杂种，其生产性能、胴体品质等主要生产经济性状应达到较高水平。

（2）杂种优势明显　繁殖和生长性状的杂种优势得到充分表现，在特定条件下取得最大的杂种优势率，并明显利用性状互补原理。

（3）适应市场需要　所生产的杂种体形外貌尽可能一致，商品价值高，竞争力强，适应一段时间的市场需要。

（4）合理利用品种资源　能充分利用国内地方品种、培育品种及外来引进的良种资源。

（5）在生产组织上具有可操作性　所采用的方法简单可行，具有推广前景，社会效益高。

2. 确定最佳杂交模式的方法

主要是进行配合力的测定、杂交组合试验、遗传距离测定和经济效益的评估，结合当地的自然生态和经济状况，确定最佳杂交模式。当然，所谓最佳杂交模式，应该是相对的，不同时间、区域、市场、营养水平都有可能对应不同的最佳杂交模式。

四、杂种的饲养管理

这是杂种优势利用的一个重要环节。杂种优势的有无和大小，与杂种所处的生活条件有着密切的关系，因此应该给予杂种相应的饲养管理条件，以保证杂种优势能充分表现。虽然杂种的饲料利用能力有所提高，在同样条件下，能比纯种表现得更好，但是高的生产性能是需要一定物质基础的。在基本条件不能满足的情况下，杂种优势不可能表现，有时甚至反而不如低产的纯种。所以品种或品系间杂交产生杂种优势是相对的，与杂种的饲养管理关系密切。

第六章　雷州山羊疫病防控技术

第一节　雷州山羊的疫病诊断技术

一、临床诊断

1. 羊群检查

观察羊群的运动、休息和采食饮水状况；利用观察、听诊、触诊及视诊、体温测定等临床检查技术，确定羊群的健康状况。观察羊的精神状态及运动状态：健康羊精神活泼，步态平稳，不离群不掉队；病羊精神沉郁或兴奋不安，步态踉跄，跛行，甚至倒地抽搐等。健康羊鼻镜湿润，外观整洁干净；患病羊鼻镜干燥，鼻孔流出分泌物，眼角有脓性分泌物等。观察羊站立和躺卧姿态：健康羊饱食后多成群卧地休息，反刍正常，对外界刺激反应灵敏；病羊则呆立或离群，反刍减少或停止，懒动，且被毛逆乱，皮肤有伤口，可听到咳嗽声、喘息声等。放牧时，健康羊行走灵敏，主动采食，多迅速奔向饮水处喝水；病羊则多掉队，食欲下降或者废绝，离群呆立，饮水减少或增多等。

2. 个体检查

（1）望诊　观察病羊的肥瘦、姿势、运动、被毛、皮肤、黏膜、粪尿等状况。急性病羊身体一般较健壮；慢性病羊常较瘦弱。观察病羊运动姿势，了解发病部位：健康羊步伐活泼而稳定；病羊则行动不稳，懒动或跛行。健康羊被毛平整光滑；病羊被毛杂乱蓬松，常有被毛脱落的情况，皮肤有蹭痕和擦伤等。健康羊可视黏膜为粉红色。若羊可视黏膜潮红，多为体温升高；若为苍白色，多为贫血；若为黄色，多为黄疸；发绀则多为呼吸系统疾病或心血管疾病。若羊的采食、饮水减少或停止，须检查羊口腔有无异物、溃疡等；若羊反刍减少或停止，常为前胃疾病。若粪便干结，多为缺水和肠弛缓；粪便稀薄，多为肠机能亢进；混有黏液过多或纤维素性膜，则为肠炎；含有完整饲料且呈酸臭味，则为消化不良；若有寄生虫或节片，则为寄生虫感染；排尿困难、失禁则为泌尿系统发生炎症、结石等。呼吸次数增多，常为急性、热性病或呼吸系统疾病及贫血等；呼吸次数减少，则多为中毒及代谢障碍性疾病。

（2）嗅诊　通过嗅觉了解羊群的分泌物、排泄物、气体及口腔气味。如发生肺炎时，鼻液带有腐败性恶臭；发生胃肠炎时，粪便腥臭或恶臭；羊消化不良时，呼气酸臭，粪便亦为酸臭味。

（3）问诊　通过询问饲养员，了解羊发病时间，发病头数，发病前后的临床表现、病史、治疗用药情况、疫苗免疫情况及饲养管理状况等。

（4）触诊　用手感触羊被检查的部位，以确定各组织器官是否正常。可采用体温计测量体温，羊的正常体温为 38～39.5℃，羔羊高出约 0.5℃；可用手指触摸羊的脉搏感知其跳动次数和强弱等，山羊的脉搏一般是 70～80 次/min。当羊发生结核病、伪结核病、羊链球菌病时，体表淋巴结往往肿大，其形状、硬度、温度、敏感性及活动性等都会发生变化。

（5）听诊

①心脏。心音增强，见于热性病的初期；心音减弱，见于心脏机能障碍的后期或患有渗出性胸膜炎、心包炎；第二心音增强，见于肺气肿、肺水肿、肾炎等病理过程。若有其他杂音，多为瓣膜疾病、创伤性心包炎、胸膜炎等。

②肺脏。主要通过听诊器听取山羊肺部声音的变化，确定山羊发病情况。肺泡呼吸音过强，多为支气管炎；过弱则多为肺泡肿胀、肺泡气肿、渗出性胸膜炎等。支气管呼吸音多为肺炎的肝变期，如羊传染性胸膜肺炎等。干啰音多见于慢性支气管炎、慢性肺气肿、肺结核等；湿啰音多见于肺水肿、肺充血、肺出血、慢性肺炎等；捻发音多见于慢性肺炎、肺水肿等；摩擦音多见于纤维素性胸膜炎、胸膜结核等。

③腹部。主要听取腹部胃肠蠕动的声音。山羊瘤胃蠕动次数为 1～1.5 次/min，瘤胃蠕动音减弱或消失，多为前胃弛缓或发热性疾病。肠音亢进多见于肠炎初期；肠音消失多为便秘。

（6）叩诊　叩诊胸廓为清音，则为健康羊；若为水平浊音，则为胸腔积液；半浊音，则为支气管肺炎；叩诊瘤胃呈鼓音，则见于瘤胃臌气。

二、病理剖检

病理剖检需要按照顺序进行，一般尸体剖检程序为：外部检查—剥皮检查—腹腔切开及检查—胸腔切开及检查—颅骨切开及检查—骨骼及关节检查。

1. 外部检查

检查羊的体表情况，需要注意羊的品种、年龄、毛色、营养状况、皮肤性状，死后变化及口、鼻、耳、肛门、外生殖器及可视黏膜等。

2. 剥皮检查

将羊尸体仰卧固定，由下颌间隙经颈、胸、腹至肛门作一纵向切口，四肢系部经内侧至纵向切口作横切口，只切开皮肤即可，然后剥离全部皮肤。同时，观察皮下脂肪、血管、血液、肌肉、外生殖器、乳房、唾液腺、舌头、咽、食道、喉咙、气管、甲状腺、淋巴结等变化。

3. 腹腔切开及检查

将羊尸体呈左侧位放置，从右侧沿肋骨至剑状软骨切开腹壁，并从髋结节至耻骨联合切开腹壁肌肉和腹膜，暴露腹腔。检查肠道是否变味及腹膜、腹水情况；切断横膈后的食道，向后牵拉，切断胃、肝脏及脾脏背部的韧带，取出腹腔脏器。分别检查胃、肠道、肝脏、胰脏、肾脏等脏器的形态、颜色、质地及表面有无异常变化，对于胃肠道还需要检查内容物及黏膜层的变化。

4. 胸腔切开及检查

可切断两侧肋骨与肋软骨的连接，去除胸骨；或者侧卧后，分别切断肋骨与胸软骨、脊椎的连接处，去掉肋骨，暴露胸腔及器官。分别切断前后腔静脉、主动脉、纵隔和气管等，取出心脏和肺脏，注意检查心包膜、心包液的颜色及性状，检查心脏的大小、性状、质地、心内外膜的变化；检查肺有无水肿、弹性、质地、有无出血等，观察气管内是否有黏液等。

5. 颅骨切开及检查

沿着眼眶后缘用骨锯横行锯断，沿着两眼角外缘与前锯线锯开，于两眼角中间纵行锯开，分别握住左右角，将颅顶骨分开，暴露脑。检查脑膜、脑脊液、脑沟和脑回的变化。

6. 骨骼及关节检查

弯曲尸体肢体关节，于弯曲背面横切关节囊，检查关节囊壁的变化，关节液的量、性质及关节面的形态变化。

三、实验室诊断

实验室诊断包括血液检查、尿液检查、粪便检查、细菌学检查、病毒学检查、免疫学检查及寄生虫学检查等。

1. 血液检查

通过采集血液后，经血细胞检查仪测定血红蛋白、红细胞压积容量、红细胞计数、白细胞计数、白细胞分类计数等指标，以确定羊个体的血液指标的变化，多用于日常诊断。

2. 尿液检查

包括黏液的物理学检验及化学检查，并用显微镜检查尿沉渣。主要检查尿量、尿色、气味、透明度、pH、尿蛋白、尿血液和血红蛋白、尿液中酮体、尿沉渣等。

3. 粪便检查

主要包括物理学检查，如粪便的数量、形状、硬度、颜色、气味、混杂物等。此外，还有粪便潜血的检查，以确定是否有胃肠出血、出血性肠炎及球虫病等。

4. 细菌学检查

通过将病原菌涂片、染色、镜检，可作出初步诊断，同时对病原菌进行分离培养和生化特性及致病力鉴定。

5. 病毒学检查

通过细胞培养或鸡胚培养，分离获得病毒，进行镜检、血清学试验和动物试验进行鉴定。

6. 免疫学检查

即利用各种免疫反应对病原进行诊断和确诊的方法。

7. 寄生虫学检查

通过对羊粪便、虫体等进行镜检检验，确定感染寄生虫类型。

第二节　雷州山羊临床治疗方法

一、常见给药方式

1. 群体给药

拌料饲喂和饮水给药。前者将药物均匀混入饲料中，适合长期投药，且给药方便；后者是将药物溶解于饮水中，方便羊群饮用，适合不能采食但能饮水的羊群。

2. 口服给药

可将片剂、粉剂或膏剂等药物装入投药器中，从口腔伸入羊舌根处，将药物放入；或者将药物用水溶解后，用长颈瓶、塑料瓶将药物从羊嘴角部灌入。

3. 灌肠给药

将药物配成液体，直接灌入羊的直肠内。

4. 灌胃给药

先将胃管插入鼻孔内，沿下鼻道慢慢送入咽部，也可经过口腔插入胃管，经食道插入胃内，将用水溶解的药物经胃管灌入胃内。

5. 皮肤涂药

将药物直接涂抹于皮肤病变部位表面，用于疥癣、皮肤外伤、口疮等疾病的治疗。

6. 注射给药

羊的临床疾病常需注射药物治疗，包括皮下注射、肌内注射、静脉注射和气管注射等。

（1）皮下注射　把药液注射到羊的颈部或者大腿内侧的皮肤和肌肉之间。

（2）肌内注射　将灭菌药液注入羊颈部肌肉比较多的部位。刺激性小、吸收缓慢的药液，可采用肌内注射。

（3）静脉注射　将灭菌药液直接注射到羊颈静脉内，使药液随血流很快分布到全身，迅速产生药效。

（4）气管注射　将药液直接注入气管内。一般用于气管、支气管和肺部疾病的药物治疗。

（5）腹腔注射　将药物或者营养液通过羊右胁部刺入长针头，再连接上注射器或输液器，将药物输入即可。

（6）瘤胃穿刺给药　在羊右胁部最高处，将套管针垂直刺入羊瘤胃内，放出瘤胃气体，然后将药物注射到瘤胃内。

二、药物选择与合理用药

1. 选择药物

羊群发病时，首选需确诊是什么病，针对致病原因给药。在给药前需根据羊的病情、药物成分、给药剂量、给药途径、给药周期等确定药物，足量给予病羊药物治疗。严禁不经诊断就给予药物治疗。

2. 确定用药剂量和疗程

根据羊群发病情况、病羊体重、药物剂量规格共同确定用药剂量和疗程，切忌过早停药或超期给药导致不良后果。一般每天给药1～2次，刺激性大的药物适宜在饲喂后给药。

3. 确定合理的给药途径

给药途径不同可影响药物吸收、药物作用速度和强弱。需要根据实际情况、药物性质和特点及操作难易程度确定给药途径。

4. 注意药物的不良反应

在给羊群用药时，需要注意药物的不良反应。由于一些药物的作用范围广，其中一个作用是用药目的，其他作用可称为副作用，因而在需要长期给药或大剂量用药时需重点关注。

5. 合理使用抗菌类药物

抗生素常被用于羊病的预防和治疗，且使用频率也较高。应经过确切病原诊断后再给予相应的抗生素进行治疗。如有条件，可做药敏试验后使用最敏感抗生素。临床应减少盲目用药及不按疗程随意用药。

6. 疫苗接种期内用药

羊群接种弱毒活疫（菌）苗前后5d内，禁止使用对相关疫苗敏感的抗生素、抗病毒药物、激素类药物进行治疗，以免造成免疫失败或免疫效果不理想等问题。可在疫苗接种期内给予一些免疫增强剂，如维生素、微量元素及含免疫增强类中药等，提高羊群的抗应激能力及疫苗的免疫应答能力。

三、抗生素作为饲料添加剂的应用现状

一方面，抗生素作为饲料添加剂对动物生长刺激作用显著，并由此给饲养者带来了显著的利润，所以很多饲养者都坚持使用抗生素作为饲料添加剂。为了迎合这种需求，科研工作者不断研发出新型的、不容易引起副作用的抗生素。另一方面，由于抗生素自身作用机理所带来的不可克服的缺点，很多国家和饲养者都反对将抗生素作为生长促进剂使用。美国几乎冻结了对所有新型抗生素的审批。1981年世界卫生组织成立抗生素慎用联盟，越来越多的国家采取立法手段禁止滥用抗生素。阿伏霉素和其他的糖肽产品已于1999年起从澳大利亚市场消失。1998年年底，欧盟禁止杆菌肽锌、螺旋霉素、维吉尼亚霉素和泰乐菌素在畜禽饲料中作为生长促进剂。瑞典、丹麦现已禁止在饲料中使用抗生素作为生长促进剂，大多数欧盟国家目前都使用无抗生素饲料。近年，我国也已全方位开展药物饲料添加剂退出行动和兽用抗菌药使用减量化行动，旨在规范抗菌药物的使用，确保畜产品质量安全。

四、抗生素作为饲料添加剂的负面效应

（1）耐药菌株的产生　由于长期给动物饲喂抗生素，细菌为了生存，自发突变形成抗药性。1957年日本首次发现细菌抗药性病例，引起痢疾暴发的一些宋内氏志贺氏菌株有一种以上的抗药性。到了1964年，40%的流行株有四重或多重的抗药性。1972年墨西哥有一万多人被抗氯霉素的伤寒杆菌感染，导致1 400人死亡。美国也报道了具有抗6种抗生素的鼠伤寒杆菌引起食物中毒的事件。

在我国，病原菌抗药性问题越来越严重。在临床和流行病学调查中发现，各种病原菌均有不同程度的抗药性。在中部和东部抗生素应用频繁的地方，志贺氏菌几乎100%具有抗药性，对四环素类的抗药性尤为明显。大肠杆菌病、葡萄球菌病、沙门氏菌病等，过去并不严重或较少发生的细菌病，现已上升为畜禽的主要传染病，这与长期滥用抗生素密切相关。

（2）长期使用抗生素造成畜禽机体免疫力下降　大量抗生素在其被摄入动物体内后，会随血液分布到淋巴结、肾、肝、脾、胸腺、肺和骨骼等各组织器官，导致动物体免疫力下降、慢性病增多，抗生素还会导致抗原质量降低，直接影响免疫过程，减弱疫苗的效用。

（3）长期使用抗生素引起畜禽内源性感染和二重感染　抗生素作用机理不同，虽各有抗菌谱，但基本都难以避免在作用于病原菌的同时会影响机体内有益菌群的生长，尤其是长期、大量使用，会造成机体内菌群失调、微生态平衡破坏。潜伏在体内的有害菌趁机大量繁殖，从而引起内源感染。此外，抗生素

会消灭体内敏感菌，为外界耐药病菌乘虚而入提供机会，从而造成外源感染。二重感染是由于在施用大量抗生素杀灭某种细菌时，破坏微生态平衡，导致一种或多种内源或外源病菌再次感染。

（4）长期使用抗生素影响动物的生产性能　长期使用抗生素会造成其在动物体内残留，动物会处于一种抗生素亚中毒状态，生产性能有所下降。研究表明，哺乳母猪在停用抗生素后泌乳量增加，蛋鸡在停用抗生素后也会出现产蛋高峰期延长的现象。

（5）长期使用抗生素在畜产品和环境中造成残留　抗生素在被吸收到动物体内后，分布到几乎全身各个器官，在内脏器官尤其是肝脏内分布较多，而在肌肉和脂肪中分布较少。抗生素的代谢途径多种多样，但大多数以肝脏代谢为主，经胆汁，由粪便排出体外，也会通过泌乳和产蛋过程残留在乳和蛋中。一些性质稳定的抗生素被排泄到环境中后仍能稳定存在很长一段时间，从而造成环境中的药物残留。这些残存的药物，通过畜产品和环境慢慢蓄积于人体和其他动植物体内，最终以各种途径汇集于人体，导致人体产生大量耐药菌株，失去对某些疾病的抵抗力，或因大量蓄积而对机体产生毒害作用。

五、饲用抗生素替代品应用现状

基于抗生素的种种缺点，饲用抗生素替代品不断推陈出新。概括起来，目前市场上的饲用抗生素替代品有如下 5 种：①有机酸；②酶制剂；③寡糖；④中草药；⑤微生态制剂。在这 5 种替代品中，目前公认最有前途的就是微生态制剂产品。

1. 有机酸

畜禽胃肠道内乳酸杆菌等有益菌适宜在酸性环境中繁殖，而病原菌生长的适宜 pH 大多呈中性或偏碱性，因此酸化剂可以通过降低胃肠道 pH，从而抑制有害微生物繁殖，同时促进有益菌的增殖。研究表明，乳酸、柠檬酸或冰醋酸等有机酸可以起到增进动物食欲、促进日增重和提高饲料转化率等功效。但使用有机酸给生产带来的问题必须考虑，如对设备、料槽等造成的腐蚀等。目前，使用有机酸添加剂大都成本较高。

2. 酶制剂

酶制剂在饲料工业中的应用已经有几十年，饲用酶制剂的主要功能为：补充动物（尤其是幼小动物）体内消化酶分泌量、弥补其功能的不足。酶的添加可增加消化道中酶的浓度，提高日粮的消化率，可强化幼龄动物的消化功能，有消除或降低非水溶性多糖等抗营养因子的副作用，同时使营养物质易于被消化吸收。但从目前酶制剂的使用情况来看，在饲用酶的稳定性、有效性、安全性、不同种类酶的配合以及不同个体动物的具体使用等方面还有很多工作要做。

3. 寡糖

寡糖又称寡聚糖、低聚糖，通常指由 2～10 个糖苷键聚合而成的化合物。一般具有低热、稳定、安全、无毒等良好的理化性能。目前饲料中常用的寡糖有果寡糖、甘露寡糖等。寡糖具有促进机体肠道有益菌的生长繁殖、直接吸附病原菌、增强机体免疫力、改进动物健康状况等功效。但目前来说，寡糖的作用机理、与其他营养素和天然寡聚糖的颉颃和协调关系、不同寡糖的组合对饲养效果的影响和动物种类、年龄、生理状态对寡糖作用的影响以及成本的控制都不同程度地影响了寡糖的使用。

4. 中草药

中草药作为饲料添加剂早有记载，但相关研究主要是从 20 世纪 80 年代开始。实践证明，中草药作为饲料添加剂具有增进食欲、增强抵抗力、防病治病等优点。据有关部门不完全统计，兽用中药和中药添加剂已有 50 多种。但大部分中草药都作用较慢，所需剂量较大，而且某些中草药类似抗生素，对体内有益菌及病原菌均有杀灭作用。另外，适口性以及价格问题是中草药在饲料中应用需要解决的主要问题。

5. 微生态制剂

微生态制剂是采用已知有益的微生物经培养、提取、干燥等特殊工艺制成的用于动物的活菌制剂。微生态制剂有助于扶持体内益生菌生长，颉颃致病菌繁殖，促进饲料消化吸收，提供营养，增强动物免疫功能，改善体内外生态环境。微生态制剂主要使用的菌种有三类，乳酸菌类、芽孢菌类和真菌类。其中，乳酸菌类被众多学者认为是最有前途的饲用抗生素替代品。但目前，在我国，用户对微生态制剂普遍存在信心不足的现象。究其原因，主要是前几年低质低效产品太多；目前市场上流通的产品也大都存在不耐热、易灭活、生物活性低的缺点，而且大部分乳酸菌都存在对不良环境抗性差的特点。所以，开发高稳定性乳酸菌制剂是微生态制剂必然的发展方向。

6. 空气和环境净化相结合

抗生素不仅可以预防消化道类疾病，还有预防呼吸道等其他类型疾病的作用，其预防疾病的作用要大于以上几种替代品。近年来，我国养猪业中各类疫病都有上升的趋势，所以目前养殖者普遍对替代饲用抗生素持有怀疑态度。在欧盟国家，在停止使用抗生素作为饲料添加剂后，由于增加了防治疫病的投入，养猪的生产成本提高 8％～15％，饲料成本提高9.5～12.5 美元/t。美国类似的禁令将耗资 12 亿～25 亿美元/年（NRC Committee）。

针对当前畜禽养殖过程中呼吸道疾病流行的现状，许多学者提出了综合治理养殖环境和使用替代品并行的方法来替代饲用抗生素。空气电净化就是近年来应用于畜牧业的一项新技术。目前，在美国，该项技术已推广应用于禽蛋孵化器中，对孵化器中病原微生物数量的控制及空气的净化有明显的效果。我国也有一些将空气电净化设备用于猪舍的报道。此外，俄罗斯有报道将抗菌涂料涂在猪舍内及围栏上，可使环境中的有害微生物大大减少。将环境治理和使用促生长替代品相结合将是未来替代抗生素的重要方向。

第三节　雷州山羊羊场常备药品

一、消毒药

1. 生石灰

生石灰，又称烧石灰，主要成分为氧化钙（CaO），遇水发生化学反应，然后产生大量的热和氢氧化钙，氢氧化钙呈强碱性，大多数病菌遇此很难生存，所以生石灰可起到很好的消毒效果。生石灰也因为价格低廉、购买方便、使用安全，常用于种植业、养殖业生产和环境消毒。临床常加水配成10%～20%石灰乳，适用于消毒口蹄疫、传染性胸膜肺炎、羔羊腹泻等病原污染的圈舍、地面及用具，也可撒布地面消毒。

2. 氢氧化钠

氢氧化钠（Sodium hydroxide），也称苛性钠、烧碱、火碱，是一种无机化合物，化学式 NaOH。氢氧化钠具有强碱性，有强烈的腐蚀性，能杀死细菌、病毒和芽孢。其2%～3%浓度的溶液可消毒羊舍和槽具等，并适用于门前消毒池。

3. 来苏儿

来苏儿，煤酚皂溶液的俗名。消毒防腐药。为含50%杂酚（邻、对、间位三种甲酚的混合物）的肥皂溶液。呈黄棕色和红棕色，浓稠并有煤酚的臭味，杀菌力强，但对芽孢无效。其0.5%～1.0%浓度的溶液内服200mL可治疗羊胃肠炎；1%～2%浓度的溶液广泛用于手、器械和排泄物等的消毒；3%～5%浓度的溶液可供羊舍、用具和排泄物的消毒。

4. 新洁尔灭

新洁尔灭是苯扎溴铵溴化二甲基苄基烃铵的混合物，为黄白色蜡状固体或胶状体。具有典型阳离子表面活性剂的性质，对许多细菌和霉菌杀伤力强，主要用于皮肤、黏膜、伤口、物品表面和室内环境消毒。不能用于对医疗器械的灭菌处理，或长期浸泡保存无菌器材。0.01%～0.05%浓度的溶液用于黏膜和创伤的冲洗；0.1%浓度的溶液用于皮肤、手指和术部消毒。

5. 碘酊

碘酊又称为碘酒，为红棕色的液体，主要成分为碘、碘化钾，色泽随浓度增加而变深。用于皮肤感染和消毒。碘酊有强大的杀灭病原体作用，可以使病原体的蛋白质发生变性。碘酊可以杀灭细菌、真菌、病毒、阿米巴原虫等，可用来治疗许多细菌性、真菌性、病毒性等皮肤病。

二、抗生素类药物

1. 青霉素

青霉素是抗生素的一种，是指分子中含有青霉烷、能破坏细菌的细胞壁并在细菌细胞的繁殖期起杀菌作用的一类抗生素，是由青霉菌中提炼出的抗生素。常用的是青霉素钾盐和钠盐，主要对革兰阳性菌有较大的抑制作用，肌内注射可治疗链球菌病、羔羊肺炎气肿疽和炭疽。治疗用量：肌内注射20万～80万IU，每天2次，连用3～5d。不宜与四环素类、卡那霉素、庆大霉素、磺胺类药物配合使用。

2. 链霉素

链霉素是一种氨基糖苷类抗生素，是从灰链霉菌的培养液中提取生产的。主要对革兰阴性菌具有抑制和杀灭作用，对少数革兰阳性菌也有作用。口服可治疗羔羊腹泻，肌内注射可治疗炭疽、乳腺炎、羔羊肺炎及布鲁氏菌病。治疗用量：羔羊口服0.2～0.5g，成年羊注射50万～100万IU，每天2次，连用3d。

3. 阿莫西林注射液

常用于革兰氏阳性菌和革兰氏阴性菌感染，如沙门氏菌病、巴氏杆菌病、链球菌病、葡萄球菌病、大肠杆菌病、肺炎、子宫炎、乳腺炎、败血症等。用法及用量为：皮下或肌内注射，每千克体重一次量5～10mg，每天1～2次，连用2～3d。

4. 头孢噻呋钠注射液

头孢噻呋钠是头孢菌素类兽医临床专用抗生素，为广谱抗菌药。对革兰氏阳性菌和革兰氏阴性菌均有较强的抗菌作用。头孢噻呋作用于转录肽酶而阻断黏肽的合成，使细菌细胞壁缺失而达到杀菌作用。头孢噻呋具有稳定的β-内酰胺环，不易被耐药菌破坏，可作用于产β-内酰胺酶的革兰氏阳性菌和革兰氏阴性菌。用于治疗细菌性疾病，如大肠杆菌、沙门氏菌感染及子宫内膜炎、乳腺炎、牛羊巴氏杆菌、肺炎等。用法及用量为：肌内注射，每千克体重一次量3～5mg，每天1～2次，连用2～3d。

5. 土霉素注射液/片

土霉素具有广谱抗病原微生物作用，为快速抑菌剂，高浓度时对某些细菌呈杀菌作用，对立克次体、支原体、衣原体、放线菌等也有较强作用。用于革兰氏阳性菌和革兰氏阴性菌引起的感染性疾病，如巴氏杆菌病、大肠杆菌病、布鲁氏菌病、炭疽、沙门氏菌病等。用法及用量为：肌内注射时每千克体重一次量 10～20mg，内服时每千克体重 10～25mg，每天 2～3 次，连用 3～5d。

6. 氟苯尼考粉/注射液

氟苯尼考是人工合成的甲砜霉素的单氟衍生物，是一种新的兽医专用氯霉素类的广谱抗菌药。氟苯尼考抗菌谱与抗菌活性略优于甲砜霉素，对多种革兰氏阳性菌、革兰氏阴性菌及支原体等有较强的抗菌活性。用法及用量为：肌内注射，每千克体重一次量 20～30mg，每天 1～2 次，连用 2～3d。

7. 鱼腥草注射液

兽用鱼腥草注射液由鲜鱼腥草经蒸馏制成灭菌溶液，为纯中药制剂，主要成分为癸乙酰乙醛等。经药理证明具有抗病毒、广谱抗菌作用，对流感病毒、腺病毒具有灭活作用，对肺炎、流感杆菌有明显抑制作用，并能提高机体免疫力，且具有明显抗炎作用。鱼腥草对各种微生物均有抑制作用，对真菌也有较强的抑制作用，对链球菌、葡萄球菌、肺炎球菌有明显的抑制作用。对大肠杆菌、痢疾杆菌、伤寒杆菌也有作用。用法及用量为：肌内注射，一次量，5～10mL，每天 1～2 次，连用 2～3d。

8. 庆大霉素注射液

庆大霉素是中国独立自主研制成功的广谱抗生素，系从放线菌科单孢子属发酵培养液中提得的碱性化合物，是常用的氨基糖苷类抗生素。主要用于治疗细菌感染，尤其是革兰氏阴性菌引起的感染。庆大霉素能与细菌核糖体 30S 亚基结合，阻断细菌蛋白质合成。用法及用量为：肌内注射，每千克体重一次量 2～4mg，每天 2 次，连用 2～3d。

9. 环丙沙星注射液

环丙沙星为合成的第三代喹诺酮类抗菌药物，具广谱抗菌活性，杀菌效果好，几乎对所有细菌的抗菌活性均较诺氟沙星及依诺沙星强 2～4 倍，对肠杆菌、绿脓杆菌、流感嗜血杆菌、淋球菌、链球菌、军团菌、金黄色葡萄球菌具有抗菌作用。用于革兰氏阳性菌、革兰氏阴性菌及支原体感染。用法及用量为：肌内注射，每千克体重一次量 2.5～5mg，每天 2 次，连用 2～3d。

10. 小檗碱注射液/片

小檗碱，亦称黄连素，是从中药黄连中分离的一种季铵生物碱，是黄连抗菌的主要有效成分。主要用于治疗胃肠炎、细菌性痢疾等肠道感染以及眼结膜炎、化脓性中耳炎等。近来还发现本品有阻断 α-受体、抗心律失常作用。用法及用量为：肌内注射，一次量，0.05～0.1g，每天 2 次，连用 3～5d；内服，0.5～1g，每天 2 次，连用 3～5d。

11. 替米考星粉/注射液

替米考星表观分布容积大，肺组织中的药物浓度高。对革兰氏阳性菌、某些革兰氏阴性菌、支原体、螺旋体等均有抑制作用；对胸膜肺炎放线菌、巴氏杆菌具有比泰乐菌素更强的抗菌活性。主要用于防治家畜肺炎（由胸膜肺炎放线杆菌、巴氏杆菌、支原体等感染引起）、禽支原体病及泌乳动物的乳腺炎。皮下或肌肉注射，1次量为每千克体重 0.05～0.1mL，每 24h 用 1 次，连用 2次。重症者酌情增加次数或遵医嘱。

三、抗寄生虫类药物

1. 阿苯达唑

阿苯达唑是一种咪唑衍生物类高效低毒的广谱驱虫药，临床可用于驱蛔虫、蛲虫、绦虫、鞭虫等。在体内代谢为亚砜类或砜类后，抑制寄生虫对葡萄糖的吸收，导致虫体糖原耗竭，或抑制延胡索酸还原酶系统，阻碍 ATP 的产生，使寄生虫无法存活和繁殖。用于线虫病、绦虫病和吸虫病的治疗。内服，1 次量为每千克体重 10～15mg。

2. 伊维菌素注射液

伊维菌素是由阿维链霉菌发酵产生的半合成大环内酯类多组分抗生素，主要用于防治线虫病、螨虫病及其他寄生性昆虫病。皮下注射，1 次量为每千克体重 0.2mg。

3. 敌百虫

为广谱杀虫、驱虫药，对多种昆虫及线虫都有作用。外用能杀灭蚊、蝇、蜱、虱及治疗疥癣病，内服能驱除捻转胃虫、毛圆线虫及结节虫等。治疗用量：内服，配成 10％～20％溶液，每千克体重 0.08～0.10g；外用，治疗疥癣，0.1％～0.5％溶液。

4. 灭虫丁粉

为广谱抗寄生虫药，具有高效、广谱和安全低毒等优点，对羊各种胃肠线虫、螨、蜱和虱均有很强的驱杀作用。本品为口服药，也可与饲料混合喂给，每千克体重 0.2g 可除体内寄生虫，每千克体重 0.3～0.4g 可杀灭体外寄生虫。

5. 虫克星粉

用于驱杀体内外线虫、螨、虱、蚤、蝇蛆等，1 次用量为每千克体重0.1g。用于杀灭体外寄生虫时，宜在 7～10d 后再重复给药 1 次。

6. 灭螨灵

为拟除虫菊酯类药，用于羊体外寄生虫的防治。稀释 200 倍液用于药浴，稀释 1 500 倍液可局部涂擦。

7. 林胺乳油

含林丹 15％、亚胺硫磷 5％，主要用于防治羊疥癣和棚圈消毒杀灭蚊蝇。

用时配成乳液进行药浴、喷淋或局部涂擦，使用药液浓度为 0.2%～0.3%，灭蚊蝇浓度为 0.5%。

四、疫苗

1. 三联四防灭活疫苗

本品系用腐败梭菌（C55-1 或 C55-2 株）、B 型（C58-1 或 C58-2 株）和 D 型（C60-2 或 C60-3 株）产气荚膜梭菌接种适宜培养基培养，收获培养物，用甲醛溶液灭活脱毒后，加氢氧化铝胶制成。用于预防羊快疫、猝狙、羔羊痢疾和肠毒血症，免疫持续期 1 年。其用法与用量按照说明书进行，临用时以 20%胶盐水溶解，充分摇匀后，不论大小羊，均肌内注射或皮下注射 1mL（体质差者慎用）。

2. 山羊痘活疫苗

山羊痘活疫苗是由英国意康的羊毒抗系用山羊痘病毒（弱毒株）接种于绵羊睾丸细胞培养，收获病毒培养物，加适宜稳定剂，经冷冻真空干燥制成。该疫苗用于预防山羊痘、绵羊痘，免疫持续期 1 年。其用法与用量按照说明书进行，以稀释液稀释，按每只约 0.5mL 股内侧或尾内侧皮下注射。在已有羊痘病流行的羊群中，对健康羊可进行紧急接种。

3. 布鲁氏菌病活疫苗

布鲁氏菌病活疫苗系用牛种布鲁氏菌弱毒菌（A19 株）接种于适宜培养基培养，收获培养物，加适应稳定剂，经冷冻真空干燥制成。该疫苗用于预防山羊、绵羊和牛的布鲁氏菌病。免疫持续期为 3 年。其适用于口服免疫，也可作肌内注射。妊娠母畜口服不受影响，注射法不能用于妊娠母畜和小尾寒羊。畜群每年免疫 1 次。

4. 乙型脑炎灭活疫苗

用乙脑病毒接种于地鼠肾细胞，培育后至一定浓度收获病毒液，经甲醛灭活，制成疫苗用于预防乙脑。用于预防猪、牛、羊、狗等动物的乙型脑炎。1 月龄以上畜种，每头肌内注射 2mL。

5. 山羊传染性胸膜肺炎疫苗

山羊传染性胸膜肺炎灭活疫苗系用山羊传染性胸膜肺炎丝状支原体强毒株肺组织乳剂，接种于易感健康山羊，无菌采集病羊肺及胸腔渗出物，制成乳剂，经甲醛溶液灭活后，加氢氧化铝胶制成。该疫苗用于预防羊传染性胸膜肺炎，大小羊均可使用，免疫期为 1 年。皮下注射或肌内注射，成年羊 5mL/只，6 个月以下羔羊 3mL/只。

6. 羊链球菌疫苗

该疫苗用于预防羊败血性链球菌病。免疫期为 1 年。其用法遵照瓶签注明的每头剂量，用生理盐水稀释，6个月以上的羊一律尾根皮下注射 1mL，不得在其他部位注射。

7. 小反刍兽疫疫苗

用于预防羊的小反刍兽疫，免疫期 36 个月。按瓶签注明头份使用，用灭菌生理盐水或疫苗稀释液稀释为每毫升 1 头份，每只羊颈部皮下注射 1mL。

8. 口蹄疫疫苗

口蹄疫 O 型鼠化弱毒活疫苗系用口蹄疫 O 型鼠化弱毒株接种乳兔，收获含毒组织并磨碎，将病毒浸出液加入等量甘油制成。为暗赤色液体。静置后，瓶底有部分沉淀；振摇后，呈均匀的混悬液。用于预防 1 岁以上的黄牛、牦牛和 4 个月以上的绵羊、山羊 O 型口蹄疫。牛肌肉注射 2mL，羊皮下注射 1mL，免疫持续期 6～8 个月。在 −12℃ 以下保存，有效期为 1 年；在 2～6℃ 保存，有效期为 5 个月。

第四节　雷州山羊传染性疫病防控

一、山羊疫病防疫原理

山羊疾病包括传染病、寄生虫病、中毒病、营养代谢病及内科、外科、产科病等，均会对山羊生产带来巨大经济损失，其中以传染病和寄生虫病危害最大。因此，做好山羊传染病和寄生虫病的防疫工作，需从传染源、传播途径和易感羊群 3 个环节着手。

1. 传染源

传染源（或称传染来源）指某种病原体在其中寄生、生长、繁殖并能排出体外的动物机体。包括受感染的病羊、其所处环境和用具及其他动物等，也包括无症状的隐性感染动物。

（1）感染羊　病羊和病死羊的尸体是最重要的传染源，特别是在急性期过程中，病羊可向外界环境中排出大量病原体，危害最大。需要对病羊早发现、早隔离、早治疗，必要时要扑杀做无害化处理。

（2）隐性病原携带羊　隐性病原携带羊是指无症状但能携带病原体和排出病原体的动物。可分为潜伏期的病原携带者、恢复期的病原携带者和健康的病原携带者。

①潜伏期的病原携带者，如携带口蹄疫病毒，在潜伏期后期能够排出病原体，具有传染性，给疫病控制带来巨大的风险。

②恢复期的病原携带者是指临床症状消失后仍能够向外界排毒的病羊。因而，在某些疾病临床症状消失后不要急于混群饲养。

③健康的病原携带者是指过去没有发现某种传染病，但能够携带并排出该

传染病病原体的动物。因此，须坚持自繁自养，避免引进新病；引入种羊时，要隔离一段时间，确认无病时方可混群饲养。

2. 传播途径

传播途径指病原体从传染源排出后传播给易感动物的途径，可分为直接接触传播和间接接触传播。

（1）直接接触传播　指传染病患病动物与易感动物直接接触而导致疾病传播的方式，直接接触传播方式受到一定限制，一般不易造成大流行。

（2）间接接触传播　指病原体经过中间传播媒介使易感动物发生传染的传播方式，一般通过以下几种途径。

①空气传播。病羊打喷嚏和呼吸时可向空气中散布大量含有病原的飞沫，当健康羊吸入飞沫即可感染发病。

②饲料和饮水传播。病原体以不同方式排出体外后污染饲料和饮水，易感羊采食了被污染的饲料和饮水即可感染。以消化道为传入门户的传染病均能以此方式传播。

③污染土壤传播。有些病原体随病羊排泄物或尸体落入土壤中且能生存很久，如炭疽、破伤风等细菌能够形成对外界抵抗力很强的芽孢，一些病菌对干燥、腐败有很强的抵抗力，能够在土壤中长期保持感染力。一旦易感羊通过口鼻接触土壤即可感染。

④活的媒介传播。是指除羊以外的其他动物和人作为媒介来传播的方式，有如下几种。

一是节肢昆虫，包括蚊、蝇、跳蚤、蜱等。蚊虫叮咬感染动物后，再叮咬易感动物即可通过血液传播病毒；家蝇活动于病羊排泄物和易感羊之间，机械性携带并传播病原。

二是人、野生动物和其他畜禽。一些人畜共患病，如伪狂犬病、沙门菌病、口蹄疫等，可通过人、野生动物和畜禽传播给羊。羊场应加强灭鼠，严禁狗、猫及各种飞禽、家禽进入羊场。

⑤用具传播。传染源排出的病原体，可污染饲养设备、栏舍、羊床及饮水设备等，如消毒不严可引起疾病传播。

3. 易感羊群

易感羊群是指对某种病原体缺乏抵抗力，易造成病原体在群体内传播发病的羊群。羊群对疾病的易感程度与病原体强弱有关，与羊群内在因素、外在因素及特异性免疫状态相关。

（1）羊群内在因素　包括羊群的品种、年龄以及非特异性免疫力高低等，不同品种对不同疾病的耐受力是不一样的，羊群营养状况越好对疾病的抵抗力越强。

（2）羊群外在因素　如环境卫生、羊舍建设是否合理，以及气候变化等多方面因素。

（3）羊群特异性免疫状态　指羊群对某种病原体的特异性免疫力。一是疫病流行后，感染发病耐过的羊和无症状隐性感染羊，在一定时间内对该病再次流行有一定抵抗力。二是人工免疫，对羊群进行疫苗接种使其获得一定的抵抗力。

二、防疫措施

雷州山羊疫病防疫措施主要是围绕消灭传染源、切断传播途径、保护易感羊群这3方面进行，主要包括以下几方面内容：

1. 羊场选址、布局

羊场建设要合理考虑不受周围环境的污染，地势要高，水源充足，排水方便，且远离交通要道；场内设施及羊舍按风向先清洁后污染布置。

2. 坚持自繁自养

防止传染病进场最可靠的手段，是杜绝外来羊进场。必须引进种羊时，只能从非疫区引进种羊，须对所引进羊场详细了解，并经当地兽医部门检疫，方可引进。引进隔离观察1个月后，确认无疫病者方可混群。

3. 采用全进全出的饲养管理方式

这是控制传染病流行的最关键环节，有利于疾病控制和饲养管理。繁殖母羊要调整配种日期，实行同期发情，做到集中配种，集中产仔，集中转育培、育成、育肥羊舍，以方便产房和各阶段羊舍彻底消毒。

4. 保证环境卫生

保持栏舍内外的清洁卫生，做好冬季羊羔保温和夏季母羊、仔羊的降温工作，使羊舍内温度适宜，光线充足，通风良好。

5. 严格执行各项消毒制度

这是切断传染病传播途径最有效的手段之一，是羊场重要的防疫措施，也是兽医工作的一项主要工作。

（1）做好进出场人员的消毒　严禁场外无关人员进入羊场，外来人员和本场人员必须进入时，必须换好防护服，经过紫外线、臭氧消毒或者全身喷雾消毒后经消毒池过道进入。

（2）做好进出车辆消毒　车辆必须经过大门消毒池进入，车辆其他部分必须经过喷雾消毒。

（3）羊舍消毒　全进全出羊舍转群后，彻底清扫栏圈内的粪便、污物等，能够移动的用具清洗后于阳光下曝晒。不能移动的用具和地面、墙面、走道等用自来水冲洗干净，待干燥后再进行整舍的全面熏蒸消毒。

（4）羊舍以外的生产区消毒　羊舍以外的生产区和道路、运动场、储藏间等要每隔 5～10d 进行 1 次喷洒消毒。

（5）母羊进入产房前要进行体表消毒　临产前需用 0.1% 高锰酸钾洗液对外阴和乳头消毒，羔羊断脐时要用碘酊消毒。

（6）临时消毒　当出现可疑病羊时，要及时隔离病羊，对病羊生活区域及用具采取应急消毒。

6. 临诊检查

兽医应每天观察羊群状况，发现问题及时处理。

7. 定期杀虫、灭鼠

蚊蝇和老鼠会对养殖场造成较大危害，羊场要做好灭蚊蝇、除鼠害工作。雷州山羊生活地区夏季时间久，蚊虫繁殖快、要特别注意灭蚊防虫工作。

8. 免疫接种

免疫接种是激发羊体产生特异性抵抗力，防止其感染某种传染病的重要手段。疫苗分为活疫苗和灭活苗两类。凡将特定细菌、病毒等微生物毒力致弱制成的疫苗称活疫苗（弱毒疫苗），具有产生免疫快、免疫效力好、免疫接种方法多和免疫期长等特点，但存在散毒和造成新疫源及毒力返祖的潜在危险等；用物理或化学方法将其灭活的疫苗称为灭活疫苗，具有安全性好、不存在返祖或返强现象、便于运输和保存、对母源抗体的干扰作用不敏感及适用于多毒株多活菌株制成多价苗等特点，但存在成本高、免疫途径单一、生产周期长等不足。要根据本地区羊场的情况，因地制宜制定合理的免疫程序，不要照搬其他羊场经验，需注意以下几点。

（1）确保疫苗质量　必须从正规渠道进货，产品有批准文号、有效日期和生产厂家，运输和储存时要确保处于低温状态。

（2）专人负责免疫接种　使用前要检查包装是否破损，封口是否严密。

（3）接种器械要严格消毒　种羊接种要 1 只羊换 1 个针头，紧急免疫时也要 1 只 1 针。

（4）预防接种前要全面了解和检查羊群状态　出现羊精神不好、食欲差等异常时，不要接种。

（5）尽量避免同时接种两种以上疫苗　要考虑免疫反应互相干扰，确保无障碍后才可接种。

（6）及时登记　接种时要及时登记，杜绝遗漏。

9. 药物防治

（1）药物治疗　若羊场暴发疫病，可根据情况选用药物治疗，应做到以下几点：早发现早治疗，科学合理用药；避免长期使用同一类抗生素，否则易产生耐药性，有条件时最好做药敏试验；注意药物配伍禁忌；坚决不能使用国家法规禁止使用的药物。

（2）**药物预防** 药物预防通常是指在饲料或饮水中加入某种药物，饲喂给健康羊群，从而预防某些疾病的发生，特别是一些细菌性传染病和寄生虫病。药物预防需要合理使用药物，长期在饲料中添加抗菌药物可导致耐药菌株的产生、肠道内菌群失调以及药物残留等问题。动物疫病种类繁多，病原体特性千差万别，还有不少疫病尚无疫（菌）苗可资利用，或虽有疫（菌）苗但预防效果不佳。防制这些疫病除了加强饲养管理、搞好检疫淘汰、环境卫生和消毒工作外，应用群体药物防制也是一项重要措施和一条有效途径。实践证明，在具备一定条件时，将药物混于饮水或拌入饲料中口服，对某些疫病可以收到显著效果。

三、羊场常用的疫苗

1. 口蹄疫疫苗

（1）**口蹄疫 O、A 型活疫苗** 用于预防口蹄疫。用于 4 个月以上的羊，疫苗注射后 14d 产生免疫力，免疫持续期为 4～6 个月。肌内注射或皮下注射。4～12 个月 0.5mL，12 个月以上 1mL。疫苗在 -12℃ 以下保存，不超过 12 个月；2～6℃ 保存，不超过 5 个月；20～22℃ 保存，限 7d 内用完。

（2）**口蹄疫 A 型活疫苗** 用于预防 A 型口蹄疫。疫苗注射后 14d 产生免疫力，免疫持续期为 4～6 个月。肌内注射或皮下注射。2～6 个月 0.5mL，6 个月以上 1mL。-18～-12℃ 保存，有效期为 24 个月；2～6℃ 保存，有效期为 3 个月；20～22℃ 保存，有效期为 5d。

（3）**口蹄疫 O 型、亚洲 I 型二价灭活疫苗** 预防牛、羊 O 型、亚洲 I 型口蹄疫，仅接种健康羊。免疫期为 4～6 个月。肌内注射，每只 1mL。2～8℃ 保存，有效期为 12 个月。

2. 羊伪狂犬病疫苗

预防羊伪狂犬病。免疫期山羊暂定半年。颈部皮下 1 次注射，山羊 5mL。于 2～15℃ 阴暗干燥处保存，有效期为 2 年；于 24℃ 以下阴暗处保存，有效期暂定为 1 个月。

3. 兽用乙型脑炎疫苗

专供防止牲畜乙型脑炎用。注射 2 次（间隔 1 年），有效期暂定 2 年。应在乙型脑炎盛行前 1～2 个月注射，皮下或肌内注射 1mL。当年的幼羊注射后，第 2 年必须再注射 1 次。应保存在 2～6℃ 冷暗处，自疫苗收获之日起可保存 2 个月。

4. 无荚膜炭疽芽孢苗

预防炭疽。接种动物要健康。绵羊注射于颈部或后腿内侧皮下，1 岁以下注射 0.5mL。本品应于 2～15℃干燥、凉暗处保存，有效期为 2 年。

5. Ⅱ号炭疽芽孢苗

预防各种动物的炭疽病。注射 14d 后产生坚强的免疫力，免疫期一般为 1 年，山羊为半年。各种动物皮内注射 0.2mL 或皮下注射 1mL（使用浓菌苗时，需用氢氧化铝胶或蒸馏水，按瓶签规定的稀释倍数稀释后使用）。

6. 布鲁氏菌病活疫苗

用于预防牛、羊布鲁氏菌病，免疫持续期 3 年。皮下注射、滴鼻、气雾法免疫及口服法免疫。山羊和绵羊皮下注射 10 亿个活菌，滴鼻 10 亿个活菌，室内气雾 10 亿个活菌，室外气雾 50 亿个活菌，口服 250 亿个活菌。本品冻干苗在 0～8℃保存，有效期为 1 年。

7. 气肿疽明矾菌苗

用于预防牛、羊、鹿等动物的气肿疽，接种的动物要健康。注射 14d 后产生可靠的免疫力，免疫期约为 6 个月。不论年龄大小，羊皮下注射 1mL。于 0～15℃凉暗干燥处保存，有效期为 2 年；室温下保存，有效期为 14 个月。

8. 山羊痘疫苗

（1）山羊痘活疫苗　用于预防山羊痘及绵羊痘。尾根内侧或股内侧皮内注射。按瓶签注明头份，用生理盐水（或注射用水）稀释为每头份 0.5mL，不论羊大小，每只 0.5mL。2～8℃保存，有效期为 18 个月；−15℃保存，有效期为 24 个月。

（2）山羊痘细胞化弱毒冻干疫苗　用于预防山羊痘。注射 4d 后产生免疫力，免疫期可持续 1 年以上。本疫苗适用于不同品种、年龄的山羊。对妊娠山羊、羊痘流行羊群中的未发痘羊，皆可（紧急）接种。用生理盐水 50 倍稀释（原苗 1mL 为 100 头份），于尾内侧或股内侧皮内注射。不论羊大小，一律 0.5mL。在 −15℃以下冷冻保存，有效期为 2 年；0～4℃低温保存，有效期为 1 年半；于 8～15℃冷暗干燥处保存，有效期为 10 个月；于 16～25℃室温保存，有效期为 2 个月。

9. 羊败血性链球菌病疫苗

（1）羊败血性链球菌病弱毒苗　用于预防羊败血性链球菌病。注射后 14～21d 产生可靠的免疫力，免疫期为 1 年。可用注射法或气雾法接种免疫。注射法：按瓶签标示的头份剂量，用生理盐水稀释，使每头份（50 万～100 万个活菌）为 1mL，于绵羊尾根皮下注射。成年羊 1mL，0.5～2 岁羊剂量减半。气雾法：用蒸馏水稀释后，于室内或室外避风处喷雾；室外喷雾，每只羊暂定3亿个活菌；室内喷雾，每只羊 3 000 万个活菌，每平方米面积用苗 4 头份。

（2）羊败血性链球菌病灭活疫苗　用于预防绵羊和山羊败血性链球菌病，

免疫期为 6 个月。皮下注射，不论年龄大小，每只羊均接种 5mL。2～8℃保存，有效期为 18 个月。

10. 羔羊痢疾氢氧化铝菌苗

专给妊娠母羊注射，预防羔羊痢疾。于注射后 10d 产生可靠的免疫力。初生羔羊吸吮免疫母羊的乳汁而获得被动免疫。共注射 2 次。第 1 次在产前 20～30d，于左股内侧皮下或肌内注射 2mL；第 2 次在产前 10～20d，于右股内侧皮下或肌内注射 3mL。于 2～15℃冷暗干燥处保存，有效期为 1 年半。

11. 山羊传染性胸膜肺炎灭活疫苗

用于预防山羊传染性胸膜肺炎。皮下或肌内注射。成年羊每只 5mL；6 月龄以下羔羊，每只 3mL；免疫期为 12 个月。2～8℃保存，有效期为 18 个月。

12. 传染性脓疱性皮炎活疫苗（HCE 或 GO-BT 弱毒株）

用于预防羊传染性脓疱皮炎。注射疫苗后 21d 产生免疫力。免疫期，HCE 苗为 3 个月，GO-BT 苗为 5 个月。按注明的头份，HCE 苗在下唇黏膜划痕免疫，GO-BT 苗在口唇黏膜内注射 0.2mL，流行本病羊群股内侧划痕 0.2mL。保存期：－20～－10℃保存，有效期为 10 个月；0～4℃保存，有效期为 5 个月；10～25℃保存，有效期为 2 个月。

13. 羊梭菌病疫苗

（1）羊三联四防灭活疫苗　用于预防羊快疫、羊猝狙、羊肠毒血症。预防快疫、羔羊痢疾、猝狙免疫期为 12 个月；预防肠毒血症免疫期为 6 个月。肌内或皮下注射。不论羊只年龄大小，每只 5.0mL。2～8℃保存，有效期为 24 个月。

（2）羊梭菌病多联干粉灭活疫苗　用于预防绵羊或山羊羔羊痢疾、羊快疫、羊猝狙、羊肠毒血症、羊黑疫、羊肉毒梭菌中毒症和破伤风。免疫期为 12 个月。肌内或皮下注射，按瓶签注明头份，临用时以 20%氢氧化铝胶生理盐水溶液溶解，充分摇匀后，不论羊年龄大小，每只均接种 1mL。2～8℃保存，有效期为 60 个月。

（3）羊梭菌病五联灭活菌苗　用于预防羊快疫、羔羊痢疾、羊猝狙、羊肠毒血症和羊黑疫。注射后 14d 产生可靠的免疫力，免疫期为 1 年。不论羊年龄大小，均皮下或肌内注射 5mL。于 2～15℃冷暗干燥处保存，有效期暂定为 1 年半。

14. 羊流产衣原体灭活疫苗

用于预防山羊和绵羊由衣原体引起的流产。绵羊免疫期为 2 年，山羊免疫期暂定为 7 个月。每只羊皮下注射 3mL。在 4～10℃冷暗处保存，有效期为 1 年。

第七章　雷州山羊常见病的防治

第一节　雷州山羊常见传染病的防治

一、病毒性传染病

（一）口蹄疫

口蹄疫是由口蹄疫病毒引起的人畜共患的急性、热性、高度接触性传染病，主要侵害偶蹄动物，其中以猪、牛最为易感；绵羊、山羊和骆驼等次之，人也可感染此病。病畜和带毒动物是该病的主要传染源，痊愈家畜可带毒 4～12 个月。本病主要靠直接和间接接触性传播，消化道和呼吸道传染是主要传播途径，空气传播对本病的快速大面积流行起着十分重要的作用，本病也可通过眼结膜、鼻黏膜、乳头及伤口感染。羊感染口蹄疫病毒后一般经过 1～7d 的潜伏期出现症状。

1. 诊断

【临床症状】病羊体温升高，精神不振，食欲减退，反刍减少或停止；唇内面、齿龈、舌面及颊部黏膜出现水疱，内含透明液逐渐变浑浊，水疱破裂后形成鲜红色烂斑，流出大量泡沫状口涎。蹄部损害常见趾间及蹄冠皮肤表现红、肿、热、痛，继而发生水疱、烂斑。病羊跛行，常降低重心小步急进，甚至跪地或卧地不起。孕羊流产，羔羊偶尔出现出血性胃肠炎，常因心肌炎而死亡。水疱破溃后，体温降低至常温，全身症状好转。

【病理剖检】患病动物的口腔、蹄部、乳房、咽喉、气管、支气管和胃黏膜可见溃疡，上面覆盖有黑棕色的痂块；真胃和大小肠黏膜可见出血性炎症；心包膜有弥漫性及点状出血，心肌呈灰白色或淡黄色的斑点或条纹的"虎斑心"。

2. 防治措施

【预防】畜舍应保持清洁、通风、干燥。可用 10～20g/L 的氢氧化钠溶液、10mL/L 福尔马林溶液、50～500g/L 的碳酸盐溶液浸泡或喷洒污染物，在低温时可加入 100g/L 的氯化钠；应选用与当地流行毒株同型的疫苗，目前可用口蹄疫 O 型-亚洲 I 型二价灭活疫苗，按照 1mL/只剂量肌内注射，15～21d 后加强免疫 1 次，每年 2～3 次。

【治疗】发生口蹄疫后，一般不允许治疗，患病动物及同群动物全部扑杀销毁。哺乳母羊或羔羊患病时立即断奶，羔羊人工哺乳或饲喂代乳料。

（二）小反刍兽疫

小反刍兽疫，又名肺肠炎、口炎肺肠炎复合症，是由小反刍兽疫病毒引起的一种急性接触性传染病，以发病急剧、发热、眼鼻分泌物增加、口炎、腹泻和肺炎为特征。绵羊和山羊是该病毒的自然宿主，其中山羊比绵羊的易感性更强。3～8月龄的幼年羔羊缺乏母源抗体保护，自身免疫功能相对较弱，易受病毒的侵染，表现明显的临床症状。羊群营养状况较差、免疫抑制和长途运输刺激，导致身体抵抗能力下降，都可诱发小反刍兽疫病的传播流行。该病传播流行不受季节影响，一年四季均可传播，但在梅雨季节和干燥的冬、春季发病率最高。在病毒传播流行过程中，患病羊和隐性带毒羊是主要传染源，健康羊通过与传染源直接接触而感染并传播。另外，该病毒也可通过飞沫进行传播。患病羊的排泄物和分泌物中携带大量病毒，污染周围环境后可导致传播蔓延。

1. 诊断

【临床症状】潜伏期为4～5d，最长21d。自然发病见于山羊和绵羊，山羊发病严重。急性型体温可上升至41℃，并持续3～5d。病羊烦躁不安，背毛无光，口鼻干燥，食欲减退。流黏液脓性鼻漏，呼出恶臭气体。在发热的前4d，口腔黏膜充血，颊黏膜进行性广泛性损害，导致多涎，随后出现粉红色坏死性病灶，感染部位包括下唇、下齿龈等处。严重病例可见坏死病灶波及齿垫、腭、颊部及其乳头、舌头等处；后期出现带血水样腹泻，严重脱水，消瘦，体温下降，咳嗽、呼吸异常。发病率高达100%，死亡率达50%～100%。

【病理剖检】口腔和鼻腔黏膜糜烂坏死；支气管肺炎，继发细菌感染时表现肺炎，可见坏死性或出血性肠炎，盲肠、结肠近端和直肠可出现特征性条状充血、出血，呈斑马状条纹；肠系膜淋巴结水肿，脾脏肿大且有坏死性病变。

2. 防治措施

限制疫区的绵羊和山羊的运输。对来自疫区的动物要进行严格检疫，限制从疫区进口动物及其产品。发病动物需及时扑杀，尸体要焚烧、深埋。发生疫情的畜舍应彻底清洗和消毒（可使用苯酚、氢氧化钠、酒精、乙醚等）。可使用小反刍兽疫弱毒疫苗，妊娠母羊、1月龄以上羔羊均可接种，免疫期为3年，每年春、秋季对未免疫的新生羊进行补免，同时对免疫满3年的羊追加免疫1次。

（三）羊痘

羊痘是由羊痘病毒引起的一种人畜共患的急性、热性、接触性传染病，有绵羊痘和山羊痘两种。病羊以发热、皮肤和黏膜上出现丘疹和疱疹为特征。该病死亡率较高，在我国被列为一类动物疫病。羊痘病毒主要存在于病羊的皮肤、黏膜的丘疹、脓疱、痂皮内及鼻黏膜分泌物中。在发病羊体温升高时，其血液中存有大量病毒。病羊为传染源，主要通过空气经呼吸道感染，也可以通过损伤的皮肤或黏膜侵入机体。饲养管理人员、护理工具、皮毛产品、饲料、垫草及体外寄生虫都为传染媒介；羔羊较成年羊敏感，病死率高。

1. 诊断

【临床症状】山羊痘和绵羊痘的临床症状相似，主要在皮肤和黏膜上形成痘疹，体温升高，全身反应较重。潜伏期平均为 6～8d，病羊体温升高达 41～42℃，食欲减退，精神不振，结膜潮红，有浆液或脓性分泌物从鼻孔流出，呼吸和脉搏增速，1～4d 后发痘；痘疹多发生于皮肤无毛或少毛部分，如眼周围、鼻、唇、颊、四肢和尾内侧、乳房、阴唇、会阴、阴囊和包皮上。头部、背部、腹部有毛丛的地方较少发生。开始为红斑，1～2d 后形成丘疹，突出皮肤表面，随后丘疹逐渐增大，变成灰白色或淡红色、半球状的隆起结节。结节在几天之内变成水疱，后变成脓性液体。若无继发感染，则在几天内干燥变成棕色痂块，痂块脱落遗留一个红斑，后颜色逐渐变淡。顿挫型病例呈良性经过，病羊通常不发烧，不出现或出现少量痘疹，或痘疹出现硬结状，不形成水疱和脓疱，最后干燥脱落而痊愈。非典型病例的病羊全身症状较轻，有的脓疱融合形成大的融合痘；脓疱伴发出血时形成血痘，伴发坏死则形成坏疽痘。重症病羊常继发肺炎和肠炎，导致败血症而死亡。

【病理剖检】在咽、支气管、肺和胃等部位出现痘疹。在消化道的嘴唇、食道、胃肠等黏膜上出现大小不等的圆形或半圆形白色坚实的结节，其中有些表面破溃形成糜烂和溃疡，特别是唇黏膜与胃黏膜表面更明显；气管黏膜及其他实质器官，如心脏、肾脏等在黏膜或包膜下则形成灰白色扁平或半球形的结节，特别是肺的病变与腺瘤很相似，多发生在肺的表面，切面质地均匀，但很坚硬，数量不定，性状则一致。

2. 防治措施

【预防】加强饲养管理。羊圈要求通风良好，阳光充足，保持干燥，勤打扫，场地周围环境和通道可用 10%～20% 生石灰水、2% 福尔马林溶液、30% 草木灰水消毒，隔 7d 消毒 1 次。异地引种时，不从疫区购羊，并取得原产地动物防疫监督机构的检疫合格证明。新引入的羊要进行 21d 的隔离，经观察和检疫合格后保证其健康方可混养。采用羊痘弱毒冻干苗，大小羊一律于尾部或股内侧皮内注射 0.5mL，10d 即可产生免疫力，免疫期可持续 1 年，羔羊应于 7 月龄时再注射 1 次。对病死羊的尸体进行严格消毒并深埋，若需剥皮利用，应做好消毒防疫工作，防止病毒扩散。

【治疗】一旦暴发羊痘，应立即对发病羊群进行隔离治疗，并加强护理，注意卫生，防止继发感染。必要时进行封锁，封锁期为 2 个月。对发病羊群所污染的羊圈、饲槽及运动草场等要进行彻底消毒，如 0.1% 的氢氧化钠溶液，每天 2 次，连续 3d，以后每天 1 次，连续消毒 1 周。给患病羊注射免疫血清，局部可用碘酊或 0.1% 高锰酸钾溶液洗涤，干后涂抹甲紫、碘甘油或碘酊等；静脉注射 5% 葡萄糖溶液 250mL、青霉素 200 万～400 万 IU、链霉素 100 万～200 万 IU、安乃近注射液 10～20mL、地塞米松 4mL 的混合液体，每天 2 次。

（四）传染性脓疱

羊传染性脓疱也叫羊传染性脓疱皮炎、羊传染性脓疱口炎，俗称羊口疮，是由口疮病毒所致的人兽共患传染病；绵羊和山羊都可感染发病，且任何品种和不同性别的羊都易感，其中易感性最高的是羔羊、幼龄羊，且往往呈群发性流行，发病率可超过 50%。成年羊感染较少发病，通常为零星散发。该病的主要传染源是病羊和带毒羊，主要经由损伤的皮肤和黏膜感染。

1. 诊断

【临床症状】传染性脓疱病潜伏期为 3～6d。病羊体温升高到 41℃，食欲和精神不佳。临床常表现为发病动物的口唇、齿龈、舌、鼻等处皮肤形成丘疹、水疱、脓疱及结痂，病羊精神沉郁、被毛粗乱、食欲下降甚至消失，口腔内不时流出黏性唾液。本病致死率低，但当侵害羔羊时，会导致羔羊吮乳痛苦、吞咽困难、采食受阻、营养不良，严重影响生长发育，经常造成羔羊饥饿衰竭或继发感染死亡。多数病羊蹄部患病后，常在蹄叉、蹄冠或系部皮肤上形成水疱、脓疱、溃疡。病羊行走困难。个别患病羊的阴唇和附近皮肤有溃疡，乳房皮肤形成水疱、溃疡和结痂。公羊阴鞘肿胀，阴茎上发生病变。

【病理剖检】病初表皮细胞肿胀、变性和充血；随后增长并发生水疱变性，造成表皮层增厚且向表面隆突，真皮充血，渗出加重；表皮细胞在气球样病变的基础上溶解坏死，形成多个小水疱，有些可融合成大水疱。真皮内血管周围有大量单核细胞和中性粒细胞浸润；继之水疱逐渐转变为脓疱，痂皮下产生桑葚状肉芽组织。

2. 防治措施

【预防】对引入羊进行严格检疫。引入羊必须隔离观察 2～3 周，其间多次清洗蹄部，确证是健康羊后才可混群饲养；剔除饲料和垫草中的芒刺、玻璃碴、铁钉等锐利物；饲料中加入少许食盐，减少羊啃土啃墙现象。给健康羊接种羊脓疱弱毒疫苗，部位在尾部皮肤暴露处，大约 10d 后产生免疫力，保护期 1 年。

【治疗】口唇型病羊用水杨酸软膏将创面痂垢软化，剥离后再用 0.2% 高锰酸钾溶液冲洗创面，涂 2% 甲紫、土霉素软膏或碘甘油溶液，每天 1～2 次，直至痊愈。蹄型病羊则将其蹄部清洗干净后，置于 5%～10% 的福尔马林溶液中浸泡 1min，连续浸泡 3 次；将 75% 酒精 100mL、碘化钾 5g、碘片 5g 溶解后，加入 10mL 甘油涂于疮面，或用 5% 四环素软膏涂于疮面，每天 2 次。体温升高者，可给予退热药和抗生素治疗。

病羊症状严重时，可取吗啉胍、阿尼利定以及磺胺嘧啶钠混合均匀后肌肉注射，每天 1 次，连续使用 4~6d；也可肌肉注射吗啉胍、160 万 IU 青霉素钾，每天 1 次，连用 3~5d。配合肌肉注射 20mg 维生素 B_{12} 和 0.5g 维生素 C 混合溶液，每天 2 次，连用 3~5d。

二、细菌性传染病

（一）羔羊大肠杆菌病

大肠杆菌病是由致病性大肠杆菌引起的多种人畜肠道性共患传染病，主要侵害幼畜（禽），亦称新生羔羊腹泻或羔羊白痢，其特征主要为病羊呈现剧烈的腹泻和败血症。羊大肠杆菌病常年发病，一般冬天（每年 11 月至次年 3 月）或换季时较为多发。传染源是带病羊，传染途径为排泄物和被病原体污染的饮水及食物等。

病原体通过呼吸道和口腔感染后，分泌致病因子，破坏患畜肠道微生态稳定性，从而产生致病性。易感群体为 6 周龄以内的幼龄羊，其症状最明显、危害性最大、病死率最高（50% 左右）；60 日龄后的羊具有一定的抵抗力，发病率及病死率相对较低。

1. 诊断

【临床症状】潜伏期数小时至 1~2d。在临床上可分为败血型和肠型。多发生于 2~6 周龄羔羊。病羔羊体温升高达 41.5~42℃，精神委顿，结膜充血潮红，呼吸浅表，脉搏快而弱，四肢僵硬，运步失调，头常弯向一侧，视力障碍，继之卧地、磨牙。随着病情的发展，病羊头向后仰，四肢做划水动作。口流清涎，四肢冰凉，最后昏迷。有些病羔羊关节肿胀，腹痛。继发肺炎后呼吸困难。很少或无腹泻，常于发病 4~12h 后死亡，发病急，死亡率高。肠型主要发生于 7 日龄内的羔羊，病初体温升高达 41.5~42℃，出现下痢，其后体温下降或略升高。临床上以排黄色、灰白色、带有气泡或混有血液稀便为主要特征。病羔羊腹痛、拱背、咩叫、努责、虚弱卧地，后期病羔羊极度消瘦、衰竭，如不及时治疗，经 24~36h 死亡，死亡率达 15%~75%。

【病理剖检】败血型主要是在胸腔、腹腔和心包腔内见大量积液，内有纤维素。关节肿大，尤其是肘和腕关节肿大，滑液浑浊，内含纤维素性脓性絮片。脑充血，有许多小出血点，大脑沟常含有大量脓性渗出物。肠型剖检可见尸体严重脱水，皱胃、小肠和大肠内容物呈黄灰色半液状。主要为急性胃肠炎变化，胃内乳凝块发酵，肠黏膜充血、出血和水肿，肠内混有血液和气泡，肠系膜淋巴结肿胀，切面多汁或充血。有的肺呈小叶性肺炎变化，有时可见化脓性纤维素性关节炎。

2. 防治措施

【预防】对妊娠母羊加强饲养管理，对孕羊进行配合日粮的饲喂。注意幼羊防寒保暖，保证羔羊尽早吃到初乳，以增强羔羊的体质和抗病力。改善羊舍的环境卫生，保持圈舍干燥通风、阳光充足，消灭蝇虫，做到定期消毒。对病羔羊要隔离治疗，对所污染的环境、物品可用 3‰～5‰来苏儿溶液消毒。预防羔羊大肠杆菌病，可用氢氧化铝苗预防注射。也可用当地菌株制成多价活苗或灭活苗，或注射高免血清。

【治疗】大肠杆菌对土霉素、新霉素、庆大霉素、卡那霉素、阿米卡星、磺胺类药物均具有敏感性，可用氟苯尼考（氟甲砜霉素）或土霉素 0.2～0.5g、胃蛋白酶 2g、稀盐酸 3mL，加水 20mL，1 次灌服，每天 1 次，连用 3～5d。

（二）巴氏杆菌病

羊巴氏杆菌病是由多杀性巴氏杆菌引起一种传染病。急性病例主要以败血症和炎性出血为特征，故过去又称为出血性败血症，简称"出败"。慢性型常表现为皮下结缔组织、关节及各脏器的化脓性病灶，并多与其他疾病混合感染或继发。本病分布广泛，世界各地均有发生，是一种急性、热性传染病。

1. 诊断

【临床症状】羊巴氏杆菌病多发于羔羊，潜伏期一般为 2～5d，根据病程长短，可分为最急性型、急性型和慢性型三种。

①最急性型。多发于哺乳羔羊。突然发病，表现为虚弱、寒战、呼吸困难，往往呈一过性发作，在数分钟或数小时内死亡。

②急性型。病初体温升高至 41～42℃，病羊精神沉郁，食欲废绝；呼吸急促，咳嗽，鼻孔常有出血或混有血液的黏性分泌物；眼结膜潮红，有黏性分泌物；初期便秘，后期腹泻，严重时粪便全部变为血水；颈部和胸下部有时发生水肿；病羊常在严重腹泻后虚脱而死，病期 2～5d。该型多见。

③慢性型。主要见于成年山羊。病羊食欲减退，渐进性消瘦，不思饮食；呼吸困难，咳嗽，鼻腔流出脓性分泌物。有时颈部和胸下部发生水肿。部分病羊出现角膜炎，舌头有大小不等、颜色深浅不一的青紫块。病羊腹泻，粪便恶臭。濒死前机体极度衰弱，四肢厥冷，体温下降。病程可达 21d。

【病理剖检】

①最急性型。病羔的黏膜和浆膜及内脏出血，淋巴结急性肿大。

②急性型。颈部和胸部皮下胶样水肿，出血。咽喉和淋巴结水肿，出血，周围组织水肿。上呼吸道黏膜充血、出血，并含有淡红色泡沫状液体。肺脏淤血、水肿，可见出血。肝脏有散在的灰黄色病灶，其周围有红晕。胃肠道黏膜

出血、浆膜斑点状出血。

③慢性型。病羊消瘦，贫血，皮下胶冻样浸润，可见多发性关节炎、心外膜炎、脑膜炎等。胸腔内有黄色渗出物，常见纤维素性胸膜肺炎和心包炎，肺胸膜变厚、粘连，肺常肝变，呈灰红色，偶见有黄豆至胡桃大的坏死灶或坏死化脓灶。肝有坏死灶。

2. 防治措施

【预防】羊巴氏杆菌病预防应平时注意饲养管理，搞好环境卫生，增强机体抵抗力，避免羊受寒、拥挤等。长途运输时，防止过度劳累。定期消毒，每年定期进行预防接种，用羊巴氏杆菌组织灭活疫苗对羊群进行紧急免疫接种，可收到良好的免疫效果。发生羊巴氏杆菌病时，应将病羊隔离，严密消毒，发病羊群还应实行封锁。同群的假定健康羊，可用高免血清进行紧急预防注射，隔离观察1周后，如无新病例出现，再注射疫苗。如无高免血清，也可用疫苗进行紧急预防接种，但应做好潜伏期病羊发病的紧急抢救准备。发病后用5%漂白粉液或10%石灰乳等彻底消毒圈舍、用具。

【治疗】氟甲砜霉素、庆大霉素、四环素以及磺胺类药物对本病都有良好的治疗效果。氟甲砜霉素按每千克体重10～30mg，或庆大霉素按每千克体重1 000～1 500IU，或20%磺胺嘧啶钠5～10mL，均肌内注射，每天2次。每千克体重用复方新诺明片10mg，内服，每天2次，直到体温下降、食欲恢复为止。可每只羊注射青霉素320万IU、链霉素200万IU、地塞米松磷酸钠15mg，对体温高的加30%安乃近注射液10mL进行治疗。

（三）沙门氏菌病

羊沙门氏菌病又名副伤寒，俗称血痢、黑痢，是由沙门氏菌、鼠沙门氏菌和都柏林沙门氏菌引起的一种传染病。其临床特征为羔羊发生败血症和肠炎，妊娠母羊发生流产。本病遍布世界各地，对山羊的繁殖和羔羊的健康产生严重的威胁。沙门氏菌的许多血清型可使人感染，发生食物中毒和败血症等，是重要的人畜共患病病原体。

1. 诊断

【临床症状】根据临床表现可分为下痢型和流产型。

①下痢型。多见于15～20日龄的羔羊，体温升高达40～41℃，食欲减退，腹泻，排黏性带血稀粪，有恶臭。精神沉郁、虚弱、低头拱背，继而卧地、昏迷，最终因衰竭而死亡。病程1～5d，有的可达2周。发病率一般为30%，死亡率25%。

②流产型。妊娠母羊于后1/3孕期发生流产或死产。病羊体温升至40～41℃，厌食，精神抑郁，部分羊有腹泻症状，阴道常排出有黏性带有血丝或血块的分泌物。病羊产下的活羔，表现衰弱、委顿、卧地，稀粪混有未消化饲

料，粪便恶臭，多数羊羔拒食，常于 1～7d 死亡。发病母羊也会在流产后或无流产的情况下死亡。羊群暴发 1 次，一般可持续 10～15d，流产率与病死率可达 60%，其他羔羊的病死率可达 10%。

【病理剖检】下痢型羊尸体后躯常被稀粪污染，大多数组织脱水，心内、外膜有小出血点。病羊真胃和小肠空虚，内容物稀薄，常含有血块。肠黏膜充血，肠道和胆囊黏膜水肿。肠系膜淋巴结肿大、充血。流产或死产的胎儿以及产后 1 周内死亡的羔羊，常表现败血病变。组织水肿、充血。肝脏、脾脏肿大，有灰色病灶。胎盘水肿、出血。死亡母羊呈急性子宫炎症状，其子宫肿胀，常内含坏死组织、浆液性渗出物和滞留的胎盘。

2. 防治措施

【预防】加强饲养管理。保持圈舍清洁卫生，防止饲料和饮水被病原污染。羔羊在出生后应及早哺喂初乳，并注意保暖。发现病羊应及时隔离、治疗。被污染的圈栏要彻底消毒，对发病羊群进行药物干预。对流产母羊及时隔离治疗，流产的胎儿、胎衣及污染物进行销毁，流产场地全面彻底进行消毒处理。对可能受传染威胁的羊群，注射相应疫苗进行预防。

【治疗】羊沙门氏菌病病羊病初用抗血清有效，也可选用抗生素或呋喃类药物治疗。首选药物为氟甲砜霉素（氟苯尼考），其次是新霉素、土霉素等。

(四) 羊猝疽

羊猝疽是由 C 型产气荚膜梭菌的毒素引起绵羊的一种急性传染病，以溃疡性肠炎和腹膜炎为特征。羊猝疽和羊快疫可混合感染，此病能造成急性死亡，对养羊业危害很大。

1. 诊断

【临床症状】羊猝疽的病程短促，常未见到临床症状即死亡，如晚间归圈时正常，次日早上发现死于圈内。白天放牧时，有时发现病羊掉队、卧地，表现不安、衰弱、痉挛及眼球突出等症状后在数小时内死亡。羊快疫及羊猝疽常混合感染。根据观察，有最急性型和急性型两种临床表现。

①最急性型。一般见于流行初期。病羊突然停止采食，精神不振，四肢分开，弓腰，头向上。行走时后躯摇摆。喜伏卧，头颈向后弯曲。磨牙，不安，有腹痛表现。眼畏光流泪，结膜潮红，呼吸迫促。从口鼻流出泡沫，有时带有血色。随后呼吸愈加困难，痉挛倒地，四肢作游泳状，迅速死亡。从出现症状到死亡通常为几分钟至 6h。

②急性型。一般见于流行后期。病羊食欲减退，步态不稳，排粪困难，有里急后重表现。喜卧地，牙关紧闭，易惊厥。粪团变大，色黑而软，混有炎症产物或脱落黏膜；或排油黑色或深绿色的稀粪，有时带有血丝；一般体温不升高。从出现症状到死亡通常为 1d 左右，也有少数病例延长到数天的。发病率

6%～25%，个别羊群高达 97%。山羊发病率一般比绵羊低。发病羊几乎100%归于死亡。

【病理剖检】病变主要见于循环系统和消化道。胸腔、腹腔和心包大量积液，心包积液暴露于空气后，可形成纤维素絮块。浆膜上有小点状出血。病羊刚死时骨骼肌表现正常，但在死后 8h 内，肌肉出血，有气性裂孔，十二指肠和空肠黏膜严重充血、糜烂，有的肠段可见大小不等的溃疡。肠系膜淋巴结有出血性炎症。混合感染羊快疫和羊猝疽死亡的羊，营养多在中等以上。尸体迅速腐败，腹围迅速胀大，可视黏膜充血，血液凝固不良，口鼻等处常见有白色或血色泡沫。全身淋巴结水肿，颌下、肩前淋巴结充血、出血及浆液浸润。肌肉出血，肩前、股前、尾底部等处皮下有红黄色胶样浸润，在淋巴结及其附近尤其明显。部分病例胸腔有淡红色浑浊液体，心包内充满透明或血染液体，心脏扩大，心外膜有出血斑点。肺呈深红色或紫红色，气管内常有血色泡沫。大多数病例出现血色腹水。肝脏多呈水煮色、混浊、肿大、质脆，被膜下常见有大小不一的出血斑，切开后流出含气泡的血液，多呈土黄色，胆囊胀大，胆汁浓稠呈深绿色。脾多正常，少数淤血。在病程短促或死后不久的病例中，肾脏多无肉眼可见变化；病程稍长或死后时间较久的，肾脏有软化现象，肾盂常储积白色尿液。膀胱积尿，量多少不等，呈乳白色。

2. 防治措施

由于本病的病程短促，往往来不及治疗，因此，必须加强平时的防疫措施。当本病发生严重时，转移牧草地，可收到减少和停止发病的效果。将所有未发病羊，转移到高燥地区放牧，加强饲养管理，防止受寒感冒，避免羊采食冰冻饲料，早晨出牧不要太早。用菌苗进行紧急接种。在本病常发地区，每年可定期注射 1～2 次羊快疫、羊猝疽二联菌苗或快疫、猝疽、肠毒血症三联干粉菌苗。由于吃奶羔羊产生主动免疫力较差，故在羔羊经常发病的羊场，应对妊娠母羊在产前进行两次免疫，第 1 次在产前 1～1.5 个月，第 2 次在产前15～30d，但在发病季节，羔羊也应接种菌苗。

（五）羊黑疫

羊黑疫又名传染性坏死性肝炎，是由 B 型诺维氏梭菌引起的绵羊和山羊的一种急性高度致死性毒血症。其特征是突然发病，病程短促，皮肤发黑，肝实质发生坏死病灶。

1. 诊断

【临床症状】羊黑疫在临床上与羊快疫、肠毒血症等极其类似，病程十分急促，绝大多数情况是未见有病而突然发生死亡。少数病例病程稍长，可拖延1～2d，但没有超过 3d 的。病羊掉群，不食，呼吸困难，体温 41.5℃ 左右，呈昏睡俯卧，突然死去。

【病理剖检】羊黑疫病羊尸体皮下静脉显著充血，其皮肤呈暗黑色外观（黑疫之名即由此而来）。胸部皮下组织经常水肿。浆膜腔有液体渗出，暴露于空气易于凝固，液体常呈黄色，但腹腔液略带血色。左心室心内膜下常出血。真胃幽门部和小肠充血和出血。肝脏充血肿胀，从表面可看到或摸到一个到多个凝固性坏死灶，坏死灶的界限清晰，灰黄色，不整圆形，周围常为一鲜红色的充血带围绕，坏死灶直径可达 2～3cm，切面成半圆形。羊黑疫肝脏的这种坏死变化是很有特征的，具有很大的诊断意义。

2. 防治措施

【预防】必须控制肝片吸虫的感染。特异性免疫可用羊黑疫菌苗或羊黑疫、羊快疫二联苗或羊厌气五联菌苗、羊厌气菌七联干粉苗进行预防接种，每次5mL，皮下注射或肌内注射。

【治疗】发生本病时，应将羊群移牧于高燥地区。对病羊可用抗诺维氏梭菌血清（7 500IU/mL）治疗，每次 50～80mL，静脉注射，连用 1～2 次。还可以用 40 万～80 万 IU 的青霉素，溶解到 5mL 注射用水中，肌内注射，每天2 次，连用 5d。

（六）羊肠毒血症

羊肠毒血症是山羊急性毒血症、急性非接触性传染病，各个品种、年龄的羊均可被感染，以 1 岁左右和肥胖的羊发病较多。此病是魏氏梭菌（产气荚膜梭菌 D 型）在羊肠道内大量繁殖并产生毒素所引起的急性传染病，可引起迅速死亡。死后肾组织易于软化，又称软肾病；与羊快疫相似，又称类快疫。

1. 诊断

【临床症状】突然发病，很少能见到症状，往往症状出现后迅速死亡。可分为两种类型：一类以搐搦为其特征，另一类以昏迷和静静地死去为其特征。前者在倒毙前四肢出现强烈划动，肌肉搐搦，眼球转动，磨牙，口水过多，随后头颈显著抽搐，往往于 2～3h 内死亡。后者的早期症状为步态不稳，向后倒卧，并有感觉过敏，流涎，上下颌"咯咯"作响。继而昏迷，角膜反射消失。有的病羊发生腹泻，排黑色或深绿色稀粪，常在 3～4h 内静静地死去。临床有最急性型和急性型。

①最急性型。为最常遇到的病型。病羊死亡很快。在个别情况下，出现疝痛症状，步态不稳，呼吸困难，有时磨牙，流涎，短时间后倒在地上，痉挛而死。

②急性型。病羊食欲消失，表现下痢，粪便有恶臭味，混有血液及黏液。意识不清，常呈昏迷状态，经过 1～3d 死亡。成年羊的病程可能延长，其表现为有时兴奋、有时沉郁，黏膜有黄疸或贫血。

【病理剖检】幼年羊的病变比较显著，成年羊则不一致。尸体迅速腐败，小肠黏膜充血或出血。幼年羊心包腔内的液体较成年羊多。心内膜或心外膜出血，尤以心内膜更为多见。羔羊以心包液增多与心内膜下部溢血为特征性病变。肾脏充血，并呈进行性变软，甚至呈血色乳糜状，故有髓样肾病之称。成年羊的肾脏有时变软（称为软肾病），以病羊死亡6h后最为明显。肝脏显著变性。脾脏常无眼观病变，部分羔羊发生严重肺水肿和大量的胸膜渗出液。

2. 防治措施

【预防】保证充足运动场地和运动时间，控制精料饲喂量，不可过多采食青嫩牧草。发病时，增加粗饲料饲喂量，减少或停止精料饲喂，加强运动。在舍饲管理的后期用三联（快疫、猝疽、肠毒血症）菌苗或五联苗进行预防接种，每次5mL，肌内注射，共接种2次，间隔为16～20d，免疫期为6个月。羔羊从5周龄开始接种疫苗。按照每千克体重22mg的剂量在饲料中添加金霉素以预防肠毒血症。

【治疗】急性发病者，药物治疗通常无效。病程慢者，可用抗生素或磺胺药，结合强心剂、镇静剂对症治疗。如12％复方磺胺嘧啶注射液8mL，肌内注射，每天2次，连用5d，首量加倍。

（七）羊快疫

羊快疫是腐败梭菌引起的羊急性传染病，以真胃出血性炎症为特征。羊快疫和羊猝疽可混合感染，其特征是发病突然，病程极短，几乎看不到临床症状即死亡，胃肠道呈出血性、溃疡性炎症变化，肠内容物混有气泡，肝肿大、质脆且色多变淡，常伴有腹膜炎。羊快疫单发者居多，发病羊营养多在中等以上，年龄在6～18月龄，一般经消化道感染，多发于秋、冬和初春气候骤变之时以及阴雨连绵的季节。

1. 诊断

【临床症状】突然发病，病羊往往来不及出现临床症状，就突然死亡。有的病羊离群独处，卧地，不愿走动，强迫行走时表现虚弱和运动失调。腹部膨胀，有疝痛临床症状。体温表现不一，有的正常，有的升高至41.5℃左右。病羊最后极度衰竭、昏迷，通常在数小时至1d内死亡，极少数病例可达2～3d，罕有痊愈者。羊快疫及羊猝疽常混合感染，临床有最急性型和急性型。

①最急性型。一般见于流行初期。病羊突然停止采食，精神不振。四肢分开，弓腰，头向上。行走时后躯摇摆。喜伏卧，头颈向后弯曲。磨牙，不安，有腹痛表现。眼畏光流泪，结膜潮红，呼吸迫促。从口鼻流出泡沫，有时带有血色。随后呼吸愈加困难，痉挛倒地，四肢作游泳状，迅速死亡。从出现症状到死亡通常为2～6h。

②急性型。一般见于流行后期。病羊食欲减退，步态不稳，排粪困难，有里急后重表现。喜卧地，牙关紧闭，易惊厥。粪团变大，色黑而软，其中混有黏稠的炎症产物或脱落的黏膜，或排油黑色或深绿色的稀粪，有时带有血丝。

一般体温不升高。从出现症状到死亡通常为 1d 左右，也有少数病例延长到数天的。发病率 6%～25%，个别羊群高达 97%，发病羊几乎 100% 归于死亡。

【病理剖检】 主要呈现真胃出血性炎症变化。黏膜（尤以胃底部及幽门附近的黏膜）有大小不等的出血斑块，表面发生坏死，出血坏死区低于周围的正常黏膜，黏膜下组织常水肿。胸腔、腹腔、心包有大量积液，暴露于空气中易凝固。心内膜下（特别是左心室）和心外膜下有多数点状出血。肠道和肺脏的浆膜下也可见到出血；胆囊多肿胀。混合感染羊快疫和羊猝疽死亡羊，营养多在中等以上。尸体迅速腐败，腹围迅速胀大，可视黏膜充血，血液凝固不良，口鼻等处常见有白色或血色泡沫。最急性型的病例，大多数出现腹水，带血色。胃黏膜皱襞水肿，增厚数倍，黏膜上有紫红斑、溃疡，十二指肠充血、出血。小肠黏膜水肿、充血，尤以前段黏膜为甚，黏膜面常附有糠皮样坏死物，肠壁增厚，结肠和直肠有条状溃疡，并有条状、点状出血斑点，肝脏多呈水煮色，混浊，肿大，质脆，被膜下常见有大小不一的出血斑，胆囊胀大，胆汁浓稠，呈深绿色。在病程短促或死后不久的病例，肾脏多无肉眼可见变化；病程稍长或死后时间较久的，肾脏有软化现象，肾盂常储积白色尿液。脾多正常，少数淤血。膀胱积尿，数量多少不等，呈乳白色。部分病例胸腔有淡红色浑浊液体，心包内充满透明或血染液体，心脏扩大，心外膜有出血斑点。肺呈深红色或紫红色，气管内常有血色泡沫。全身淋巴结水肿，颌下、肩前淋巴结充血、出血及浆液浸润。肌肉出血，肌肉结缔组织积聚血样液体和气泡。

2. 防治措施

【预防】 发生本病时，需将病羊隔离，对病程较长的病例实行对症治疗，宜抗菌消炎、输液、强心，应将所有未发病羊转移到高燥地区放牧，加强饲养管理，防止受寒感冒，避免羊采食冰冻饲料，早晨出牧不要太早。用菌苗进行紧急接种。在本病常发地区，每年可定期注射 1～2 次羊快疫、猝疽二联菌苗或快疫、猝疽、肠毒血症三联苗。对妊娠母羊在产前进行 2 次免疫，第 1 次在产前 1～1.5 个月，第 2 次在产前 15～30d。在发病季节，羔羊也应接种菌苗。

【治疗】 12% 复方磺胺嘧啶注射液，用量为 8mL，肌内注射，每天 2 次，连用 5d。10% 安钠咖注射液 2～4mL，维生素 C 注射液 0.5～1g，地塞米松注射液 2～5mg，5% 葡萄糖生理盐水 200～400mL，混匀，静脉注射，连用 3～5d。

三、其他传染病

（一）山羊传染性胸膜肺炎

羊传染性胸膜肺炎又称羊支原体性肺炎，是由支原体引起的一种高度接触性传染病，其临床特征为高热、咳嗽，胸和胸膜发生浆液性和纤维素性炎症，病死率很高。

1. 诊断

【临床症状】潜伏期短者 5～6d，长者 3～4 周，平均 18～20d。根据病程和临床症状，可分为最急性型、急性型和慢性型三种。

①最急性型。病初体温增高，可达 41～42℃，极度委顿，食欲废绝，呼吸急促而有痛苦的鸣叫，呼吸困难，咳嗽，并流浆液性带血鼻液，肺部叩诊呈浊音或实音，听诊肺泡呼吸音减弱、消失或呈捻发音。12～36h 内，渗出液充满病肺并进入胸腔。病羊卧地不起，四肢直伸，呼吸极度困难，每次呼吸全身颤动。黏膜高度充血，发绀。目光呆滞，呻吟哀鸣，不久窒息而亡。病程一般不超过 4～5d，有的仅 12～24h。

②急性型。最常见。病初体温升高，继之出现短而湿的咳嗽，伴有浆性鼻漏。4～5d 后，咳嗽变干而痛苦，鼻液转为黏液、脓性并呈铁锈色，高热稽留不退，食欲锐减，呼吸困难和痛苦呻吟，眼睑肿胀，流泪，眼有黏液、脓性分泌物。口半开张，流泡沫状唾液。头颈伸直，腰背拱起，腹肋紧缩，最后病羊倒卧，极度衰弱、委顿，有的发生臌胀和腹泻，甚至口腔中发生溃疡，唇、乳房等部皮肤发疹，濒死前体温降至常温以下，病期多为 7～10d，有的可达 1 个月。幸而不死的转为慢性。妊娠母羊大批（70%～80%）发生流产。

③慢性型。多由急性转变而来。全身症状轻微，体温降至 40℃左右，病程发展缓慢，病羊间有咳嗽和腹泻，鼻涕时有时无，病羊消瘦、身体衰弱，被毛粗乱无光。在此期间，如饲养管理不良，与急性病例接触或机体抵抗力由于种种原因降低时，很容易复发或出现并发症而迅速死亡。

【病理剖检】羊传染性胸膜肺炎多局限于胸部。胸腔常有淡黄色液体，胸膜变厚而粗糙，上有黄白色纤维素层附着，直至胸膜与肋膜。间或两侧有纤维素性肺炎，肝变区凸出于肺表，颜色由红色至灰色不等，切面呈大理石样。心包发生粘连，心包积液，心肌松弛、变软。急性病例还可见肝、脾肿大，胆囊肿胀，肾肿大和被膜下小点溢血。慢性病例，肺脏的肝变区结缔组织增生，形成深褐色、干燥、硬固、有包膜包裹的坏死块。肺膜和胸膜增厚更明显、肺与胸膜粘连更多见。

2. 防治措施

【预防】除加强饲养管理、做好卫生消毒工作外，关键问题是防止引入或迁入病羊和带菌羊。新引进羊必须隔离检疫 1 个月以上，确认健康时方可混入大群。免疫接种是预防本病的有效措施。用山羊传染性胸膜肺炎氢氧化铝苗预防，半岁以内山羊皮下或肌内注射 3mL，半岁以上注射 5mL，免疫期为 1 年。

【治疗】发病羊群应及时对全群进行逐只检查，对病羊、可疑病羊和假定健康羊分群隔离和治疗；对被污染的羊舍、场地、饲管用具和病羊的尸体、粪便等，应进行彻底消毒或无害化处理。酒石酸泰乐菌素注射液按每千克体重2～10mg，皮下或肌内注射，每天2次，连用3d。左氧氟沙星注射液按每千克体重2.5～5mg，5％葡萄糖注射液500mL，地塞米松注射液4～10mg，静脉注射，每天1次，连用3d。病初使用足够剂量的土霉素、林可霉素、大观霉素、四环素或氟甲砜霉素（氟苯尼考）等有治疗效果。

（二）羊附红细胞体病

附红细胞体病是一种亚急性传染性但非接触性传染性疾病，特征为羔羊贫血和体质虚弱，成年羊主要症状为发热、黄疸、精神差、食欲低下、流产和死胎等。附红细胞体的分类长期以来存在争议，有的认为是寄生虫，有的认为是立克次氏体，但近年来学术界把它归为嗜血支原体。该病原具有多种形态，常为卵圆形、球形、环形，部分为杆状和顿号形，主要附着于红细胞表面，或以游离状态存在于血浆中。

1. 诊断

【临床症状】在4～21d的潜伏期后，临床症状主要为发热、黄疸、溶血性贫血、生殖系统紊乱等，同时本病易与链球菌病、球虫病等发生共感染。该病可能在任何季节发病，其中秋季为高发时期。血液学检查显示贫血、红细胞数量减少到正常水平的25％，红细胞表面和血浆中有大量的病原微生物。发病率和死亡率都低。

【病理剖检】剖检时，脾脏肿大、血液稀薄、组织黄染。

2. 防治措施

【预防】一旦发现患病个体，应立即彻底清扫圈舍并消毒，然后对羊舍、墙壁、运动场等所有环境喷洒2％辛硫磷。给全群羊驱蜱，按每千克体重皮下注射伊维菌素0.2mg，间隔15d再用药1次。饮水中添加电解多维，供羊饮用。

【治疗】发病羊立即隔离治疗，按每千克体重肌内注射附红优（主要成分为10％土霉素）0.2mL，每天1次，连用3d。也可选用三氮脒每千克体重4mg，肌内注射，连用3d。发病羊同时注射热毒清每千克体重0.1mL，每天1次，连续注射3d。

（三）羊衣原体病

衣原体病是一种由衣原体引起的传染病，可使多种动物发病，人也有易感性。羊衣原体病的临床症状可表现为发热、流产、结膜炎和多发性关节炎等。

1. 病原

羊衣原体个体细小呈球状，具有核糖体和细胞壁，能被抗生素抑制。繁殖过程中会产生两种大小不同的颗粒。较小的为原生小体，直径0.2～0.5μm，呈球形或卵圆形，有传染性；较大的为网状体，直径0.6～1.5μm，呈球形或不规则形，繁殖型，无传染性。

2. 流行特点

羊衣原体性流产多呈地方性流行。密集饲养、营养缺乏、长途运输、寄生虫侵袭等可促进本病的发生和流行。病羊和带菌羊是本病的主要传染源。羊感染后可通过粪便、尿液、乳汁、泪液、鼻分泌物及流产的胎儿、胎衣、羊水排出病原体，污染水源及环境，经消化道、呼吸道及眼结膜感染，也可通过生殖道感染，有人认为厩蝇、蜱等也可传播本病。

3. 诊断

【临床症状】

①流产型（地方流行性流产）。主要发生于牛、羊、猪。感染羊时，潜伏期为 50～90d，流产通常发生于妊娠的最后 1 个月，一般观察不到征兆，临床表现主要为流产、死产或产弱羔。流产后往往胎衣滞留，流产羊阴道排出分泌物可达数日。有些病羊可因继发感染细菌性子宫内膜炎而死亡。羊群首次发生流产，流产率可达 20%～30%，以后流产率下降。流产过的母羊，一般不再发生流产。在本病流行的羊群中，可见公羊患有睾丸炎、附睾炎等疾病。

②结膜炎型（滤泡性结膜炎）。主要发生于绵羊，特别是肥育羔和哺乳羔。病羊一眼或双眼均可患病，眼结膜充血、水肿，大量流泪。病后 2～3d，角膜发生不同程度的混浊，出现血管翳、糜烂、溃疡或穿孔。混浊和血管翳的形成最先从角膜上缘开始，其后在其下缘也有发生，最后可扩展到角膜中心。数天后，在瞬膜、眼结膜上形成直径 1～10mm 的淋巴样滤泡（滤泡性结膜炎）。病程 6～10d，角膜溃疡者，病期可达数周。某些病羊可伴发关节炎，发生跛行。发病率高，一般不引起死亡。

③关节炎型（多发性关节炎）。主要发生于羔羊。羔羊病初体温高达 41～42℃，食欲废绝，掉群离群，肌肉僵硬，肢关节（尤其腕关节、跗关节）肿胀、疼痛，一肢或四肢跛行，之后病羔拱背站立，或长期卧地，体重减轻，生长发育受阻。绝大多数羔羊同时发生滤泡性结膜炎。发病率高，病死率低，病程 2～4 周。

【病理剖检】流产母羊胎膜水肿、增厚，子叶呈黑红色或土黄色，胎膜周围的渗出物呈棕色。流产胎儿水肿，腹腔积液，血管充血，皮肤、皮下组织、胸腺及淋巴结等处有点状出血，肝脏充血、肿胀，表面可能有针尖大小的灰白色病灶。

4. 防治措施

【预防】禁止羊群与其他易感动物接触，严格检疫、隔离和消毒，消除各种诱发因素，防止寄生虫侵袭，增强羊群体质；流行本病的地区，每年定期用羊流产衣原体灭活疫苗对母羊和种公羊进行免疫接种，皮下注射 3mL，保护期在半年以上。

【治疗】发生本病时，流产母羊及其所产弱羔应及时隔离，排出的胎衣、死羔和污物等应予销毁。污染的环境用2％氢氧化钠液、2％来苏儿溶液等进行彻底消毒。治疗原则为早期诊断、抗菌消炎和对症治疗。

处方1：硫氰酸红霉素注射液，每千克体重2mg，肌内注射，每天2次，连用3d。

处方2：盐酸多西环素注射液，每千克体重1～3mg，每天或隔天1次，连用3次。

处方3：20％长效土霉素注射液，每千克体重0.05～0.1mL，肌内注射，每天或隔天1次，连用3～5次。严重时全群注射。

处方4：5％氟本尼考注射液，每千克体重5～20mg，肌内注射，每天或隔天一次。

第二节　雷州山羊寄生虫病的防治

雷州山羊寄生虫病属早期不易察觉的慢性长期消耗性疾病，一直是威胁养羊业发展的重要疾病之一。羊感染寄生虫后，生长发育缓慢，饲料报酬降低，影响产品的数量和质量，羔羊成活率降低，严重者导致死亡，给养殖者带来严重的经济损失。雷州山羊生活区域气候温暖潮湿，各种虫媒性寄生虫病难防难控，最常见的寄生虫有肝片吸虫、绦虫、囊尾蚴及蝇、螨等。

一、常见原虫病

（一）羊隐孢子病

本病是由隐孢子虫科、隐孢子虫属的一种或多种隐孢子虫寄生于绵羊和山羊胃肠黏膜上皮细胞微绒毛刷状缘引起的一种人畜共患原虫病。临床上病羊以腹泻为主要特征。在我国，羊隐孢子虫平均感染率为10.2％，其中，山羊感染率为14.6％，绵羊为6.7％，绒山羊为21.1％。隐孢子虫的宿主特异性因种而异，有些种类的特异性不强，宿主范围相当广泛。除特定种类外，羊隐孢子虫感染呈现明显的年龄相关性，幼龄羊易感染隐孢子虫，断奶前羔羊隐孢子虫感染率最高，断奶后感染率明显下降，而妊娠母羊和产后母羊隐孢子虫感染率最低。感染隐孢子虫的羊及人均可以作为隐孢子虫病的传染来源，随粪排出的卵囊污染土壤、饲草、饲料、饮水及用具等，羊经口吃入均可导致感染。

1. 诊断

【临床症状】羊常表现间歇性水样腹泻、脱水和厌食，有时粪便带血。发育缓慢甚至停滞，进行性消瘦和减重，严重者可引起死亡。羊的病程1～2周，病羊康复后常复发。主要危害羔羊，死亡率可达 40%；3~14 日龄的羔羊死亡率更高。但不同虫种可能只影响特定年龄段的羊，如肖氏隐孢子虫仅见于羔羊，安氏隐孢子虫发现于母羊，而泛在隐孢子虫可感染所有年龄段的羊。

【诊断方法】粪便中隐孢子虫卵囊的常规诊断方法包括饱和蔗糖溶液漂浮法、改良抗酸染色法等；免疫学检测方法有免疫荧光抗体试验（IFA）和酶联免疫吸附试验（ELISA）等；分子生物学方法包括聚合酶链式反应（PCR）等。取粪便用饱和蔗糖溶液漂浮法检查有大量卵囊，或取粪便、胃肠黏膜刮取物涂片，改良抗酸染色法染色、镜检发现大量特征性卵囊即可确诊。

2. 防治措施

【预防】加强饲养管理，搞好羊场环境卫生，定期对圈舍和运动场地用热水和蒸汽进行消毒；及时清理粪便并进行无害化处理，防止污染环境、散播病原；保持饲草料、饮水的清洁卫生；尽力消灭养殖场内的鼠类和苍蝇等，防止其机械性传播隐孢子虫；增加营养，辅以饮食疗法，给予抗生素、葡萄糖、电解质及维生素制剂，增强机体免疫力，提高动物抗病能力等。

【治疗】隐孢子虫病的治疗目前尚无特效药。研究表明，硝唑尼特、巴龙霉素、拉沙洛菌素、常山酮、磺胺喹恶啉、糊精和地考喹酯等对于反刍动物微小隐孢子虫抗感染具有明显或部分效果。卵囊对多种消毒剂和温度都有强大的抵抗力，室温保存的粪便中，卵囊可保存活力 6 个月，但卵囊在 5% 氨水和 10% 福尔马林溶液中 18h 死亡，冰冻或加热至 65℃、30min 才死亡。

（二）巴贝斯虫病

羊巴贝斯虫病是由莫氏巴贝斯虫、绵羊巴贝斯虫等寄生于绵羊、山羊红细胞内引起的一种血液原虫病，又称梨形虫病，俗称巴贝斯焦虫病、蜱热、红尿热，临床常出现血红蛋白尿，故又称红尿症、血尿症，具有高热、黄疸、溶血性贫血、血红蛋白尿、发病急、致死率高、季节性强等特点。见于所有性别、年龄的雷州山羊，6~12 月龄的羊比其他年龄组发病率高。大多数病例出现在春季蜱大量存在并旺盛活动的时期，常造成大批羊死亡，危害非常严重。

1. 诊断

【临床症状】羊巴贝斯虫病的潜伏期一般为 10~15d。病羊临床上主要以高热稽留、溶血性贫血、黄疸、血红蛋白尿和虚弱、死亡为特征。精神沉郁，食欲减退，呼吸困难，轻度腹泻，反刍迟缓或停止，迅速消瘦，可视黏膜苍白并逐渐发展为黄染。乳羊泌乳减少或停止，妊娠母羊常发生流产。

患莫氏巴贝斯虫病的病羊，体温升高至 41~42℃，稽留数日，或直至死亡；因红细胞大量破坏、溶血性贫血而表现呼吸快而浅表，脉搏加快；血液稀薄，红细胞数减少至每立方毫米 400 万个以下，红细胞大小不均；黄疸，可视黏膜黄染，血红蛋白尿。有的病羊出现神经症状，无目的地狂跑，突然倒地死亡。

雷州山羊巴贝斯虫病大部分表现为急性型，体温升高至 $40\sim42℃$。患病羊精神沉郁，食欲减退甚至废绝；反刍迟缓或停止，虚弱，肌肉抽搐，呼吸困难，贫血，黄疸，血红蛋白尿。血液稀薄，红细胞数减少至每立方毫米150万个以下。50％～60％急性病羊于 2～5d 后死亡。慢性病例少见，表现为渐进性消瘦，贫血和皮肤水肿，黄疸少见，血红蛋白尿仅见于患病的最后几天。

【诊断方法】根据流行病学、症状、剖检和药物疗效可做出诊断，采外周血涂片，姬姆萨法或瑞氏法染色，高倍显微镜下检查，发现典型形态虫体可确诊。补体结合试验、间接荧光抗体试验、间接血凝试验、胶乳凝集试验和酶联免疫吸附试验等血清学方法可用于生前诊断和早期诊断，尤其酶联免疫吸附试验具有较强的特异性和敏感性，但临床工作中尚未广泛应用。分子生物学技术如 PCR 技术可用于虫种的研究和鉴定。

2. 防治措施

【预防】在流行地区，应于每年发病季节对羊群进行药物预防注射。通过系统应用杀虫剂，能减少和控制绵羊和山羊巴贝斯虫病。皮下或肌内注射5％硫酸喹啉脲溶液 2mL，可防止感染绵羊巴贝斯虫病的羊发病。做好灭蜱工作，防止蜱传播疾病。对引进的羊必须经过检疫，然后再合群。

【治疗】及时治疗病羊和带虫羊，发现病羊，除加强饲养管理和对症治疗外，及时用下列药物治疗，杀灭羊体内的巴贝斯虫，防止病原散播。

①贝尼尔。剂量按每千克体重 7～10mg，以蒸馏水配成 2％溶液，肌内注射 1～2 次。

②阿卡普林。剂量按每千克体重 5％水溶液 0.02mL，皮下或肌内注射。如果脉搏加快，可将总量分为 3 次注射，每 2h 1 次。必要时，24h 后可重复用药。

③黄色素。剂量按每千克体重 3mg，配成 0.5％～1.0％水溶液，静脉注射。注射时药物不可漏出血管外。在症状未见减轻时，可间隔 24～48h 再注射 1 次。在药物治疗的同时，应辅以强心、补液等措施，并加强护理，使患病羊及早痊愈。

（三）泰勒虫病

本病为一种血液原虫病，病原为山羊泰勒虫，虫体寄生在羊的红细胞内。泰勒虫的形状与大小不一，多为圆形或卵圆形，少数为逗点形、十字形、边虫形及杆形等，圆形虫体的直径为 $0.6\sim2\mu m$，卵圆形虫体的直径为 $1.6\mu m$。在 1 个红细胞内可寄生 1～4 个，一般为 1 个。红细胞的染虫率一般不超过 2％。

泰勒虫寄生于羊的红细胞及单核巨噬细胞中，主要通过血蜱属的蜱传播。该病的流行与整个血蜱繁殖盛期有十分密切的关系。每年立春以后的3个月和9—10月，羊易大量感染泰勒虫病，1～4月龄羔羊和1～2岁羊多发，常引发羊的大批死亡。发病率和致死率较高的是周岁以内的羔羊，2岁以上的成年羊几乎不发病。

1. 诊断

【临床症状】病羊最初食欲减少，精神沉郁，结膜充血。体温升高到40～42℃，最高可达42℃以上。呈稽留热型，体温升高后至少保持4d后才开始下降，部分可持续1周以上。呼吸及心跳增快。呼吸迫促，发鼻鼾声，呼吸次数可达100次/min以上。听诊时肺泡音粗厉，有时支气管呼吸音明显。心跳可达150～200次/min，节律不齐。

羔羊普遍表现肢体僵硬；有时前肢提举困难，有时后肢举步不易；有时四肢发软，卧下不起，如勉强扶之起立，亦站立不稳。

当病羊表现前肢（左或右）似感僵硬时，其同侧肩前淋巴结多有肿大。一般大如胡桃，最大者如鸭蛋，触诊时有痛感。

发病数日后，饮食废绝，反刍停止，肠胃蠕动微弱或完全停止。粪便稀而恶臭，杂有黏液及血液。尿色一般清亮，呈淡黄色，少数病羊尿液混浊，个别出现血尿。结膜苍白，磨牙，身体逐渐消瘦。

【诊断方法】发病季节为蜱活动猖獗的季节，根据羊临床表现为消瘦、贫血、高热不退等症状和病理剖检可见胆囊、淋巴结肿大等变化，可以初步判断该病。但要确诊，则需进行实验室诊断。

①涂片镜检。采取发热期病羊耳静脉血制成涂片，用吉姆萨染色液染色后镜检，发现红细胞大小不一，且1个红细胞内可观察到大小不等、各种形状的裂殖体，呈圆形或卵圆形。一般1个红细胞内有1～2个虫体，虫体胞核染成紫红色，核周围的胞质染为淡蓝色。

②淋巴结穿刺检测。用注射器对病羊肿大的淋巴结进行穿刺，抽取内容物，涂于载玻片上，待其自然干燥后，向载玻片上滴入2～3滴甲醇进行固定，然后用吉姆萨染色液染色。静置1h后镜检，可发现具有诊断意义的石榴体，又称柯赫氏蓝体，即裂殖体。

③免疫学诊断。采用酶联免疫吸附试验进行诊断。再结合临床症状、病理变化和涂片（或穿刺）镜检可确诊羊泰勒虫病。

2. 防治措施

【预防】预防羊泰勒虫病的关键在于加强饲养管理，及时消灭蜱。可用0.33%的敌敌畏或0.2%～0.5%的敌百虫水溶液喷洒羊圈（舍）的墙壁，以消灭幼蜱。在发病季节（4—7月），每月用伊维菌素进行驱虫，以减少蜱的叮咬。同时对整个羊群采用贝尼尔（血虫净）或咪唑苯脲进行预防注射。肌内注射贝尼尔，用药剂量为每千克体重 3mg，配成 7% 的溶液，每 20d 注射 1 次，可有效预防羊泰勒虫病。此外，购入或调出羊时，既要防止将蜱带入，同时也要防止本地羊将蜱带到其他地区。

【治疗】病羊治疗可用贝尼尔，按每千克体重 7mg 的剂量，用蒸馏水将贝尼尔配置成 7% 的水溶液，分点深部肌内注射，每天注射 1 次，连续注射 3d 为 1 个疗程。也可使用磷酸伯胺喹啉，用药剂量为每千克体重 0.75mg，每天灌服 1 剂，连用 3 剂，可有效治疗羊泰勒虫病。对出现呼吸困难、心律不齐等症状的病羊，可再肌内注射 15mL 樟脑溶液，同时用维生素 B_1、维生素 B_{12} 和维生素 C 肌内注射进行辅助治疗。为了增强羊的营养，可静脉注射葡萄糖溶液。为了恢复羊的胃肠功能，可注射复合维生素 B 针。对发生便秘的羊，可用生理盐水 50mL、5% 葡萄糖 100mL、维生素 C 10mL、安钠咖 10mL、碳酸氢钠 20mL 和清开灵 20mL，每天静脉注射 1 次，连用 3d。对出现贫血症状的羊，可用 5% 葡萄糖 500mL、6% 羟乙基淀粉 500mL、青霉素 100 万 IU、0.9% 生理盐水 500mL、维生素 C 10~20mL、碳酸氢钠 20mL、维生素 B_6 5mL 静脉注射，必要时每只羊每天可加 50% 葡萄糖 20~50mL，每天注射 1 次，连用 3d。

二、常见蠕虫病

（一）山羊肝片形吸虫病

山羊的片形吸虫病主要是由于肝片吸虫和大片吸虫寄生于肝脏胆管中，引起急性或慢性肝炎和胆管炎，并伴发全身性中毒现象和营养障碍，其危害相当严重。

1. 诊断

【临床症状】急性型症状多发生于夏末秋初。急性型病羊，初期发热，衰弱，易疲劳，离群落后；叩诊肝区半浊音界扩大，压痛明显；很快出现贫血、黏膜苍白、红细胞及血红素显著降低，严重者多在几天内死亡。慢性型症状较多见于患羊耐过急性期或轻度感染后，在冬春转为慢性，病羊主要表现消瘦、贫血、食欲不振、异嗜、被毛粗乱无光泽且易脱落、步行缓慢；眼睑、下颌、胸前及腹下出现水肿，便秘与下痢交替发生，病情逐渐恶化，最终因极度衰竭而死亡。

【病理剖检】剖检时，病理变化主要出现在肝脏。在大量感染、急性死亡的病例中，可见到急性肝炎和大出血后的贫血现象，肝肿大，肝包膜有纤维沉积，有暗红色虫道，虫道内有凝固的血液和少量幼虫；腹腔中有血红色的液体，有腹膜炎病变。慢性病例主要呈现慢性增生性肝炎，肝实质萎缩，褪色，变硬，边缘钝圆；胆管肥厚、扩张呈绳索样突出于肝表面，胆管内膜粗糙，刀切时有沙沙声；胆管内有虫体和污浊稠厚的液体。病尸出现消瘦、贫血和水肿现象；胸腹腔及心包内蓄积有透明的液体。

2. 防治措施

【预防】在进行预防性驱虫时，驱虫的次数和时间必须与当地的具体情况及条件相结合。通常情况下，北方每年进行1～2次驱虫，第一次在秋末冬初进行，第2次驱虫在翌年春季进行；南方按季节进行4次驱虫，羔羊出生后1月龄单独驱虫1次，6月龄前每月进行1次，以后随大群进行全年驱虫。及时对畜舍内的粪便进行堆肥发酵，以便利用生物热杀死虫卵。尽量避免在沼泽、低洼地区放牧，以免感染囊蚴。给羊的饮水最好用自来水、井水或流动的河水，保持水源清洁卫生。肝片吸虫的中间宿主椎实螺生活在低洼阴湿地区，可结合水土改造，破坏椎实螺的生活条件。流行地区应用药物灭螺时，可选用1：50 000的硫酸铜溶液或25：1 000 000的血防846对椎实螺进行浸杀或喷杀。

【治疗】

①吡喹酮。按每千克体重10～80mg的剂量，1次内服。

②阿苯达唑。按每千克体重10～20mg的剂量，1次内服。

③氯氰碘柳胺钠。按每千克体重10mg的剂量，1次内服；也可按每千克体重5mg的剂量皮下注射。

④三氯苯达唑。又名肝蛭净。按每千克体重10～15mg的剂量，1次内服。

⑤硫氯酚。按每千克体重75～100mg的剂量，1次内服。

药物驱虫对童虫无效，对有寄生虫感染的羊要连续驱虫2～3次，间隔1周。用药后1d有时会出现减食和下痢等反应，一般3d左右可以恢复正常。

（二）绦虫病

本病分布很广，常呈地方性流行，能够引起羔羊的发育不良，甚至导致死亡。本病的病原为绦虫。绦虫是一种长带状而由许多扁平体节组成的蠕虫，寄生在绵羊及山羊的小肠中，共有4种，即扩展莫尼茨绦虫、贝氏莫尼茨绦虫、盖氏曲子宫绦虫和无卵黄腺绦虫，比较常见的是前两种。

莫尼茨绦虫、扩展莫尼茨绦虫体长1～6m，宽16mm。贝氏莫尼茨绦虫长1～4m，宽26mm。由体节吸取营养（皮上有微细小孔）。常危害1.5～8个月大的羔羊。两种莫尼茨绦虫在外形上相似，所不同的是：扩展莫尼茨绦虫的节间线为大圆点状，分散排列；而贝氏莫尼茨绦虫的节间线为小点状，密集呈粗线状，在染色以后即可看出。

任何品种和年龄的羊都能够感染该病，通常小于1岁的幼羊容易发生，青年羊也能够发病，还会发生死亡，超过2岁的羊则相对较少发病，这是由于其已经具有较强的免疫力。该病不具有明显的季节性，即任何季节都可能发生，一般呈地方性流行，羊通常在 2—3 月容易发生感染，4 月开始发病，5—7 月达到感染最高峰，8 月后不断降低。这是由于春、夏、秋季节气候温暖，地螨大量滋生繁殖，特别是在灌木丛、森林、草地茂盛的地方，在阴雨天、黄昏或者早晨，植物的茎叶上布满很多地螨，羊在吃草时就会将地螨食入而发病。

1. 诊断

【临床症状】症状的轻重与虫体感染强度及羊的年龄、体质密切相关。一般轻微感染的羊不表现症状，尤其是成年羊。但 1.5～8 个月大的羔羊，在严重感染后表现食欲降低，渴欲增加，下痢，贫血及淋巴结肿大。病羊生长不良，体重显著降低；腹泻时粪中混有绦虫节片，有时可见一段虫体吊在肛门处。若虫体阻塞肠道，则会出现腹胀和腹痛现象，甚至会因发生肠破裂而死亡。有时病羊出现转圈、肌肉痉挛或头向后仰等神经症状。后期仰头倒地，经常作咀嚼运动，口周围有泡沫，对外界反应几乎丧失，直至全身衰竭而死。

【诊断方法】

①虫卵检查。绦虫并不由节片排卵，除非是含卵体节在肠中破裂，才能排出虫卵，因此一般不容易从粪便检查出来。绦虫卵的形状特殊，不是一般的圆形或卵圆形。扩展莫尼茨绦虫的虫卵近乎三角形，贝氏莫尼茨绦虫的虫卵近乎正方形。卵内都含有一个梨形构造的六钩蚴。

②体节检查。成熟的含卵体节经常会脱离下来，随着粪便排出体外。清晨在羊圈里新排出的羊粪中看到的混有黄白色扁圆柱状的东西即为绦虫节片，长约 1cm，两端弯曲，很像蛆。有时可排出长短不等、呈链条状的数个节片。

2. 防治措施

【预防】适时进行预防性驱虫。根据当地羊绦虫病的流行特点，要在到达感染高峰期前 1 个月使用驱虫药物进行驱虫，如按照每千克体重 70mg 使用硫氯酚或者按照每千克体重 12mg 使用吡喹酮等，以避免传播病原，控制发病，但同时还要注意整群进行驱虫。一般来说，断奶羔羊每间隔 1 个月进行 1 次驱虫，至少用药 2 次，而育成羊和成年羊要分别在夏、秋季节各进行 1～2 次驱虫。

驱虫后羊排出的粪便要进行堆积发酵，通过生物措施杀灭虫卵，最大限度避免污染牧场和饲养场地等环境。另外，饲养场地要定期使用药物进行消毒，羊舍和饲养用具使用 20％的生石灰水或者 5％的克辽林溶液进行喷洒和洗刷。羊群驱虫后要选择在没有地螨生长的牧区进行放牧。同时，每年春季 3 月到秋季 11 月，一般应选择在白天进行放牧。

【治疗】发现病羊要立即进行治疗，可按每千克体重使用 10～20mg 阿苯达唑，配制成混悬液给其内服 1 次，能够实现彻底驱虫，且安全无毒；也可按每千克体重内服 100mg 硫氯酚，驱虫效果也较好；还可按每千克体重内服 50～75mg 氯硝柳胺 1 次。如果用于驱除盖氏曲子宫绦虫要注意增加用药量，一般按每千克体重内服 100mg；此外，1％硫酸铜也具有良好的驱虫效果，通常 1～6 月龄羔羊患病后服用 15～45mL，7 月龄成年羊服用 45～100mL，1 次用药的治愈率能够达到 80％左右，间隔 2～3 周可再灌服 1 次。注意药品要当天配制当天使用，过夜则不能再用。病羊还可使用炒熟南瓜子加水煎煮后灌服，体重 10～15kg 的羊使用 100～150g 南瓜子，体重超过 20kg 的羊使用 300～400g 南瓜子，煎煮的药汁选择在早晨空腹时进行灌服，接着服用槟榔汤，即使用 100～200g 槟榔加水煎煮。病羊服药后如果 2～3h 内没有发生腹泻排虫，可立即给其服用 30～40mL 20％硫酸镁。如果虫体没有完全排尽，要间隔 3～5d 再次服用 1 次药物。一般症状较轻的病羊服用 1 次就能够见效，症状较重的病羊需要服用 2 次才有效。

待病羊排净虫体后，为促使其尽快恢复健康，可选择服用中药香砂六君子汤，即 9g 炙甘草、6g 砂仁、12g 茯苓、6g 白术、3g 法半夏、6g 党参、6g 陈皮、3g 木香，加水煎煮后服用，具有消胀和中、补气健脾的作用，同时还能促使损伤的肠黏膜修复。

三、常见昆虫类寄生虫

（一）山羊鼻蝇蛆病

羊鼻蝇蛆病又称羊狂蝇蛆病，是由羊狂蝇的幼虫寄生于羊的鼻腔及其附近的腔窦中引起的疾病。主要危害绵羊，对山羊危害较轻。有的地方也称为"脑蛆"。

1. 诊断

根据症状、流行病学和尸体剖检，可作出诊断。羊患狂蝇蛆病时为了早期诊断，可用药液冲洗鼻腔，收集鼻腔冲洗液体，检查是否有幼虫，发现幼虫后，可以确诊。

【临床症状】病羊表现的症状分为以下两个阶段。

①成虫在侵袭羊群产幼虫时，羊群躁动不安，互相拥挤，频频摇头、喷鼻，或以鼻孔抵于地面，或以头部埋于另一只羊的腹下或腿间，严重扰乱羊的正常生活和采食，使羊生长发育不良且消瘦。在幼虫附着的地方，形成小圆凹陷及小点出血。

②发炎初期，羊流出大量清鼻涕，以后由于细菌感染，变成稠鼻涕，有时混有血液。患羊因受刺激而磨牙。因分泌物黏附在鼻孔周围，加上外物附着形成痂皮，致使患羊呼吸困难、打喷嚏、用鼻端在地上摩擦。咳嗽，常撺鼻子。

结膜发炎，头下垂。有时个别幼虫深入颅腔，使脑膜发炎或受损，出现运动失调和痉挛等神经症状，严重的可造成极度衰竭而死亡。

2. 防治措施

【治疗】

①依维菌素。用1％伊维菌素注射液按每千克体重0.2mg的剂量皮下注射；内服同等剂量的阿福丁粉、片剂，每周1次，连用2次；用0.1％萘甲唑啉滴鼻，每次4～8mL，每天3～4次，连用3d。其治愈率达95％以上。

②3％来苏儿溶液。在羊鼻蝇幼虫尚未钻入鼻腔深处时，给鼻腔喷入，杀死幼虫。全群大范围操作困难较大，不如口服或注射药物。

③拟菊酯类杀虫药（如溴氰菊酯）。加水稀释为30～50g/1 000L，喷淋。

（二）山羊螨病

山羊螨病是由疥螨科和痒螨科的螨类寄生于山羊的表皮内或体表所引起的慢性皮肤病，以接触感染、能引起患畜发生剧烈的瘙痒感以及各种类型的皮肤炎为特征。疥螨主要寄生于羊表皮下，痒螨主要寄生于羊体表毛密集部位。羊螨病的危害较大，常可引起大面积发病，严重时可引起大批死亡。

1. 诊断

对有明显症状的螨病，根据发病季节、剧痒、患部位置及皮肤病变等作出初步诊断。但最后的确诊须在病羊的表皮内和体表分别找到疥螨和痒螨。

【临床症状】动物患螨病后，主要表现出奇痒的症状，局部皮肤增厚，被毛脱落；剧痒使患病动物终日啃咬、擦痒，引起病变部皮肤损伤、发炎、溃烂、感染化脓、结痂，严重影响采食和休息，患病动物日渐消瘦，有时继发感染，严重时可引起死亡。疥螨病严重时口唇皮肤皲裂，采食困难，病变可波及全身，死亡率高。羊疥螨病主要发生于嘴唇四周、眼圈、鼻背和耳根部，可蔓延到腋下、腹下和四肢曲面等皮肤薄、被毛短而稀少的部位。羊痒螨病主要发生在耳壳内面等被毛长而稠密处，在耳内生成黄色痂，将耳道堵塞，使羊变聋、食欲不振甚至死亡。

【病理剖检】疥螨引起的螨病，病变部皮肤先出现丘疹、水疱和脓疱，以后形成坚硬的灰白色橡皮样痂皮。痒螨引起的螨病，病变部皮肤先出现浅红色或浅黄色粟粒大或扁豆大的小结节以及充满液体的小水疱，继而出现鳞屑和脂肪样浅黄色的痂皮。

2. 防治措施

【预防】羊舍宽敞，干燥，透光，通风良好，不要使畜群过于密集。房舍应经常清扫，定期消毒（至少每2周1次），饲养管理用具亦应定期消毒；观察羊群中有无发痒、掉毛现象，及时挑出可疑患病动物，隔离饲养，迅速查明原因；引入种羊时需作螨病检查，隔离观察15～20d，确认无螨病后，喷洒杀螨药后混群；每年夏季剪毛后应进行药浴。

【治疗】伊维菌素或阿维菌素，用法同羊血矛线虫病；双甲脒，按每千克体重 500mg 涂擦、喷淋或药浴；溴氰菊酯，按每千克体重 500mg 喷淋或药浴；二嗪农（螨净），按每千克体重 250mg 喷淋或药浴。

（三）山羊脑多头蚴病（脑包虫病）

山羊脑多头蚴病是由多头绦虫的幼虫——脑多头蚴（俗称脑包虫）寄生于颅内所引起的疾病。该虫多寄生在羊的大脑、肌肉、延脑、脊髓等处，严重危害山羊健康，尤以 2 岁以下的羊易感。

1. 诊断

根据流行病学及临床症状可作出初步诊断。剖检病死羊，根据其脑部的特征性病理变化及查出多头蚴即可确诊。

【临床症状】有前期与后期的区别。前期症状一般表现为急性型，后期为慢性型；后期症状又因病原体寄生部位的不同且其体积增大程度的不同而异。前期以羔羊的急性型最为明显，表现为体温升高，患畜回旋、前冲或后退运动；有时沉郁，长期躺卧，脱离畜群。后期典型症状为"转圈运动"，故通常又将多头蚴病的后期症状称为"回旋病"。其转圈运动的方向与寄生部位是一致的，即头偏向病侧，并且向病侧作转圈运动。多头蚴囊体越大，动物转圈越小。

【病理剖检】剖开病羊脑部时，在前期急性死亡的病羊见有脑膜炎及脑炎病变，还可能见到六钩蚴在脑膜中移动时留下的弯曲伤痕。在后期病程中剖检时可以找到 1 个或更多囊体，有的在大脑、小脑或脊髓表面，有时嵌入脑组织中。与病变或虫体接触的头骨，骨质变薄、松软，致使皮肤向表面隆起。在多头蚴寄生的部位常有炎性变化。

2. 防治措施

【预防】防止牧羊犬吃到含脑多头蚴的牛、羊等动物的脑及脊髓。对牧羊犬进行定期驱虫。粪便应深埋、烧毁或利用堆积发酵等方法杀死其中的虫卵，避免虫卵污染环境。

【治疗】

①吡喹酮。按每千克体重 100～150mg 内服，连用 3d 为 1 个疗程。

②阿苯达唑。按每千克体重 25～30mg 拌料喂服或投服，每天 1 次，连服 5d。

③甲苯达唑。按每千克体重 50mg 拌料喂服，每天 1 次，连服 2 次。

（四）羊虱

羊虱可分为两大类：一类是吸血的，有山羊颚虱、绵羊颚虱、绵羊足颚虱和非洲羊颚虱等；另一类是不吸血的，为以毛、皮屑等为食的羊毛虱。山羊颚虱寄生于山羊体表,虫体色淡、长 1.5～2mm;头部呈细长圆锥形,前有刺吸口器,其后方陷于胸部内;胸部略呈四角形,有足 3 对;腹呈长椭圆形,侧缘有长毛,气门不显著。

羊虱是永久寄生的外寄生虫,有严格的畜主特异性。虱在羊体表以不完全变态方式发育,经过卵、若虫和成虫 3 个阶段,整个发育期约 1 个月。成虫在羊体上吸血,交配后产卵,成熟的雌虱 1 昼夜内产卵 1～4 个,卵被特殊的胶质牢固黏附在羊毛上,约经 2 周后发育为若虫,再经 2～3 周蜕化 3 次而变成成虫。产卵期 2～3 周,共产卵 50～80 个,产卵后即死亡。雄虱的生活期更短,1 个月内可繁殖数代至十余代。虱离开羊体,得不到食料,1～10d 内死亡。

虱病是接触感染的,可经过健康羊与病羊直接接触传播。

1. 诊断

【临床症状】虱在吸血时,分泌有毒的唾液,刺激皮肤的神经末梢引起发痒,羊通过啃咬或摩擦而损伤皮肤。当大量虱聚集时,可使皮肤发生炎症、脱皮或脱毛。由于虱的长期骚扰,病羊烦乱不安,影响采食和休息,以致逐渐消瘦、贫血。幼羊发育不良,奶羊泌乳量显著下降。羊体虚弱,抵抗力降低,严重者可引起死亡。

【诊断方式】在体表发现虱和虱卵即可确诊。

2. 防治措施

【预防】

一是加强饲养管理及兽医卫生工作,保持羊舍清洁、干燥、透光和通风,平时给予营养丰富的饲料,以增强羊的抵抗力。

二是对新引进的羊应加以检查,及时发现、及时隔离治疗,防止蔓延,对羊舍要经常清扫、消毒,垫草要勤换勤晒,管理工具要定期用热碱水或开水烫洗,以杀死虱卵。

三是及时对羊体灭虱,应根据气候不同采用洗刷、喷洒或药浴的方法。常用的灭虱药物及方法参照螨病疗法。

【治疗】

①消灭畜体上的毛虱。主要有 4 种方法。一是人工捕捉,在羊饲养量少、人力充足的条件下,要经常检查羊的体表,发现毛虱时应立即将其杀死。二是粉剂涂擦,可用 3% 马拉硫磷、2% 害虫敌、5% 西维因等粉剂涂擦羊的体表,在毛虱病的流行季节,每隔 7～10d 处理 1 次,羊的用量一般为 30g/只。三是药液喷涂,可使用 1% 马拉硫磷、0.2% 辛硫磷、0.2% 杀螟松、0.25% 倍硫磷、0.2% 害虫敌等乳剂喷涂畜体,用量为 200mL/(只·次),每隔 3 周处理 1 次。四是药浴,可选用 0.05% 双甲脒、0.1% 马拉硫磷、0.1% 辛硫磷、0.05% 毒死虱、0.05% 地亚农、1% 西维因、0.002 5% 溴氰菊酯、0.003% 氟

苯醚菊酯、0.006％氯氰菊酯等乳剂，对羊进行药浴。此外，也可用阿维菌素进行皮下注射，剂量为每千克体重0.2mg。

②消灭羊舍内的虱。有些虱在圈舍的地面、饲槽等缝隙中生存，可选用上述药物喷洒或粉刷后，再用水泥、石灰或黄泥堵塞缝隙。

（五）硬蜱病

硬蜱病是由硬蜱属、璃眼蜱属、血蜱属、革蜱属、肩头蜱属和牛蜱属6个属的硬蜱叮咬引发。羊体硬蜱密集寄生会引起山羊体质消瘦，部分妊娠母羊流产，羔羊与分娩后的母羊死亡率很高。在我国，硬蜱科蜱的分布随各地的气候、地理、地貌等自然条件不同而不同，有的蜱分布于深山草坡及丘陵地带，有的分布于森林及草原，也有的栖息于家畜圈舍及家畜停留处。一般成蜱在石块下或地面缝隙内越冬，蜱的活动季节可因种类的不同而不同，一般2月末至11月中旬都有蜱活动在畜体上。羊被蜱侵袭，多发生于放牧采食过程中，寄生部位主要在被毛短少部位。

1. 诊断

【临床症状】硬蜱侵袭羊体后，由于吸血时口器刺入皮肤可造成局部损伤，组织水肿，出血，皮肤肥厚。有的还可继发细菌感染引起化脓、肿胀和蜂窝织炎等。当幼羊被大量硬蜱侵袭时，由于过量吸血，加之硬蜱唾液内的毒素进入机体后破坏造血器官，溶解红细胞，形成恶性贫血，使血液有形成分急剧下降。此外，由于硬蜱唾液内的毒素作用有时还可出现神经症状及麻痹，造成"蜱瘫痪"。

【诊断方式】用肉眼或手触摸羊体表少毛部位（唇、眼周围、耳壳内外、胸腹下部、四肢内侧及尾根下凹陷处等）可发现虫体，即可诊断。

2. 防治措施

【预防】一是人工捕捉或用器械清除羊体表寄生的蜱。二是消灭圈舍内的蜱，有些蜱可在圈舍的墙壁、缝隙、洞穴中栖息，可选用上述治疗药物喷洒或粉刷后，再用水泥、石灰等堵塞。三是消灭大自然中的蜱，根据具体情况可采取轮牧的措施，相隔1～2年，牧地上的成虫即可灭亡。

【治疗】

①皮下注射阿维菌素，剂量为每千克体重0.2mL。

②药浴、喷洒、涂擦。可选用的药物有：0.05％的双甲脒溶液、0.1％的马拉硫磷溶液、0.1％的新硫磷溶液、0.05％的毒死蜱溶液、0.05％的地亚农溶液、1％的西维因溶液、0.001 5％的溴氰菊酯溶液，0.003％氟苯醚菊酯溶液，严重的7d后重复用药1次。

③药液喷涂。可使用1％马拉硫磷、0.2％辛硫酸、0.25倍的硫磷等乳剂喷涂畜体，剂量为每次200mL，每隔3周处理1次。

第三节　雷州山羊普通病的防治

一、内、外科疾病

(一) 前胃弛缓

前胃弛缓是消化机能障碍，病程时间长，会引起全身机能紊乱的一种疾病。多由于饲养不良、劳役过度，前胃神经兴奋性降低，肌肉收缩力减弱。

1. 诊断

【临床症状】初期食欲减弱、反刍不足（低于 40 次），随病程加长，食欲下降、嗳气酸臭、口色淡白、舌苔黄白、常常磨牙、粪便迟滞并混有消化不全的饲料，往往被覆黏液。以后排恶臭稀粪，食欲废绝，反刍停止。有的表现时轻时重，病程较长的逐渐形体消瘦、被毛粗乱、眼球凹陷、卧地不起、瘤胃按之松软等。

【诊断要点】食欲减退或废绝，反刍不规则。山羊瘤胃蠕动次数减少、蠕动音减弱，触诊不坚硬。先便秘后腹泻或两者交替发生。便秘时粪球小，色黑而干硬；拉稀时排出糊状粪便，散发腥臭味。后期精神沉郁，消瘦、鼻镜干燥、龟裂、食欲废绝、反刍停止，全身衰竭，脱水、酸中毒、卧地不起，病情危重。瘤胃液 pH 下降至 5.5 或更低，少数升至 8.0 或更高（正常值为 6.5～7.0），瘤胃内纤毛虫减少甚至消失（正常值为每毫升 100 万个）。纤维素消化试验，即用系有重物的棉线悬于瘤胃液中进行厌气温浴，如果棉线被消化断离的时间超过 50h，证明消化不良，便可以确诊。

2. 防治措施

【预防】加强饲养管理，防止过食易于发酵的草料。放牧时，应先喂部分干草再去放牧青草，禁止在雨天或在霜雪未化的地方放养。合理使役，及时治疗原发病。当气胀消退后，当日勿喂或少喂，待反刍正常，再恢复常量，要饮温水。

【治疗】

①5％葡萄糖氯化钠溶液 1 000mL，5％碳酸氢钠溶液 200mL，维生素 C 100mg，10％安钠咖注射液 20mL，1 次静脉注射；庆大霉素 80 万 IU，肌内注射；维生素 B_1 100mg，脾俞穴注射。

②10％葡萄糖溶液 500mL，0.9％氯化钠溶液 500mL，5％碳酸氢钠溶液 20mL，维生素 C 60mg，10％安钠咖注射液 10mL，静脉注射；庆大霉素 10mL，肌内注射；维生素 B_1 10mL，肌内注射。

(二) 瘤胃积食

瘤胃积食又称瘤胃食滞、消化不良，指瘤胃内积聚过量难以消化或易膨胀的食物，使瘤胃壁扩张、瘤胃容积变大、食物消化障碍，从而导致瘤胃运动机能及消化功能紊乱的疾病。多发于寒冬或早春季节。另外也可由前胃弛缓、瓣胃阻塞等病而继发。

1. 诊断

【临床症状】病初，病畜精神不安，目光呆滞，食欲、反刍、嗳气减少甚至废绝。病畜不安，拱背站立，回顾腹部或后肢踢腹，间或不断起卧，腹围显著增大。触诊瘤胃，病畜表现敏感，内容物坚实或黏硬；叩诊呈浊音；听诊，瘤胃蠕动音减弱或消失。病初不断做排粪姿势，排出少量、干硬带有黏液的粪便，有的会排褐色恶臭的少量稀粪；后期尿少或无尿，鼻镜干燥，呼吸困难，结膜发绀，严重病羊呈急性，往往因脱水及酸中毒而死亡。

【病理剖检】可见瘤胃内有大量腐败食物，有浓浓的酸臭味；各实质器官淤血，其内含有气体和大量腐败内容物，胃黏膜潮红，有散在出血斑点；瓣胃叶片坏死。

2. 防治措施

【预防】应搞好饲料管理，做到养殖、饲喂有规律，防止家畜过食、偷食，避免大量纤维干硬饲料的供给。尽量放养，补充足够水分，尽量减少应激对动物的影响。

【治疗】症状轻微者，可禁食 2～3d，内服酵母粉 250～500g（神曲400g），有明显效果。积食较严重者，可用硫酸钠（硫酸镁）100～200g，植物油200～300mL，鱼石脂10g，酒精30mL，温水适量，1 次内服；严重积食时，可采用手术切开瘤胃，取出大量积食。10％的氯化钠注射液 100～300mL，10％的安钠咖注射液 3～6mL，混合 1 次静脉注射；也可用维生素 B_1 20～30mL 1 次肌内注射，每天 2 次，连用3d；或硫酸新斯的明2～5mg，1 次肌内注射。对于有脱水、自体中毒的病例，可用5％的葡萄糖生理盐水注射液 1 500～2 000mL，20％的安钠咖注射液 10mL，5％维生素 C 注射液 20mL，混合 1 次静脉注射。出现酸中毒时，可内服苏打 30～50g，常水适量，或静脉注射碳酸氢钠注射液 200～300mL。若出现瘤胃胀气，可在左侧肷窝部进行穿刺放气。对于需要泻下治疗者，可插入胃管，在外口装漏斗，缓缓倒入温水（35℃）2 000～3 000mL，加泻药（蓖麻油、食用油等）300～500mL，每天 2次，一般2～4 次痊愈。酒石酸锑钾 8～10g，加大量水灌服。

（三）瘤胃臌气

本病多因山羊过食易于发酵的大量饲草（如露水草、带霜水的青绿饲料、开花前的苜蓿、马铃薯叶以及已发酵或霉变的青贮饲料等）引起，也有的是由于误食毒草或过食大量不易消化的豌豆、油渣等所致。这些饲料在胃内迅速发酵，产生大量气体，引起急剧膨胀，导致前胃神经反应性降低，收缩力减弱，严重者引发山羊急性死亡。

1. 诊断

【临床症状】急性瘤胃臌胀，通常在采食不久后突然发病。腹部迅速膨大，左肷窝明显突起，严重者高过背中线。呼吸急促甚至头颈伸展，张口呼吸，呼吸数增至每分钟 60 次以上；反刍和嗳气停止，食欲废绝，回顾腹部。叩诊呈鼓音；瘤胃蠕动音初期增强，常伴发金属音，后减弱或消失。心悸、脉率增快，可达每分钟 100 次以上。疾病后期，羊出现心力衰竭，血液循环障碍，静脉怒张，呼吸困难，黏膜发绀；站立不稳，步态蹒跚甚至突然倒地，痉挛、抽搐，最终因窒息和心脏停搏而死亡。慢性瘤胃臌胀，多为继发性瘤胃臌胀。瘤胃稍显膨胀，时而消长，常为间歇性反复发作，极易复发。

【诊断要点】患畜有采食大量易发酵饲料病史。腹部膨胀、左肷部上方凸出，触诊紧张而有弹性，不留指压痕，叩诊呈鼓音。瘤胃蠕动音先强后弱，最后消失。体温正常，呼吸困难，血循环障碍。瘤胃腹囊黏膜有出血斑，角化上皮脱落。头颈部淋巴结、心外膜、颈部气管充血和出血；肺脏、浆膜下充血，肝脏和脾脏呈贫血状。有的瘤胃或膈肌破裂。

2. 防治措施

【预防】本病的预防要着重搞好饲养管理，如限制放牧时间及采食量；管理好畜群，不让牛、羊进入苕子地、苜蓿地暴食幼嫩多汁豆科植物；不到雨后或有露水、下霜的草地上放牧。舍饲育肥羊，应该在全价日粮中至少含有 10%～15% 的铡短的粗料（最好是禾谷类稿秆或青干草）。

【治疗】排气减压，制止发酵，恢复瘤胃的正常生理功能。臌气严重的病羊要用套管针进行瘤胃放气。臌气不严重的用消气灵 10mL，液体石蜡 150mL，加水 300mL，灌服。将鱼石脂 20～30g，福尔马林 10～15mL，1% 克辽林 20～30mL，加水配为 1%～2% 溶液，内服。并向羊舌部涂布食盐、黄酱；静脉注射 10% 氯化钠注射液 500mL，内加 10% 安钠加注射液 4～8mL。对妊娠后期或分娩后高产病羊，可 1 次静脉注射 10% 葡萄糖酸钙注射液 50～150mL。

(四) 感冒

感冒又称鼻卡他，即伤风，是上呼吸道及附近窦腔发生炎症，绵羊和乳用仔山羊最易发生此病。本病是一种轻微的呼吸道疾病，但不及时救治就可能引起喉头、气管及肺的问题，继发其他疾病，造成严重并发症。

1. 诊断

【发病原因】羊受凉后，尤其在天气湿冷和气候发生急剧变化时，最易发病。羊在剪毛或药浴以后，常因受凉而在短时间内发病。如果羊患有其他呼吸道疾病，比如喉炎、气管炎、肺炎等，也会有相似临床症状。山林中的烟、饲料及饲槽的灰尘、热空气、霉菌、孤尾草等，均可刺激而引起感冒。奶用幼山羊的感冒常在天热时呈流行性出现，主要是由于热空气的刺激，尤其羊舍拥挤，易发生本病。患羊鼻蝇蛆病时，常会显出鼻卡他的症状。当羊群进行远距离运输时，会出现较强的应激反应，导致机体抵抗力下降，进而引发此病。在冬春季节，气候突然改变，或在放牧过程中被雨水突然淋湿，均可导致羊感冒。

【临床症状】最明显的症状是鼻孔分泌物，开始时呈透明的清液，以后变为黄色黏稠的鼻涕；病羊精神不振，食欲减退；常打喷嚏、擦鼻、摇头、鼻镜发干、眼结膜充血、畏光流泪、反刍停止、发鼻呼吸音，体温稍有升高。鼻黏膜潮红肿胀，呼吸困难，常有咳嗽。一般都有结膜炎并发。耳尖、鼻端发凉，肌肉震颤，口舌青白，舌有薄苔，舌质变红，呼吸加快，脉搏细数。听诊肺区肺泡呼吸音增强，时有啰音，鼻腔检查时鼻黏膜充血、肿胀，鼻部敏感。通常为急性过程，病程 7～10d。如果变为慢性，病期会大为延长。

2. 防治措施

【预防】将病羊隔离，保持圈舍温暖，避免贼风吹袭，给予清洁饮水和饲料，喂以青苜蓿或其他青饲。如果认真护理，可以避免继发喉炎及肺炎。

【治疗】肌内注射复方氨基比林注射液 5～10mL 或 30%安乃近注射液 5～10mL，也可使用复方奎林、百尔定以及穿心莲、柴胡、鱼腥草注射液等药剂；同时结合使用抗生素，如复方氨基比林注射液 10mL、青霉素 160 万 IU、硫酸链霉素 500mg，加生理盐水 10mL，肌内注射，每天 2 次。病情严重者可静脉注射青霉素 320 万 IU，同时配以皮质激素类药物如地塞米松等治疗。先用 1%～2%明矾水冲洗鼻腔，然后滴入滴鼻净或滴鼻液；便秘时，可用硫酸钠 80～120g，加水 1 500mL，1 次灌服。

（五）支气管炎

支气管炎是支气管黏膜表层或深层的炎症，典型临床症状为咳嗽、流鼻涕、听诊肺部有啰音。在春秋气候多变季节容易发生此病，按病程可分为急性支气管炎和慢性支气管炎。

1. 诊断

【发病原因】受寒感冒时容易发生急性支气管炎，如由早春晚秋气候多变、昼夜温差大、淋雨、剪毛和药浴等引起的感冒。一些刺激性气体或异物也可导致支气管炎，如空气中的氨气、浓烟、毒气等，以及长期在充满尘埃或霉菌孢子的环境中放牧。羊支气管炎也可继发于其他疾病，如流感、口蹄疫、羊痘、肺丝虫病等，亦可因投药不当使食物或药物进入气管，刺激支气管黏膜而发生炎症。慢性支气管炎多由急性支气管炎转化而来，常常是延误了急性支气管炎的治疗所致，也可由心脏瓣膜病、肺结核、肺蠕虫病、肺气肿、肾炎等继发。

【临床症状】

①急性支气管炎。主要症状是咳嗽。肺部听诊可听见肺泡呼吸音增强，并伴有干啰音和湿啰音出现，通过用手轻捏病羊气管，可出现声音高亢的连续性咳嗽。全身症状较轻，体温一般正常，有时有轻度升高。病初支气管黏膜充血肿胀，没有炎性渗出物，表现为短促、疼痛的干咳，之后逐渐转为湿咳，疼痛减轻。鼻腔流出大量的鼻涕，开始出现时为清亮透明的，到后来变为黏液性的或化脓性的。随着病情加剧，炎症发展到细支气管，此时全身症状加重，体温很快升高，呼吸频率加快，甚至出现极度呼吸困难，可视黏膜呈青紫色，肺部听诊时，可听到干啰音、捻发音和小水疱音。

②慢性支气管炎。主要呈持久性咳嗽。咳嗽时间可长达几周、甚至几个月，常在气温剧变、活动、进食、夜间、早晚气温较低时出现剧烈的咳嗽。肺部叩诊时早期没有异常现象，如继发肺气肿时叩诊会出现清音和肺缘后移，听诊有啰音。全身症状在早期病程中不明显，体温也正常，后期由于支气管间结缔组织增生，支气管腔变狭窄而出现呼吸困难，可视黏膜发绀。长此下去，病羊食欲不振，疾病消耗，逐渐消瘦，发生贫血，甚至极度衰竭死亡。

2. 防治措施

【预防】加强饲养管理，用营养丰富和易于消化的饲料饲喂病羊，给予清洁的饮水。圈舍在冬天要做好防寒工作，保持清洁，防止贼风侵袭以避免受寒感冒。

【治疗】灌服氯化铵 1～2g/次，酒石酸锑钾 0.2～0.5g/次，碳酸铵 2～3g/次，也可肌内注射 3% 盐酸麻黄素 1～2mL/次；口服氨茶碱 0.8～1.2g/次，每天 1 次，连用 3d；选用 10% 磺胺嘧啶 10～20mL/次肌内注射，肌内注射青霉素 20 万～40 万 IU 加链霉素 0.5g，每天 2 次。慢性支气管炎常用治疗处方：异丙嗪 0.1g、人工盐 20g、复方甘草合剂 10g，1 次灌服，每天 1 次，连用 2～3d。

（六）肺炎

肺炎是由多种致病因素引起的肺实质炎症，这些原发致病因素包括细菌、病毒、寄生虫、吸入性异物等，也可由上呼吸道疾病蔓延而来。各种羊均可患此病，其中以绵羊发病引起的损失较大，尤其是羔羊较为多发。

1. 诊断

【发病原因】诱发山羊肺炎的原因很多，如圈舍潮湿或闷热、天气突变、寒流侵袭、通风不良并有贼风侵袭等均可导致感冒，护理不当或救治不愈时，即可发展为肺炎。感染巴氏杆菌、链球菌、化脓放线菌、坏死杆菌、绿脓杆菌、葡萄球菌、肺丝虫等，吞咽障碍如口炎、咽炎、食道阻塞等造成食物、唾液误入呼吸道可能会引起本病。此病也可继发于口蹄疫、放线杆菌病、羊子宫炎、乳腺炎等，此外羊鼻蝇、肋骨骨折、创伤性心包炎等也可继发此病。

【临床症状】

①小叶性肺炎。疾病初期，表现为急性支气管炎症状，即干、短的疼痛性咳嗽，之后逐渐变为湿、长的咳嗽，疼痛有所减轻。体温升高明显，呈弛张热型，脉搏随体温升高而加快，呼吸频率增加，排出少量清亮、黏稠或化脓性鼻液，可视黏膜发绀或潮红。听诊表现为肺泡呼吸音减弱或消失，出现捻发音和支气管呼吸音，并可听到干、湿啰音，健康肺组织肺泡呼吸音增强。

②大叶性肺炎。临床上呈持续性高热，体温可高达 40～41℃，并持续不下，即稽留热，几天后减退或消失。脉搏加快，呼吸急促，鼻孔开张，呼出气体温度较高，病羊久站不卧，呻吟不断，磨牙。可视黏膜潮红或发绀。典型特征是病羊鼻孔流出铁锈色或黄红色的鼻液。肺部听诊，疾病初期肺泡呼吸音增强，出现干啰音，之后可听到湿啰音或捻发音，肺泡呼吸音减弱。有时听不到肺泡呼吸音，这是由于肺泡内充满了炎性渗出物。如果肺组织肝变，会出现支气管呼吸音，随后支气管呼吸音逐渐消失，出现湿啰音或捻发音，疾病痊愈后呼吸音恢复正常。

③异物性肺炎。异物进入气管和肺时，引起气体流通不畅，同时异物强烈刺激气管黏膜和肺组织。病羊表现为精神高度紧张、狂躁不安、咳嗽强烈，有时可见病羊的鼻孔因剧烈咳嗽而排出异物。同时病羊呼吸困难。当肺内异物过多时，病羊表现为呼吸极度困难，短时间内便死亡，同时可视黏膜发绀；异物进入较少时，可随病羊咳嗽排出，有时因异物本身带有病原菌，可引起肺脏发炎，甚至发生肺坏疽。

2. 防治措施

【预防】加强饲养管理。对病羊进行确诊后，应及早将病羊关入清洁、温暖、通风良好、无贼风的羊圈内，保持安静，给予易消化的饲料和清洁的饮水。

【治疗】四环素 500mg 或卡拉霉素 1 000mg，肌内注射，每天 2 次，连用 3～4d。灌服氯化铵 2g，1 天分 2～3 次灌完，还可用喷托维林、甘草合剂、杏仁水等灌服。病情严重时，在肌内注射青霉素和链霉素的同时，再灌服或静脉注射磺胺类药物。将病羊保持前低后高姿势，同时注射兴奋呼吸的药物如樟脑制剂或 2% 盐酸毛果芸香碱，使气管分泌增强，促进异物排出。根据病羊的不同病情，采用适当的疗法，如体温升高时可肌内注射 2mg 的安乃近，每天 2～3 次；当呼吸极度困难时，可使用悠扬呼吸机，或者进行氧气腹腔注射，剂量按每千克体重 100mL，注射后可使病羊体温下降，改善病情。强心可使用樟脑油或樟脑水，若有便秘可灌腹植物油等温和泻剂。

(七) 日射病及热射病

日射病及热射病又称为中暑，是外界环境中的光、热、湿度等物理因素对动物体的侵害，导致体温调节功能发生障碍的病理表现，常见于夏季。

1. 诊断

【发病原因】

①日射病。由于阳光直晒头部，引起大脑及脑膜充血和脑实质的急性病变，导致中枢神经系统机能严重障碍。

②热射病。在炎热季节（外界温度过高）潮湿闷热的环境（如羊舍内潮湿、闷热、拥挤、狭小或车船运输时通风不良）中，产热多、散热少，体内积热引起脑充血和中枢神经系统机能障碍的疾病。

【临床症状】

①日射病。病初精神沉郁，四肢无力，步态不稳，共济失调，突然倒地，神情恐惧，有时全身出汗。随着病情发展，出现心血管运动中枢、呼吸中枢、体温调节中枢功能紊乱，心力衰竭，呼吸急促，有的体温升高，有的突然全身麻痹，常常发生剧烈的痉挛或抽搐，迅速死亡。

②热射病。体温急剧上升至 40～42℃，皮温升高，全身出汗，羊群叠堆，惊恐不安。随着病情急剧恶化，心力衰竭，黏膜发绀，脉搏疾速而微弱，呼吸浅表、间歇、极度困难。濒死前，体温下降，静脉塌陷，昏迷不醒，陷入窒息和心脏停搏状态，导致死亡。

2. 防治措施

【预防】夏季做好羊舍防暑降温工作，不在炎热的阳光下放牧，午间在阴凉处或树荫下休息。保证充足的清洁凉水，让羊自由饮用。如羊出汗较多，可适当加点盐。保持羊舍通风凉爽，降低饲养密度，防止潮湿、闷热和拥挤。长途运输时，做好防暑和急救工作。

【治疗】本病多发病突然、病情重、经过急，应及时抢救，方可避免死亡。

①首先将病羊移至阴凉通风处，冷敷头部、凉水灌肠，以促进机体散热。

②对兴奋不安的羊，可静脉注射静松灵 2mL，或静脉注射 25%硫酸镁注射液 50mL。

③当病羊昏迷不醒时，可于颈静脉放血，放血量视病羊大小及身体状况而定。一般放血 80～100mL。放血后进行补液，静脉注射氯化钠注射液 500～1 000mL，维生素 C 5～10mL。

④病羊心脏衰弱或严重水肿时，应静脉注射 10%安钠咖注射液 4mL。

⑤为纠正酸中毒，可静脉注射 5%的碳酸氢钠注射液 50～100mL。

⑥藿香正气水 20mL，加凉水 500mL，灌服；有条件时，可用西瓜 3～5kg，捣为泥，加白糖 250g，混少量凉水，1 次投服。

（八）腐蹄病

腐蹄病是指羊蹄间发生的一种主要表现为皮肤性炎症的疾病。羊腐蹄病有传染性和非传染性两类，是由坏死杆菌侵入羊蹄缝内，造成蹄质变软、烂伤流出脓性分泌物。其特征是局部组织发炎、坏死。此病在我国各地都有发生，尤其南方潮湿多雨季节多发。

1. 诊断

【发病原因】炎热雨季，圈舍潮湿泥泞，易患腐蹄病。饲草中钙、磷不平衡，导致蹄部角质疏松，经粪尿、雨水浸泡后，局部组织软化，以及石子、玻璃碴、铁屑等刺伤蹄部，或因蹄冠和角质层的裂缝而感染病菌。

【临床症状】病羊最明显的症状是跛行、蹄部散发恶臭。喜卧怕立，行走困难，食欲减退。蹄间常有溃疡面，上面覆盖着恶臭的坏死物，扩创后蹄底的小孔或大洞中有污黑臭水流出。严重者，蹄壳腐烂变形，卧地不起，甚至形成褥疮，引发败血症。慢性病例，临床症状不显著，在蹄间裂和蹄角质下形成许多小空洞，也可造成蹄变形。

2. 防治措施

【预防】注意饲喂适量矿物质，及时清除圈舍内的积粪尿、石子、玻璃碴和铁屑等，圈舍彻底消毒。圈门处放置10％硫酸铜溶液浸湿草袋进行蹄部消毒。

【治疗】首先进行隔离，保持环境干燥；除去患部坏死组织，待出现干净创面时，采用食醋、1％高锰酸钾、3％来苏儿或过氧化氢冲洗，再用10％硫酸铜或6％福尔马林进行浴蹄。若出现脓肿，应切开排脓后采用1％高锰酸钾溶液洗涤，撒以高锰酸钾粉或涂擦福尔马林。可用磺胺类或一些抗生素软膏等。深部组织感染并有全身症状时，要控制败血症的发生，应用广谱抗菌药物，如抗生素或磺胺类药物等。

二、营养代谢性疾病

（一）酮病

羊的酮病其实就是蛋白质、脂肪和糖代谢紊乱症，又称羊酮尿病、醋酮血病、酮血病，是由于蛋白质、脂肪和糖代谢发生紊乱，在血液、乳、尿及组织内酮的化合物蓄积而引起的疾病。多见于营养好的羊、高产母羊及妊娠羊，死亡率高。奶山羊和高产母羊泌乳的第1个月易发。圈养羊发病没有季节性。

原发性酮病常由于大量饲喂蛋白质、脂肪含量高的饲料（如豆饼、油饼），而碳水化合物饲料（粗纤维丰富的干草等）不足，或突然给予多量蛋白质和脂肪的饲料，特别是缺乏糖和粗饲料的情况下供给多量精料，更易致病。在泌乳高峰期，高产奶羊需要大量能量，当所喂饲料不能满足需要时，就动员体内贮备，因而产生大量酮体，酮体积聚在血液中而发生酮血病。

该病还可继发于前胃弛缓、真胃炎、子宫炎和饲料中毒等过程中。主要是瘤胃代谢紊乱影响维生素 B_{12} 的合成，导致肝脏利用丙酸盐的能力下降。另外，瘤胃微生物异常活动产生的短链脂肪酸，也与酮病的发生有着密切关系。

妊娠期肥胖，运动不足，饲料中缺乏维生素 A、B 族维生素以及矿物质等，都可促进本病的发生。

1. 诊断

【临床症状】病羊初期食欲减退，食草不食料，呆立不动，空嚼，口流泡沫状唾液，驱赶强迫其运动时，步态摇晃。后期意识紊乱，不听召唤，视力消散。神经症状常表现为头部肌肉痉挛，并出现耳、唇震颤，由于颈部肌肉痉挛，病羊头后仰或偏向一侧，亦可见转圈运动。若发生全身痉挛则病羊会突然倒地死亡。病程中，病羊食欲减退，前胃蠕动减弱，黏膜苍白或黄疸，体温正常或低于正常，呼出气及尿中有丙酮气味。

【诊断方法】根据临床症状及应用硝普钠法检验尿液可做出诊断。

2. 防治措施

【预防】

①加强妊娠母羊的饲养管理，供给营养充足富含维生素和矿物质的饲料，最好保持在八分膘情，使之不要过肥、也不要过瘦。

②给予母羊充足的活动场地，加强分娩前的运动，必要时进行驱赶运动或诱导运动。

③避免突然更换饲料。更换饲料时要采取新旧品种按比例增减、逐渐过渡的方式。

④根据生产情况需要增加精料饲喂量时，要采取在完全消化的情况下逐日缓慢增量或增加每日饲喂次数的方式来提高精料饲喂量。

⑤羊是草食动物，忌草料主次换位。一定要保证饲草的比例和品质，同时注意饲草料的细碎程度。籽实饲料和牧草秸秆的粉碎减少了家畜咀嚼对能量的耗用，但是过细乃至粉末状的情况会影响羊的反刍消化，甚至会导致瘤胃积食，诱发代谢病的发生。草料粉碎的程度应视反刍及消化的情况来定。

【治疗】

①静脉注射 25％葡萄糖注射液 100～150mL，连注 3d。

②应用糖皮质激素（5mg 地塞米松或 50mg 氢化可的松，但妊娠母羊禁用地塞米松）。

③每天饲喂丙二醇 20g，连用 5d。

④如遇母羊怀胎过多、卧地不起，则需要诱导分娩。

（二）酸中毒

酸中毒也称瘤胃酸中毒，是雷州山羊在短期内吃了大量玉米、麸皮、饼粕、甜菜、啤酒渣、发酵饲料等，或者肉羊突然从放牧转为舍饲养殖，由于快速育肥需要，饲喂了较多精饲料或酸度过高的青贮饲料，引起瘤胃内酸过多，导致体内酸碱平衡失调、微生物群和纤毛虫生理活性降低的一种消化不良疾病。

1. 诊断

【临床症状】

①轻度酸中毒。病羊反刍减少，神情惊慌恐惧，瘤胃蠕动性能减弱，瘤胃发胀，有轻度腹痛，所排粪便松软且可能伴有腹泻发生。

②中度酸中毒。病羊反刍停止，食欲废绝，磨牙流涎，粪便呈稀水状，有酸臭味，体温正常或者偏低，瘤胃蠕动音减弱或消失。

③重度酸中毒。病羊行动蹒跚，走路不稳，瞳孔对光线反射反应迟钝，卧地不起，频频回视自己腹部。有的病羊还会表现出兴奋和狂躁不安，到处乱跑或原地转圈。随着病情加重，病羊瘫痪后卧地昏迷，不久即死亡。

④最急性酸中毒。这种最急性酸中毒尤其可怕，致死率几乎100%。病羊往往在采食精料后起先没有任何症状，但会在采食后3~5h内突然死亡。

【诊断方法】肉羊采食了大量精饲料后3~5d内表现精神沉郁、厌食、跛行、腹泻，但体温正常，然后卧地昏迷死亡，病程在2~6d之内者，可以怀疑病羊得了此病。

剖检时会发现病羊双眼下陷、皮肤脱水无弹性，瘤胃内的物质为粥状，酸臭难闻，pH通常在4左右。

进行瘤胃触诊时，瘤胃内容物异常坚实或呈面团感，可以根据这点做出判断。

2. 防治措施

【预防】加强饲养管理，不可突然增加谷物饲喂量，需要时应逐渐增加饲喂量，让雷州山羊有一个适应过程，同时严防羊偷食谷物。

应按照正常标准饲养、喂食，不能随意加减饲料。同时可以在饲料中加入少量碳酸氢铵与氧化镁，比例控制在1%~1.5%。这样能够有效降低饲料的酸度，从而实现预防的目的。饲养场需配备足够的饲槽等设施，保证所饲养的羊能够同时进食，避免羊因饥饿而暴食引发疾病。

【治疗】对于雷州山羊轻度酸中毒，可投服氢氧化镁100g，或10%石灰水500~1 000mL，病羊一般会在24h之后开始进食。

如果雷州山羊过量食用了谷物类精料，可以在食后4~6h内灌服青霉素50万IU或土霉素0.3~0.4g，能使产酸菌在一定程度上受到抑制，从而起到防治酸中毒的效果。

此病的治疗原则为排出瘤胃内容物，中和瘤胃中的酸性物质，补充体液，恢复病羊瘤胃蠕动。可给病羊静脉注射5%的碳酸氢钠溶液20~30mL，及生理盐水或10%葡萄糖氯化钠溶液500~1 000mL。对于病情严重的雷州山羊，要对其瘤胃先进行冲洗，冲洗方法有胃管导入法和瘤胃切开术。

胃管导入法的具体操作方法为：先用开口器张开病羊的口腔，再把内径1cm的胃管经口腔插入胃中，将瘤胃内容物排出，并对瘤胃用10%石灰水1 000~2 000mL进行反复冲洗，多次冲洗完后再灌入500~1 000mL 10%的石灰水。

（三）异食癖

雷州山羊异食癖是由于代谢机能紊乱导致味觉失常的多种疾病的综合征，临床特征为羊到处舐食、啃咬通常认为无营养价值而不应该采食的东西。该病多发生于冬季和早春舍饲的羊。

1. 诊断

【发病原因】

①营养因素。当饲料中的蛋白质和某些必需氨基酸缺乏时，一部分羊有喝尿和食粪的异食现象。当常量矿物质元素如钙、磷、钠、钾、硫以及微量元素如锌、钴、铁等绝对给量不足或彼此之间的比例失衡时，羊会舐食泥沙、墙壁、槽行以及啃食金属。当某些维生素（如维生素A、维生素D、维生素E）给量不足，或由于多种原因瘤胃微生物合成数量过少时（如缺乏钴而致维生素B_{12}合成数量太少），羊也出现食粪、喝尿的现象。在夏季饮水缺乏时也会出现异食现象。

②环境因素。如果运动场和羊舍面积过小、饲养密度过大以及光照、通风较差等，也能够出现异食现象。

③疾病因素。一些羊因患寄生虫病而出现异食现象。

【临床症状】

①啃骨症。啃骨羊的食欲极差，身体消瘦，眼球下陷，被毛粗糙，精神不振。当放牧时，常有意寻找骨块或木片等异物吞食；如果被发现而要夺取异物时，则到处逃跑，不愿舍去。时间长久时，产乳量大为下降，羊极度贫血，终至死亡。

②食塑料薄膜症。临床表现与食入塑料的量有密切关系。当食入量少时，无明显症状。如果食入量大，塑料薄膜容易在瘤胃中相互缠结，形成大的团块，发生阻塞。病羊低头拱腰，反复腹泻或连续腹泻，有时回顾腹部。进一步发展时，表现食欲废绝，反刍停止，可视黏膜苍白，心跳增速，呼吸加快，显著消瘦、衰竭。病程可达2~3个月。

2. 防治措施

【预防】改善圈舍设计和环境卫生。要确保圈舍干净卫生，设计合理。寒冷地区羊舍可以采用单列式设计，方位是东西走向，运动场地要向阳，要有足够的光照时间和运动空间。搞好养殖场所的环境卫生，定期清粪排污。清理圈舍和运动场内一切肉羊能够采食的不能消化的异物，如塑料皮、尼龙绳等。要合理安排圈舍的养殖密度，营造羊群良好的生长环境。

加强饲养管理。在羊整个生长发育过程中，要确保满足其所需的各种营养成分，促使能量、蛋白质、矿物质、微量元素以及维生素含量适宜。给羊群供给充足的饮水，防止出现缺水现象。对于妊娠母羊和高产母羊，还要注意增加钙质饲料的喂量。羊群要在固定时间饲喂，并固定喂量。在冬季和春季，不仅要饲喂品质优良的青干草和青贮饲料，还要配合增加饲喂一些含有丰富维生素的饲料，如麦芽、谷芽等。羊群要坚持适量运动，并增加光照，从而提高体质，还要预防胃肠炎，确保钙、磷吸收正常。

【治疗】发现异食癖的肉羊要立即采取措施，坚持以"缺什么补什么"为原则。可用酵母片 100g、石膏粉 40g、滑石粉 40g、多糖钙片 40 片、复合维生素 B 20 片、人工盐 100g 混合，1 次内服，每日 1 剂，连用 5d，进行瘤胃环境调节。如患羊厌食、食欲不振，可按缺钠处理，口服人工盐、氯化钠、碳酸氢钠。如患羊出现佝偻病、营养不良等，应补充钙盐，如磷酸氢钙，注射一些促进钙吸收的药物，如维生素 AD 针 5～10mL/d，肌内注射；或复合维生素 B 20～30mL/d，肌内注射。

(四)羔羊白肌病

羔羊白肌病是幼畜的一种以骨骼肌、心肌纤维以及肝组织等发生变性、坏死为主要特征的疾病，因病变肌肉色淡甚至苍白而得名。本病多发生于秋冬、冬春气候骤变及青绿饲料缺乏之时，以四肢无力、运动困难、喜卧等为主要特征。

1. 诊断

【发病原因】本病的发生主要是饲料中硒和维生素 E 缺乏或不足，或饲料内钴、锌等微量元素含量过高而影响动物对硒的吸收。当饲料、饲草内硒的含量低于0.000 01％时，就可发生硒缺乏症。维生素 E 是一种天然的抗氧化剂，当饲料保存条件不好、高温、湿度过大、淋雨或暴晒，以及存放过久、酸败变质，则维生素 E 很容易被分解破坏。在缺硒地区，羔羊发病率很高。羊机体内硒和维生素 E 缺乏时，正常生理性脂肪发生过度氧化，细胞组织的自由基受到损害，组织细胞发生退行性病变、坏死，并可钙化。病变可波及全身，但以骨骼肌、心肌受损最为严重，可引起运动障碍和急性心肌坏死。

【临床症状】以骨骼肌、心肌发生变性为主要特征。病变部肌肉色淡，似煮过，甚至苍白，故得名白肌病。多呈地方性流行，3～5 周龄的羔羊最易患病，死亡率有时高达 40％～60％。生长发育越快的羔羊，越容易发病，且死亡越快。

①急性型。病羊常突然死亡。

②亚急性型。病羊精神沉郁，背腰发硬，步样强拘，后躯摇晃，后期常卧地不起。臀部肿胀，触感较硬。呼吸加快，脉搏增数，羔羊每分钟可达120次。初期心搏动增强，以后心搏动减弱，并出现心律失常。

③慢性型。病羊运动缓慢，步样不稳，喜卧。精神沉郁，食欲减退，有异嗜现象。被毛粗乱，缺乏光泽，黏膜黄白色，腹泻，多尿。脉搏增数，呼吸加快。

2. 防治措施

【预防】在缺硒地区，需对20日龄羔羊皮下或肌内注射0.2%亚硒酸钠液，每次1mL，间隔20d后再注射1.5mL，注射开始日期最晚不得超过25日龄。加强母羊饲养管理，供给豆科牧草，对妊娠母羊补给0.2%亚硒酸钠液，皮下或肌内注射，剂量为4～6mL，能预防新生羔羊白肌病。

【治疗】对发病羔羊，可颈部皮下注射0.1%亚硒酸钠溶液2～3mL，隔20d再注射1次。如同时肌内注射维生素E 10～15mg，则疗效更佳。

（五）锌缺乏症

锌缺乏症是由于饲草、饲料中锌含量过少而引起的一种微量元素缺乏症。其临床特征是生长发育受阻、皮肤角化不全、骨骼异常和繁殖机能障碍。

1. 诊断

【发病原因】原发性锌缺乏主要是由于饲喂锌含量在正常范围（30～100mg/kg）以下地带生长的牧草，其锌含量少于10mg/kg和谷类作物中锌含量少于5mg/kg会导致发生本病。

继发性锌缺乏是由于饲喂的饲料中含有过多的钙或植酸等，阻碍羊机体对饲料中锌的吸收和利用，而发生锌缺乏症。

【临床症状】严重缺锌的病羊，皮肤角化不全，脱毛，尤以鼻端、尾尖、耳部、颈部最为明显；趾间皮肤增殖，发生蹄病；繁殖机能紊乱，母羊发情延迟、不发情或发情配种而不妊娠。

发病羔羊发育不良。鼻镜、阴门、肛门、后肢和颈部等处皮肤易发生角化不全、瘙痒、干燥、皲裂、肥厚、弹性减退，四肢、阴囊、鼻孔周围、颈部等处被毛脱落，出现皱襞。后肢弯曲，关节肿胀，僵硬，四肢乏力，步态强拘。

公羊精液量和精子减少，活力降低，性功能减弱。

2. 防治措施

【预防】在每吨饲料中加180g硫酸锌或碳酸锌饲喂。对饲养和放牧在锌缺乏地带的羊群，要将饲料中的钙含量严格控制在0.5%～0.6%，同时，宜在

饲料中补加硫酸锌 $25\sim50mg/kg$ 混饲。

在饲喂新鲜的青绿牧草时，适量添加一些含不饱和脂肪酸的油类，如大豆油，对治疗和预防锌缺乏症都可收到较好的效果。

【治疗】立即改换病羊的饲料，不仅可减少死亡，而且可使动物生长较快。

(六) 碘缺乏症

碘缺乏症指由于自然环境碘缺乏造成机体碘营养不良所表现的一组疾病的总称。

1. 诊断

【发病原因】

①原发性碘缺乏。主要是羊摄入碘不足。羊体内的碘来源于饲料和饮水，而饲料和饮水中的碘与土壤密切相关。土壤缺碘地区主要分布于内陆高原、山区和半山区，尤其是降雨量大的沙土地带。许多地区饲料中如不补充碘，可产生碘缺乏症。

②继发性碘缺乏。有些饲料中含碘颉颃物质（硫氰酸盐、异硫氰酸盐以及氰苷等），可干扰碘的吸收和利用，如芜菁、油菜、油菜籽饼、亚麻籽饼、扁豆、豌豆、黄豆粉等。这些饲料如果长期喂量过大，可产生碘缺乏症。

【临床症状】妊娠母羊患病时，常产出死胎、弱胎或畸胎。所生患有甲状腺肿病的羔羊，体弱多病很难存活，多因肺炎或腹泻而死亡。妊娠母羊的甲状腺肿如由长期饲喂大量致甲状腺肿物质所致，其临床表现虽无异常，但肿大的甲状腺可触摸到，所产羔羊软弱无力，不能站立，低头偏向一侧，不能吮乳；颈下可见鸡蛋至拳头大的肿块；呼吸极度困难；头颈皮肤、眼眶、眼睑、四肢水肿，关节弯曲；于出生后数小时至 24h 死亡。

2. 防治措施

【预防】在碘缺乏区内，坚持对妊娠期和泌乳期母羊以及羔羊补碘。补碘的方法很多，如饮水中每只羊每天加入 $50\mu g$ 碘化钾或碘化钠；舍饲羊的饲料中加入含碘添加剂或在食盐中加碘化钾或碘化钠 $1mg/kg$，让羊自由采食。妊娠期和泌乳期母羊，禁止饲喂致甲状腺肿物质和硫脲类物质的饲料或植物。

【治疗】发现羊群中有甲状腺肿病羊，立即用碘化钾或碘化钠治疗，每只羊每天 $5\sim10mg$ 混于饲料中饲喂，或在饮水中每天加入 5% 碘酊或 10% 复方碘液 $5\sim10$ 滴，20d 为 1 疗程，停药 $2\sim3$ 个月，再饲喂 20d，即可达到治疗效果。

(七) 维生素 A 缺乏症

当羊的饲料中缺乏胡萝卜或维生素 A 时，易引起维生素 A 缺乏症。

1. 诊断

【发病原因】饲料收割、加工、贮存不当，烈日曝晒以及存放过久、陈旧变质；长期饲喂维生素 A 缺乏的饲料（如棉籽饼、干谷、马铃薯等）。

对维生素 A 或胡萝卜素的吸收、转化、贮存、利用发生障碍。

对维生素 A 的需要量增多，可引起维生素 A 相对缺乏，如妊娠期和哺乳期母羊以及生长发育快的羔羊，对维生素 A 的需要量增加。

消耗增多，如长期腹泻、患热性疾病的羊，维生素 A 的排出和消耗增多。此外，饲养管理不良，羊舍污秽不洁、寒冷、潮湿、通风不良、过度拥挤，羊缺乏运动以及阳光照射不足等因素都可诱发该病。

【临床症状】缺乏维生素 A 的病羊，特别是羔羊，最早出现的症状是夜盲症，常在早晨、傍晚或月夜光线朦胧时，发现患羊盲目前进，碰撞障碍物，或行动迟缓，小心谨慎；继而骨骼异常，使脑脊髓受压和变形，上皮细胞萎缩，常继发唾液腺炎、肾炎、尿石症等；后期病羔羊的干眼症尤为突出，导致角膜增厚，形成云雾状。

2. 防治措施

【预防】主要是提供全价营养，配合日粮时必须考虑维生素 A 的含量，按每千克体重供给胡萝卜素 0.1～0.4mg；对妊娠母羊要特别重视供给青绿饲料，冬季要补充青干草、青贮料或胡萝卜；有条件的可喂部分发芽豆谷。同时注意适当运动，多晒太阳。

【治疗】主要是补充富含维生素 A 及胡萝卜素的饲料，辅以药物治疗。前者主要是增加日粮中的黄玉米、胡萝卜、鱼粉和三叶草等。药物治疗：在日粮中加入青饲料和鱼肝油，可迅速治愈。鱼肝油的口服剂量为 20～50mL。当消化功能紊乱时，可皮下或肌内注射鱼肝油，用量为 5～10mL，分点注射，每隔 1～2d 注射 1 次。亦可用维生素 A 注射液进行肌内注射，用量为 2.5 万～3 万 IU。

（八）骨软病

骨质软化病是雷州山羊的一种慢性无热性疾病，由于体内钙、磷代谢紊乱而发生，以全身性矿物质代谢紊乱和进行性脱钙、骨骼软化变形、疏松易碎为特征。

1. 诊断

【发病原因】饲料中钙和磷供给不足、比例不当、妊娠及产后钙需要量增加、维生素 D 不足、甲状旁腺机能亢进等均会引起山羊骨软病的发生。

【临床症状】初期表现为精神不好，食欲减退，味觉异常。病羊躺卧，喜欢啃吃石、砖、黏土、水泥、被煤烟所污染的或腐朽的木器以及墙壁的涂抹物，后喜食带有恶臭气味的物体，最后只吃垫草和饮用粪汁和尿。中期表现为不愿起立，当被驱赶而起立时，弯背站立，四肢叉开，勉强能走，微小的肌肉运动都会伴有呻吟声。行走和起立时可听到关节中发出响声。压其背骨、关节和脊柱时，非常敏感，叩诊时有疼痛感。泌乳减少或完全停止，妊娠母羊发生流产。末期表现为骨骼的进行性软化。如面骨与颅骨的剧烈膨大（骨质疏松），脊柱与骨盆骨软化，而四肢病变较轻，病羊稍能运动，但剧烈紊乱，顽固卧地不起，臀部呈麻痹状态，拒食，有强直性痉挛，应激性增高。

【病理剖检】骨骼表面粗糙，呈齿形，骨质疏松，间隙扩大多孔，呈海绵状，易折断，多发生在肋骨、肱骨、股骨、盆骨等部位。

2. 防治措施

【预防】根据羊的不同生理阶段对矿物质营养的需要，及时调整日粮中的钙、磷比例及维生素 D 的含量是预防本病的关键。在妊娠期和泌乳期更应该引起重视。

【治疗】饲喂富含钙磷的饲料，如三叶草、豆科干草与稿秆，以及燕麦、油饼和青饲料。喂给食盐、纯钙与磷的制剂或带有鱼肝油的制剂，如骨粉与蛋壳。为了减轻异嗜癖，可以适量喂给碱剂（小苏打）。对于泌乳的羊，可以少量挤奶或停止挤奶，限制精料给量，并给予中等剂量的泻剂。用石英灯紫外线治疗可获得良好效果，每次照射时间为 15～30min，距离光源 1m。对较重的病例，除补饲骨粉外，可配合静脉注射钙磷制剂，如 30％次磷酸钙注射液 20mL，每天 1 次，连用 3～5d。同时注射维生素 D_2，每次 1～2mL，隔1～2d 1 次，连续多次。

三、产科疾病

（一）流产

流产是指母羊在妊娠期间，由于受到各种内、外界因素的影响，造成早期胚胎发生死亡而被吸收，或提前从产道排出的一种疾病。

1. 诊断

【发病原因】

①传染性流产。多见于某些传染病和寄生虫病，如布鲁氏菌病、沙门氏菌病、弯杆菌病、毛滴虫病等。

②非传染性流产。可见于胎产性疾病和内、外科疾病，如子宫畸形、胎盘坏死、胎膜炎、羊水增多症、肺炎、肾炎、有毒植物中毒、食盐中毒、农药中毒、外伤、蜂窝织炎、败血症等。

③营养性流产。主要由于营养代谢障碍引起，可见于母羊长期营养不良、消瘦，无机盐缺乏、微量元素不足或过剩、维生素 A 不足、维生素 E 不足、饲喂冰冻和霉变饲料等。

④机械损伤性流产。饲养密度过大、互相冲撞、斗殴、踢伤、挤压以及公羊和母羊同圈饲养导致互相爬跨、乱交配等可造成大量流产。

此外，冬季受寒、长途运输、用药不当，如大量使用子宫收缩药、泻药和某些驱虫药等，也可导致流产。

【临床症状】突然发生的流产，产前一般没有特殊症状。病情缓慢者，表现为精神不佳、食欲停止、腹痛起卧、努责、咩叫、阴户流出羊水，排出死胎或弱胎后稍为安静。若在同一羊群中病因相同，则陆续出现流产，直至受害母羊流产完毕，方能稳定下来。如果胎儿受损伤发生在妊娠初期，流产可能为隐性流产（胎儿被吸收，不排出体外）。如果发生在妊娠后期，因受损伤程度不同，胎儿多在受损伤后数小时至数天排出。若微生物进入子宫内，可引起胎儿的腐败分解，产生红褐色或黄褐色有臭味的液体，母羊出现全身症状，如精神不振、食欲减退、体温升高，病羊常努责，从阴道排出少量红褐色液体，有的混有小骨片及腐败碎块。

2. 防治措施

【预防】加强妊娠母羊的饲养管理，给予质量高、数量足的饲料，严禁饲喂霉败、冰冻及有毒饲料。保持羊圈的清洁卫生，冬季注意妊娠母羊的防寒保暖。让孕羊适当运动，避免妊娠母羊相互挤压、跌倒和冲撞。对于传染性流产的预防，以定期检疫、预防接种、严格消毒为主；如果发生流产后，疑为传染病时，应取羊水、胎膜、流产胎儿的胃内容物进行检验，深埋流产物，消毒污染场所。

【治疗】对有先兆流产的母羊，采取制止阵缩及努责的措施，可注射镇静药物，如苯巴比妥、水合氯醛、黄体酮。如可用黄体酮注射液 10～25mL，肌内注射，连用 3～5d。对于子宫颈已经开放，胎囊已进入阴道或已破水，流产不可避免时，应尽快促使其排出，可肌内注射缩宫素、垂体后叶素（1～2mL）。胎儿死亡，子宫颈未开张时，应先肌内注射雌激素，如己烯雌酚或苯甲酸雌二醇 2～3mg，使子宫颈开张，然后从产道拉出胎儿。当胎儿发生干尸化或腐败分解时，应促其排出，待雌激素作用使子宫颈松软开张后，用产科钳扩张子宫颈管，缓慢取出干尸胎儿或骨片，再用高锰酸钾溶液冲洗子宫，最后在子宫内加入抗生素或磺胺类药物消炎防腐。

（二）难产

难产是由于母体或胎儿异常所引起的胎儿不能顺利通过产道分娩的疾病。难产不仅能造成胎儿死亡，有时还影响母羊的生命。

1. 诊断

【发病原因】引起难产的原因有 3 种，即产力异常、产道异常和胎儿姿势异常。饲养失调、营养不良、运动不足、体质虚弱、老龄或患有全身性疾病，会引起母羊努责无力和阵缩微弱；母羊发育不全，过早配种，骨盆和产道狭窄，或产道畸形，加之胎儿过大，无法顺利产出。胎儿姿势及胎位异常，常见的有胎儿头侧转、胎儿头俯状、胎儿头仰转、前肢或后肢关节屈曲、胎儿横位及胎儿畸形。此外，胎位不正、羊水破裂过早，也可能使胎儿不能产出，导致难产。

【临床症状】妊娠母羊发生阵痛，起卧不安，时常拱腰努责，回头望腹，阴门肿胀，从阴道流出红黄色浆液，有时露出部分胎衣，有时可见胎儿蹄或头，但胎儿长时间无法产出。

2. 防治措施

为保证母子安全，对难产母羊需进行全面检查，并及时进行人工助产术，对种羊可考虑剖宫产术。

①助产时间。当母羊阵缩超过 4～5h，而未见羊膜绒毛膜在阴门或阴门内破裂（山羊需 0.5～4h，双胎间隔 0.5～1h），母羊停止阵缩或阵缩无力时，需迅速进行人工助产，不可拖延时间，以防羔羊死亡。

②助产准备。

术前检查：了解母羊是否到了预产期，开始分娩的时间，初产或经产，努责及阵缩情况，前置部分进入产道与否，胎膜是否破裂，有无羊水流出，是否进行过助产，检查全身状况，如体温、呼吸、心跳、精神状态。

保定及消毒：一般使母羊侧卧，保持安静，必要时可注射强心剂或输液等。使其前躯低、后躯稍高，以便矫正胎位。对术者和助手的手臂、助产器械（如产科绳、产科钩、产科钳及一般手术器械）进行消毒；对母羊阴户外周，用 1∶5 000 的新洁尔灭溶液进行清洗。

产道检查：注意产道有无水肿、损伤、感染，检查产道表面干燥和湿润状态。

胎位、胎儿检查：术者将经消毒和涂上润滑油的手伸入阴道内检查胎儿姿势及胎位是否正常，判断助产难度及方式。

③助产方法。对于阵缩及努责微弱的母羊，可皮下注射垂体后叶素、麦角碱注射液 1～2mL。麦角制剂只限于子宫颈完全开张，胎势、胎位及胎向正常时使用，否则易引起子宫破裂。子宫颈口不开张时，可肌内注射雌二醇 4mL、地塞米松 6mL，2h 后再进行助产。如果子宫颈仍然扩张不全或闭锁，胎儿不能产出，或骨骼变形，致使骨盆腔狭窄，胎儿无法正常通过产道，可进行剖宫产急救胎儿，同时保护母羊安全。

（三）胎衣不下

胎衣不下是指孕羊分娩后 4～6h，胎衣仍未完全脱离并排出体外的疾病。该病常引起子宫内膜炎而导致不孕，造成种肉羊的繁殖障碍。

1. 诊断

【发病原因】该病主要是由于母羊妊娠后期缺乏运动，饲料单一，缺乏矿物质、维生素和微量元素，饮饲失调，体质虚弱等引起；母羊过肥或瘦弱，胎儿过大，难产和错误助产引起子宫收缩弛缓，子宫收缩力不足，也可造成胎衣不下。此外，子宫内膜炎、布鲁氏菌病等也可致病。有报道，羊缺硒也可致胎衣不下。

【临床症状】病羊常表现拱腰努责，食欲减少或废绝，精神委顿，喜卧地。体温升高，呼吸及脉搏增快。当胎衣不下时，部分胎衣从阴户中垂露于后肢跗关节部。胎衣久久滞留不下，可发生腐败，从阴户中流出污红色腐败恶臭的恶露，其中杂有灰白色腐败的胎衣碎片或脉管。

2. 防治措施

【预防】加强妊娠母羊的饲养管理，饲喂矿物质和维生素丰富的优质饲料，母羊妊娠后期可适当减少饲喂量，控制胎儿体重防止难产。产前 5d 内不宜过多饲喂精料，增加光照，舍饲羊适当增加运动，搞好羊圈和产房的卫生和消毒。分娩时产房保持安静。分娩后让母羊舔舐羔羊身上的羊水，尽早让羔羊吃到母乳。避免给分娩后的母羊饮冷水。积极做好布鲁氏菌病的防治工作。为了预防本病，还可用亚硒酸钠维生素 E 注射液，妊娠期肌内注射 3 次，每次 0.5mL。

【治疗】羊分娩后 24h 胎衣仍未排出，可选用以下方法。

①促进子宫收缩。垂体后叶素注射液或催产素注射液 0.8～1.0mL，1 次肌内注射。也可选用马来酸麦角新碱 0.5mg，1 次肌内注射。

②促进胎儿胎盘与母体胎盘的分离。向子宫内灌注 5%～10%盐水 300mL。

③预防胎衣腐败及子宫感染。在子宫黏膜与胎衣之间放入金霉素胶囊 50mg，每天或隔天 1 次，连用 2～3 次，以使子宫颈开放，排出腐败物。当体温升高时，宜用抗生素注射。

④手术剥离。应用药物方法已达 48～72h 而不奏效者，应立即采用手术剥离法。剥离后向子宫内灌注抗生素或防腐消毒的药液，如土霉素 1g，溶于 100mL 生理盐水中，注入子宫腔内，或注入 0.2%普鲁卡因溶液 20～30mL，加入青霉素 40 万 IU。

⑤自然剥离法。不借助手术剥离，辅以防腐消毒药或抗生素，让胎膜自溶排出，达到自行剥离的目的。可向子宫内投入土霉素胶囊（每只含 0.5g 土霉素），效果较好。

（四）生产瘫痪

生产瘫痪又称乳热症，是产后母羊突然发生的一种急性低血钙症，其特征是羊分娩后四肢瘫痪，站立不起，咽、舌、肠道麻痹。多发生于 3～6 岁的高产、营养良好的羊。

1. 诊断

【发病原因】母羊分娩前后，大量血钙进入初乳，引起血钙浓度急剧下降。妊娠后半期由于胎儿发育的消耗和骨骼吸收能力的增强，母体骨骼中储存的钙量大为减少。分娩过程中，大脑皮层由过度兴奋转为抑制状态，分娩后腹压突然降低，腹腔器官被动性充血，同时血液大量进入乳房，引起暂时性的脑部充血，导致大脑皮层抑制程度加深，从而使甲状旁腺功能减退，以致无法维持体内钙的平衡。分娩前后母羊肠道消化机能减弱，钙的吸收率降低。舍饲羊若精饲料中钙量不足，运输、日粮变更、饥饿及饮水不足等应激可诱发该病。

【临床症状】病羊虚弱，精神高度沉郁，体温偏低，食欲减少，反刍停止。四肢凉感，头歪向一侧，四肢瘫痪，卧地无法站立。对各种刺激反应迟钝，呈昏迷状，血钙含量在 6mg/100mL 以下，正常值为 8mg/100mL。临床上以产后 24h 发病最多，且病情发展快而严重，如不及时抢救常引起死亡。

2. 防治措施

【预防】妊娠期间加强饲养管理。产前两周减少含钙多及高蛋白的饲料，每天保持足够的运动，增加阳光照射；分娩后立即给母羊饮温盐水和补充钙质的饲料，促使降低的血压迅速恢复正常。避免应激，不要突然改变日粮，也不要轻易转运妊娠母羊。

【治疗】以尽快提高血液中钙离子的浓度、减少钙的流失为主，辅以对症治疗。

①静脉注射 5％氯化钙、10％葡萄糖酸钙或 40％硼葡萄糖酸钙，配合强心、补液、缓泻等。

②乳房送风法。抑制泌乳，减少血钙流失。具体方法为：乳房消毒后，用通乳针依次向每个乳头管内注入青霉素 40 万 IU、链霉素 50 万 IU（用生理盐水溶解）。然后再用乳房送风器或 100mL 注射器依次向每个乳头管注入空气，具体注入量以乳房皮肤紧张、乳腺基部的边缘清楚并且变厚、轻叩呈现鼓音为标准。送完气后，用纱布将乳头轻轻束住，防止空气逸出。待病羊站起后，经过 1h，将纱布解除。

（五）乳腺炎

乳腺炎是由于病原微生物感染引起的乳腺、乳池和乳头局部的炎症。多见于泌乳期的山羊。

1. 诊断

【发病原因】病因较为复杂，其中以机械损伤和细菌感染较为重要。病菌通过乳导管、乳头损伤或血管侵入引起乳腺炎。多见于挤乳技术不熟练，损伤乳头、乳腺；挤乳工具不卫生；乳房、乳头消毒不严、卫生不良；羔羊吃乳咬伤乳头等。病菌主要有葡萄球菌、链球菌和肠道杆菌等。另外，结核病、口蹄疫、子宫炎、羊痘、脓毒败血症等疾病也可导致乳腺炎的发生。

【临床症状】

①急性乳腺炎。乳房局部红、肿、热、痛、硬结，泌乳量明显减少，乳汁

性状发生改变，其中混有血液、脓汁或絮状物等，呈现褐色或淡红色。挤乳或羔羊吃乳时，母羊抗拒、躲闪。随着炎症延续，病羊体温升高，可达 41℃，食欲减退或废绝，瘤胃蠕动和反刍停止，严重的还会导致败血症而死亡。

②慢性乳腺炎。多因急性未彻底治愈而引发，病程延长。通常无明显的全身症状，病变乳房组织弹性降低，局部萎缩变硬，触诊乳房时，发现大小不等的硬块；乳汁稀薄、清淡，泌乳量显著下降，乳汁中带颗粒状或絮状凝乳块。

③化脓性乳腺炎。乳腺可形成脓腔，使腔体与乳腺管相通，若穿透皮肤可形成瘘管。山羊可患坏疽性乳腺炎，为地方流行性急性炎症。该病多发生于产羔后 4～6 周。结核病时乳腺组织中或其他内脏器官可形成结核结节和干酪样坏死。

2. 防治措施

【预防】保持羊圈清洁卫生，使乳房经常保持清洁，定期消毒棚圈，发现病羊隔离饲养，单独挤乳，防止病菌扩散；保持乳房清洁，每次挤奶前采用洁净温水清洗乳房和乳头，再用毛巾擦干，挤完奶后，采用 0.2％～0.3％氯胺丁溶液或 0.05％新洁尔灭浸泡或擦拭乳头；防止机械性或负压过大引起乳头管黏膜及皮肤损伤；干乳期可将抗生素注入每个乳头管内；加强饲养管理，在枯草季节应适当补喂草料、青贮料；分娩前如果乳房过度肿胀，应减少精料和多汁饲料。

【治疗】

①乳房内注入药液。乳池内注入抗生素，是治疗乳腺炎的常用方法，常用的药物有青霉素、链霉素、四环素等。操作时先将患区乳房乳汁挤净，局部消毒，将消毒过的乳导管轻轻插入乳头内，向乳头内注入抗生素（如青霉素 40 万 IU，0.5％普鲁卡因 5mL；或普链新霉素：含普鲁卡因青霉素 G 30 万 IU、硫酸双氢链霉素 100mg、硫酸新霉素 100mg，每支 10mL），轻柔乳房腺体，使药液分布于乳腺中，或用青霉素普鲁卡因溶液进行乳房基部封闭，也可用磺胺类药物。

②促进炎性渗出物吸收和消散。炎症初期需要冷敷，2～3d 后可施行热敷。采用 10％硫酸镁水溶液 1 000mL，加热至 45℃，每天外洗热敷 1～2 次，连用 4 次。涂擦樟脑软膏或用常醋调制复方醋酸铝散等药物，以促进炎性渗出物吸收，消散炎症。

③脓性乳腺炎及开口于乳池深部的脓肿。可向乳房脓腔内注入 0.02％呋喃西林溶液，或用 0.1％～0.25％依沙吖啶溶液。采用 3％过氧化氢溶液或 0.1％高锰酸钾溶液冲洗消毒脓腔，引流排脓。必要时应用四环素族药物静脉注射，以消炎和增强机体抗病能力。

④对有全身症状的病羊要肌内注射青霉素、链霉素针剂或口服磺胺类药物进行全身治疗。

四、中毒性疾病

(一) 霉变饲料中毒

霉变饲料中毒是潮湿季节易发生的中毒性疾病之一，由羊采食了发霉变质的饲料引起，主要临床症状依饲料的霉变程度与采食的多少和采食时间的长短有所不同。轻者出现胃肠炎、拉稀，妊娠母羊流产，重者出现神经症状甚至死亡。

1. 诊断

【发病原因】霉变饲料引起的山羊中毒，主要有黑斑病甘薯中毒、赤霉菌毒素中毒、霉稻草中毒、霉麦芽中毒、黄曲霉毒素中毒等，其中以黄曲霉毒素引起中毒最常见。霉菌毒素的产生多因饲料储存不当受潮引起。

【临床症状】

①急性中毒。食欲废绝，精神沉郁，弓背，惊厥，磨牙，转圈运动，站立不稳，易摔倒；黏膜黄染，患结膜炎甚至失明，对光有过敏反应；颌下水肿；腹泻呈里急后重，脱肛，虚脱；约48h死亡。

②慢性中毒。患病羔羊表现为食欲不振，生长发育缓慢，惊恐转圈或无目的地徘徊，腹泻，消瘦。患病成年羊表现为前胃弛缓，精神沉郁，采食量减少，产奶量下降，黄疸。患病妊娠期母山羊会出现流产，排足月的死胎或早产。因奶中含有霉菌毒素，故可使哺乳羔羊中毒。由于毒素抑制淋巴细胞的活性，损伤免疫系统，致使机体的抵抗力下降，易引起继发症。

【病理剖检】急性中毒时，剖检可见黄疸，皮下、骨骼肌、淋巴结、心内外膜、食道、胃肠浆膜出血；肝棕黄色，质坚实如橡胶。慢性中毒时，剖检症状除肝黄染、硬变外，无其他明显异常变化。镜检可见静脉阻塞，肝细胞颗粒变性和脂肪变性，结缔组织和胆管增生；血管周围水肿，成纤维细胞浸润，淋巴管扩张。

2. 防治措施

【预防】防止饲料发霉变质、禁止饲喂霉变饲料是预防本病的关键。饲料储藏室要保持通风干燥，对被霉菌污染的仓库应熏蒸消毒（每立方米用福尔马林40mL，高锰酸钾20g，水20mL，密闭熏蒸24h）。对被霉菌污染的饲料可在每吨饲料中添加脱霉净500~1 000g。

【治疗】

①怀疑为霉菌毒素中毒时，立即停喂所怀疑的饲料，停食24h后改换其他饲料。如果羊是轻微中毒，换料即可，不需用药。如症状较重，可进行缓泻用药。

②对严重病例可辅以补液强心，用安钠咖注射液5~10mL，5％葡萄糖注

射液 250～500mL，5％碳酸氢钠注射液 50～100mL，1 次静脉注射，维生素 C 注射液 5～10mL 肌内注射。

③对有神经症状的加镇静剂，用盐酸氯丙嗪按羊每千克体重 1～3mg 的量注射（出现神经症状的多愈后不良）。

（二）食盐中毒

食盐是动物饲料中不可缺少的成分，适量的食盐能维持动物体内的正常水盐代谢，并可增强食欲和促进胃肠活动，但过量则可引发中毒。资料表明，成年羊食盐的致死量是 125～250g。

1. 诊断

【发病原因】羊发生食盐中毒或致死并不单纯决定于食盐的食入量，还取决于羊饮水是否充足。如果羊一时食入的食盐太多，但同时又饮用了大量水，则不一定会发生中毒；相反，如果食入的食盐过多，又缺乏饮水，那么中毒概率就会加大。

【临床症状】羊中毒后表现为口渴，食欲或反刍减弱或停止，瘤胃蠕动消失，常伴发臌气。急性发作的病例，口腔流出大量泡沫，结膜发绀，瞳孔散大或失明，脉细弱而增数，呼吸困难。腹痛，腹泻，有时便血。病初兴奋不安，磨牙，肌肉震颤，盲目行走和转圈运动，继而行走困难，后肢拖地，倒地痉挛，头向后仰，四肢不断划动，多为阵发性。严重时呈昏迷状态，最后窒息死亡。体温在整个病程中无显著变化。

【病理剖检】脑膜和脑内充血与出血，胃肠黏膜充血、出血、脱落。心内外膜及心肌有出血点。肝脏肿大，质脆，胆囊扩张。肺水肿。深紫红色肿大，被膜不易剥离，皮质和髓质界限模糊。全身淋巴结有不同程度的淤血、肿胀，也可能引发嗜酸性粒细胞性脑炎。

2. 防治措施

【预防】做好食盐的储存，防止羊误食。日粮中补加食盐时要充分混匀，量要适当。用高渗盐水静脉注射时应掌握好用量，以防发生中毒。

【治疗】中毒初期，内服黏浆剂及油类泻剂，并少量多次地给予饮水，切忌任其暴饮，使病情恶化。静脉注射 10％氯化钙或 10％葡萄糖酸钙，皮下注射或肌内注射维生素 B_1。对症治疗可用镇静剂，肌内注射盐酸氯丙嗪按每千克体重 1～3mg，静脉注射 25％硫酸镁溶液 10～20mL 或 5％溴化钙溶液 10～20mL；心脏衰竭时，可用强心剂；严重脱水时应立即进行补液。

（三）尿素中毒

尿素是动物体内蛋白质分解的终末产物，在农业上广泛用作肥料。尿素可作为反刍动物的蛋白质补充饲料，也可用于麦秸的氨化。但若用量不当或存放不当，羊只偷食，则可导致尿素中毒。

1. 诊断

【发病原因】尿素添加剂量过大，浓度过高，和其他饲料混合不匀，食后立即饮水或羊喝了大量人尿，都会引起尿素中毒。

【临床症状】发病较快，表现不安，呻吟磨牙，口流大量泡沫性唾液；瘤胃急性膨胀，蠕动消失，肠蠕动亢进；心音亢进，脉搏加快，呼吸极度困难、呼气有氨味；中毒严重者站立不稳，倒地，全身肌肉痉挛，眼球震颤，瞳孔放大。

【病理剖检】瘤胃内容物有氨臭，胃黏膜充血、出血、溃疡，甚至脱落，肝脏肿大易碎，胆囊肿胀，肾肿大淤血，肺充血水肿，血液凝固不良，肠系膜淋巴结肿胀，切面湿润多汁呈灰白色。

2. 防治措施

【预防】严格化肥保管使用制度，防止羊误食尿素。用尿素作饲料添加剂时，严格掌握用量，体重 50kg 的成年羊，每日用量不超过 25g。尿素以拌在饲料中喂给为宜，不得化饮服用或单喂，喂后 2h 内不能饮水。如日粮蛋白质已足够，不宜加喂尿素。

【治疗】发现羊中毒后，立即停止补饲尿素并灌服食醋或醋酸等弱酸溶液，如 1％醋酸 1L，糖 250～500g，水 1L，分 5 次灌服。静脉注射 10％葡糖糖酸钙液 100～200mL，或静脉注射 10％硫代硫酸钠液 100～200mL，同时应用强心剂、利尿剂、高渗葡萄糖等疗法。

（四）有机磷中毒

有机磷中毒是由于有机磷化合物进入动物体内，抑制胆碱酯酶的活性，导致乙酰胆碱大量积聚引起的中毒性疾病，以流涎、腹泻和肌肉痉挛等为特征。有机磷化合物主要用于农作物杀虫剂、环卫灭蝇及动物驱虫，在保管不当、应用不慎或造成环境、饲料及水源污染时，易引起动物中毒。

①饲养管理粗放，采食、误食或偷食喷洒过农药不久的农作物、牧草、蔬菜类，或误食拌有、浸有农药的种子。

②管理与使用不当，如在运输和保管过程中，有破损包装漏出，农药污染地面甚至污染饲料和饮水。在同一库房储存农药和饲料，或在饲料库中配制农药或拌种，造成农药污染饲料。

③饮水或饮水器具被有机磷农药污染，如在水源上风处或在池塘、水槽、涝池等饮水处配制农药，洗涤有机磷农药盛装器具和工作服等。农药厂排放废水可使局部地表水受到较严重污染。

④农业、林业及环境卫生防疫工作中喷雾或农药厂生产的有机磷杀虫剂废气可污染局部或较远距离的环境空气，畜禽吸入挥发的气体或雾滴可致中毒。

⑤有些有机磷化合物作为兽药，在防治家畜疾病过程中用药不当，如滥用或过量应用敌百虫等治疗皮肤病和内外寄生虫病而引起的中毒等。

⑥有时发生人为的蓄意投毒，造成羊中毒。

1. 诊断

【临床症状】有机磷农药可通过消化道、呼吸道及皮肤进入体内。有机磷与胆碱酯酶结合生成磷酰化胆碱酯酶，失去水解乙酰胆碱的作用，致使体内乙酰胆碱蓄积，呈现出胆碱能神经的过度兴奋症状。

羊中毒较轻时，食欲减退、无力、流涎，较重时呼吸困难，腹痛不安。肠音加强，排粪次数增多。肌肉颤动，四肢发硬。瞳孔缩小，视力减退。最严重的时候，口吐大量白沫，心跳加快，体温升高，大小便失禁，神志不清，黏膜发紫，全身痉挛，血压降低，终致死亡。血液检查：红细胞及血红蛋白减少，白细胞可能增加。

【诊断方法】根据发病很急，变化很快，流涎、腹泻、腹痛不安及瞳孔缩小等特点，结合有机磷农药接触病史可以作出初步诊断。确诊必须结合实验室检验、药物治疗试验综合分析。

实验室诊断：测定全血和脑组织胆碱酯酶活性可提供重要的辅助诊断指标。全血胆碱酯酶活性为正常的50%～70%为轻度中毒，30%～50%为中度中毒，低于30%为重度中毒。对可疑饲料、饮水、胃内容物、呕吐物、尿液、被污染皮肤洗涤液等进行有机磷的定性和定量检验，可为确诊本病提供依据。

2. 防治措施

【预防】为防止动物有机磷农药中毒，应采取以下措施。

①认真执行《农药管理条例》，妥善保管和使用有机磷农药。

②喷洒过有机磷农药的田地，7d内不让畜禽进入。喷洒过有机磷的青草，1个月内禁止畜禽采食。

③严格按照《中华人民共和国兽药典》，应用有机磷杀虫剂治疗有关疾病，不得滥用或过量使用。动物口服有机磷杀虫剂之前，要先供给充足的清洁饮水。

④加强农药厂废水的处理和综合利用，对环境进行定期检测，以便有效控制有机磷化合物对环境的污染。

【治疗】应立即停止饲喂可疑饲料和饮水，让其迅速脱离污染环境，并积极清除毒物，防止毒物继续吸收，进行特效解毒和对症治疗。

①清除毒物。经皮肤染毒者，用5%石灰水或肥皂水（敌百虫禁用）刷洗；经口染毒者，用0.2%～0.5%高锰酸钾溶液（1605禁用），或2%～3%碳酸氢钠溶液（敌百虫禁用）洗胃，随之给予泻剂。

②解毒。可用解磷定或阿托品注射液。

解磷定：按每千克体重10～45mg计算，溶于生理盐水、5%葡萄糖液、糖盐水或蒸馏水中均可，静脉注射。半小时后如不好转，可再注射1次。

阿托品：用 1% 阿托品注射液 1～2mL，皮下注射。

在中毒严重时，可合并使用解磷定及阿托品。

③用 0.2% 高锰酸钾或 3% 碳酸氢钠溶液洗胃和灌肠。

④内服泻剂，如硫酸钠，成年羊 80～100g，加大量水灌服。

⑤静脉注射 10%～20% 葡萄糖溶液 300～500mL，并肌内注射安钠咖 3～5mL。结合应用维生素 C、维生素 A、维生素 D 效果更好。

（五）氢氰酸中毒

羊的氢氰酸中毒常因采食过量含有氰苷的植物，如高粱苗、玉米苗、马铃薯幼苗、亚麻叶、枇杷叶等；使用某些中药过多，如杏仁、桃仁等使用过量；误食了氰化物污染的水或饲草。氢氰酸在胃内经酶水解和胃酸的作用，产生游离的氢氰酸而引起中毒。临床以呼吸困难、震颤、痉挛和突发死亡为特征的中毒性缺氧综合征。

1. 诊断

【临床症状】主要表现发病迅速，多于采食含有氰苷的饲料后 15～20min 出现症状。首先表现腹痛不安，瘤胃臌气，呼吸加快，可视黏膜潮红，口流白色泡沫状唾液。先兴奋，很快转入沉郁状态，随之出现极度衰弱，步态不稳或倒地。严重者体温下降，后肢麻痹，肌肉痉挛，瞳孔放大，全身反射减少乃至消失。心搏动徐缓，脉细弱，呼吸浅微，直至昏迷而死亡。

【病理剖检】尸僵不全，尸体不易腐败。血液鲜红，凝固不良。口腔内有血色泡沫。胃肠黏膜充血及出血。喉头、气管及支气管黏膜有出血点，肺充血或出血。

2. 防治措施

【预防】高粱、玉米的幼苗及收割后的再生苗及已知含有氰苷的植物的叶和核仁等不得喂羊。如利用木薯应去皮切片，用水浸泡 2d；整薯浸泡 4～6d，磨成粉浸泡 1d（每天换水 1 次）。去毒后每天喂量不得超过日粮的 1/8～1/5。发病后应立即治疗。

【治疗】

①用 3% 亚硝酸钠，每千克体重 6～10mg，静脉注射。然后再静脉注射 5% 硫代硫酸钠，每千克体重 1～2mg；或 10% 对二甲氨基苯酚，每千克体重 10mg，静脉注射。

②用亚硝酸异戊酯吸入剂 1/2～2 支，安瓿用纱布或棉花包裹，折断，放在鼻孔处让其吸入。

第八章 雷州山羊养殖场的建设及管理

雷州山羊养殖场是雷州山羊集中饲养和生产的场所，其设计建设必须根据雷州山羊的生物学特点、生活习性、当地的土地规划和环境保护要求来综合考虑。羊场设计包括建筑设计和技术设计。羊场设计必须满足工艺设计要求，即满足雷州山羊对环境的要求及饲养管理工作的技术要求等，并考虑当地气候、建材、施工习惯等。羊场建筑设计的任务，在于确定羊舍的形式、结构类型、各部尺寸、材料性能等，设计合理与否，对舍内小气候状况具有决定性影响。羊场技术设计，包括结构设计及给排水、保暖、通风、电气设计，均须按建筑设计要求进行。因此，雷州山羊养殖场的设计建设要从选址、场内规划布局、羊舍建筑、设施设备和卫生防疫等方面进行考虑。

第一节 雷州山羊羊场建设

一、场址选择

规模化养殖雷州山羊，场址选择非常重要，除考虑饲养规模外，应符合当地土地利用规划和环保的要求，充分考虑羊场的饲草料条件，还要符合雷州山羊的生活习性及当地的社会条件和自然条件。较为理想的场址应具备以下基本条件。

1. 地势条件

建设羊场的地势应比较高燥。羊喜欢干燥清洁的环境。在低洼潮湿的环境中，羊容易产生体外和体内寄生虫病或者发生腐蹄病等。因此，建设羊场的场地应选择地势较高、透水透气性强、通风干燥的地方，不能在低洼涝地、河道、山谷、垭口及季风口等地建场，建场的地下水位一般在2m以下。场区地势要平坦而稍有坡度（不超过5%）。山区地势变化大，面积小，坡度大，可结合实际情况确定。场区土质应坚实。

2. 水质要求

羊场附近要有充足的清洁水源，不宜在严重缺水或严重污染的地区建场。选择场址前，应考虑当地有关地表水、地下水资源的情况，了解是否有因水质问题而出现过某种地方性疾病。另外，羊场应远离屠宰场和排放废水的工厂，尽可能建场于工厂上游，以保持水质洁净。水中的大肠杆菌数、固体物总量、硝酸盐和亚硝酸盐的总含量都要符合卫生标准。羊场要建在居民区和水源的下风头，距离居民区和水源至少 500m。

3. 交通运输

为了保证饲草、饲料和羊运输方便，减少运输成本，同时考虑通信和能源供应条件，羊场建设要求交通便捷，可选择在养羊中心产区建场，距离市区不能太远，同时也不能在交通要道的旁边建场。羊场距离公路干线、铁路、城镇居民区和公共场所要在 3km 以上。

4. 饲草料供应

雷州山羊以产肉为主，耐粗饲、繁殖快、生长速度快，规模化养殖所需饲草、饲料总量较多，因此要有充足的饲草料来源。饲料基地的建设要考虑羊群发展的规模，特别要注意准备足够的越冬饲料和青贮饲料，本着尽可能多的原则解决好饲草料供应问题。

5. 防疫要求

不在传染病和寄生虫病流行的疫区建场，羊场周围的居民和牲畜应尽量少些，以便一旦发生疫情方便进行隔离封锁。羊场周围 3km 以内无大型化工厂、采矿厂、皮革厂、肉品加工厂、屠宰场等污染源。羊场周围有围墙或防疫沟，并建立绿化隔离带。场址大小和圈舍间隔距离等都应该遵守卫生防疫要求。

二、羊场基本设施

羊场基本设施包括羊舍、运动场、消毒设施、供水设施、供电设施、饲草基地、饲草料加工及储藏设施、粪污处理设施。

三、羊场布局规划

羊舍结构要符合羊群生产结构，要求生活管理区、生产区、粪污处理及隔离区三区分开，净道、污道分开，羊舍布局符合生产工艺流程，即公羊舍、空怀及后备母羊舍、妊娠母羊舍、产羔舍、保育舍、育成羊舍、育肥舍，有运动场。

1. 羊场分区规划

通常将羊场分为 3 个功能区，即生活管理区、生产区、粪污处理及隔离区。分区规划时，首先从家畜保健角度出发，以建立最佳的生产卫生防疫条件为目标，一般按主风向和坡度的走向依次排列顺序为生活管理区→生产区→粪污处理及隔离区。

（1）生活管理区　应建设在场区常年主导风向上风处。生活管理区与生产区应保证有 30m 以上的间隔距离。生活管理区应建设饲料加工设施及仓库、工人食宿设施、兽医药品库、消毒室等。粗饲料库应建在地势较高处，与其他建筑物保持一定防火距离，兼顾由场外运入和再运到羊舍两个环节。

（2）生产区　生产区应设在场区的下风位置，可建设种公羊舍、空怀母羊舍、妊娠母羊舍、分娩羊舍、哺乳羊舍、育成羊（羔羊）舍、育肥舍、运动场、更衣室、消毒室、药浴池、青贮窖（塔）等设施。种羊舍建筑面积占全场总建筑面积的 70%～80%。

（3）粪污处理及隔离区　主要包括隔离羊舍、病死羊处理及粪污储存与处理设施。粪污堆放和处理应安排专门场地，设在羊场下风向、地势低洼处。病羊隔离区应建在羊舍的下风、低洼、偏僻处，与生产区保持 500m 以上的间距；粪污处理房、尸坑和焚尸炉距羊舍 100m 以上。

2. 羊场建筑布局

羊的生产过程包括种羊的饲养管理与繁殖、羔羊培育、育成羊的饲养管理与肥育、饲草饲料的运送与储存、疫病防治等，这些过程均在不同的建筑物中进行，彼此间发生功能联系。建筑布局必须将彼此间的功能联系统筹安排，尽量做到配置紧凑、占地少，又能达到卫生和防火安全要求，保证最短的运输、供电、供水线路，便于组成流水作业线，实现生产过程的专业化、规范化。羊场建筑物主要包括羊场办公及生活用房、羊舍、隔离舍、运动场、草料储藏及加工房、青贮窖、兽医室及人工授精室等。

3. 运动场与场内道路设置

运动场应选在背风向阳、稍有坡度的地方，以便排水和保持干燥。一般设在羊舍南面，低于羊舍地面 60cm，向南缓缓倾斜，以沙质壤土为好，便于排水和保持干燥，四周设置 1.2～1.5m 高的围栏或围墙，围栏外侧应设排水沟，运动场两侧应设遮阳棚或种植树木，以减少夏季烈日曝晒，面积为每只成年羊 4m²。羊场内道路根据实际定宽窄，既方便运输，又符合防疫条件，要求运送草料、畜产品的路不与运送羊粪的路通用或交叉，兽医室设单独道路，不与其他道路通用或交叉。

4. 羊舍分类

（1）成年羊舍　成年羊舍是饲喂基础母羊和种公羊的场所，多为头对头双列式，中间为饲喂通道。种公羊单圈，青年羊、成年母羊一列，同一运动场；妊娠前期一列，一个运动场。敞开式、半敞开式、封闭式都可，尽量采用封闭式。

（2）分娩羊舍　妊娠后期母羊进入分娩舍单栏饲养，每百只成年羊舍准备 15 个分娩栏，羊床厚垫木板或者塑料网，并设有羔羊补饲栏。一般采用双列式，妊娠后期母羊一列、一个运动场，分娩羊一列、一个运动场，敞开式、半敞开式、封闭式都可，尽量采用封闭式。

（3）青年羊舍　青年羊舍用于饲养断奶后至分娩前的青年羊。这种羊舍设备简单，没有生产上的特殊要求，功能与成年羊舍一致。

（4）羔羊舍　羔羊断奶后进入羔羊舍，合格的母羔羊6月龄进入后备羊舍，公羔羊至育肥后出栏，应根据年龄段、强弱、大小进行分群饲养管理。关键在于保暖，采取封闭式，双列、单列都可。

羊舍分类不是绝对的，也可分羔羊舍、育肥羊舍、配种舍（种公羊、后备羊、空怀母羊）、妊娠前期羊舍、妊娠后期羊舍，设计时可单列或双列饲养。羊舍尽量不要那么复杂，方便管理即可。

第二节　雷州山羊羊舍建筑

雷州山羊主要分布在广东、广西和海南等热区，这些区域自然条件差异较小，因此，羊舍的建筑要求与结构也基本相同。雷州山羊的舍饲化养殖方式基本是高床养殖，对于放牧的雷州山羊羊舍建筑没有固定要求。对羊舍内环境要求总的原则是能保温、无贼风、保持干燥。

一、羊舍建筑的基本要求

1. 建筑地点要求

雷州山羊舍必须建设在干燥、排水良好的地方，南面有较为宽阔平坦的运动场，羊舍要求处在生活管理区的下风向，羊舍侧面对着冬春季的主风方向。

2. 布局要合理

生产区要与生活管理区分开并处于其下风向。公羊舍建在下风处，距母羊舍200m以上；羔羊舍和育成羊舍建在上风处；成年羊舍建在中间；病羊隔离舍要远离健康羊舍300m处。

3. 建筑面积标准

建筑面积大小以羊的生产方向、品种、性别、年龄和气候条件不同而加以区别。羊舍建筑面积一般占整个羊场面积的10%～20%，面积过小会导致舍内拥挤、潮湿、空气混浊，过大不利于冬季保温并造成不必要的浪费。一般每只羊对舍内面积的要求是：种公羊1.5～2.0m²，成年母羊0.8～1.0m²，育成羊0.6～0.8m²，羔羊0.5～0.6m²，阉羊0.6～0.8m²，妊娠后期或哺乳母羊2.0～2.5m²。产羔舍一般可按基础母羊总数的25%计算。产房内应有取暖设备，保持产房有一定温度。

4. 羊舍高度

羊舍高度由羊舍类型及养羊数量决定。羊多时，羊舍应适当高些，以保持空气新鲜，但过高不利于保温，且建筑费用高。南方地区高温高湿，羊舍建筑应以防暑防湿为重点，一般舍顶高度为 2.8m 左右。农户散养的羊较少，圈舍高度可略低些，但不得低于 2m。

5. 门窗面积要求

雷州山羊合群性强，出入圈门易拥挤。南方气候高温、多雨、潮湿，门窗应大开为好，一般门高 1.2m 左右，门宽 1.5m 左右，门的面积按照圈舍面积 5%～6% 计算。羊舍应有足够的光线，窗户面积一般占地面面积的 1/15，以保证羊舍内的采光及卫生，窗应向阳，距地面 1.5m 以上，防止贼风直接吹袭羊体。

6. 地面要求

羊舍地面应高出舍外地面 20～30cm，铺成斜坡以利排水。雷州山羊羊舍一般采用高床漏缝式，羊床常用木条或竹条构筑，也可采用复合塑料材料制成，木条间隙为 1.0～1.5cm，以便漏下粪尿。人工清除粪便的羊床高度与地面距离 1.5～1.8m，便于清扫粪便；安装有刮粪板的羊床高度与地面距离 0.5～0.8m。自动刮粪板可以定时清除粪便，省时省力，目前已在实际生产上推广使用，效果不错。

7. 要防潮保温

羊舍要做到冬季保温，夏季防潮。一般羊舍冬季舍内温度应保持在 5℃ 以上，羔羊舍及产房则应达到 15℃ 左右。

8. 建筑材料就地取材

建造羊舍的材料，以经济耐用、就地取材为原则。土坯、石头、砖瓦及木材等都可用作建筑材料，要因地制宜，就地取材，降低成本，提高效益。

二、羊舍的类型

雷州山羊羊舍类型依所在地区气候条件、饲养方式等不同而异。羊舍的形式按羊床在舍内的排列可划分为单列式、双列式。按屋顶样式分为单坡式、双坡式和拱形等。单坡式羊舍跨度小，自然采光好，适于小型羊场和农户；双坡式羊舍跨度大，保温力强，但采光和通风差，占地面积少。按羊舍墙体封闭程度可划分为封闭式、敞开式和半敞开式。封闭式羊舍具有保温性能强的特点，不适合南方地区采用；半敞开式羊舍采光和通风好，南方地区可普遍应用；敞开式羊舍可防太阳辐射，但保温性能差，适合炎热地区，温带地区在放牧草地也可起到凉棚的作用。在单列式羊舍中为使管理人员操作方便，又有带走廊和无走廊的形式，大型羊场多采用带走廊的双列式羊舍。

1. 单列式羊舍

雷州山羊生活习性耐热，但不喜欢潮湿的环境。雷州山羊规模化养殖场基本采取的高床养殖，这也是南方气候炎热、多雨潮湿的地区主要推广的羊舍建筑类型之一。单列式羊舍即羊床在舍内的排列为单列，另一边为走道。单列式羊舍的建筑材料可用砖、木板、木条、竹竿、竹片或金属材料等。半敞开式羊舍，双坡式屋顶或单坡式屋顶，东西砌高墙，南北两面（或四面）墙高1.5m，南北设计铁皮窗户，可以根据天气变化随时打开或者关闭，有条件的可以加装1台电机，设计自动升降窗户；也可以四周空旷的方式，冬季寒冷时用草帘、竹篱笆、塑料布或编织布将上墙面围住保暖。圈底距地面高1.3～1.8m，采用漏缝地板，缝隙1.5～2.0cm，以便粪尿漏下，清洁卫生，无粪尿污染，且通风良好，防暑、防潮性能好。漏缝地板下做成斜坡形的积粪面和排尿水沟，有利于粪尿的清洁和收集，节约用水。有条件的可以设计自动刮粪除粪系统。漏缝地板下设计为水平的粪道，目前这种方式已在规模化雷州山羊养殖场推广实施，可100%清除粪便，省时省力，舍内环境卫生好。运动场设在羊舍的南面，面积为羊舍的2～2.5倍，运动场围栏高1.3～1.5m，楼梯设在南面或侧面的墙体处。单列式羊舍一侧的走廊设食槽和饮水槽。

2. 双列式羊舍

双列式羊舍的羊床在舍内的排列为双列，中间为走廊，并将食槽和饮水槽设置于走廊，羊舍采用双坡式屋顶外，其余各种设施和布局基本与单列式羊舍相同。

3. 敞开式羊舍

敞开式羊舍三面有墙，一面无墙，有顶盖，无墙的一面向运动场敞开。无墙对面的墙上留有通风窗口，以利于炎夏通风降温。运动场内靠围栏设置饲槽和饮水设施。为了防止夏季强烈的太阳辐射，影响羊采食饲草料，在饲槽的上方搭建遮阴篷。羊舍及运动场地面最好为砖地面，有利于清洁和羊蹄的保护。羊群平时在运动场采食和活动，休息时返回羊舍。

4. 楼式羊舍

南方草山草坡较多。为了方便羊群采食，可因地制宜借助缓坡，就近修建羊舍，主要用于小规模饲养。山坡坡度以20°为宜，羊舍距地面高度为1.2m。建成吊楼，双坡式屋顶，单列式或双列式，羊舍南面或南北面做成1m左右高的墙，舍门宽1.5～2.0m。铺设木条漏缝地板，缝隙1.5～2.0cm，便于粪尿漏下。羊舍南面设运动场，用于羊补饲和活动。

三、羊舍的基本结构

1. 地基与地面

承受整个建筑物的土层叫地基。一般羊舍多用天然地基（直接利用天然土层），通常认为一定厚度的沙壤土层或碎石土层较好。黏土、黄土和富含有机质的土层不宜用作地基。地基是指墙壁埋入地下的部分，它直接承受墙壁、门窗等建筑物的重量。地基应坚固、耐火、防潮,比墙宽,呈梯形或阶梯形,以减少建筑物对地基的压力,深度一般为50～70cm。为防止地下水通过毛细管浸湿墙体,应在地平部位铺设防潮层(如沥青等)。圈舍和运动场地面是羊活动、采食、休息和排粪尿的主要场所,要求地面坚实平整、不滑,便于清扫和消毒,并具有较高的保温性能。舍内地面比舍外地面应高40cm,地面一般应保持一定坡度,以保持地面干燥。

2. 羊床

除地面以外,羊床也是非常重要的环境因子,尤其是在南方等炎热潮湿的地区。漏缝地板具有保持圈舍内清洁、不污染饲料和减少腐蹄病等优点,极大地影响着雷州山羊的健康和生产力。漏缝地板条间距1.5～2.0cm,以利粪尿漏下。离地面高度为1.5～2.0m,安装有刮粪板的羊舍离地面高度为0.5～0.8m,以便于通风、防潮、防腐、防虫和除粪。目前,雷州山羊高床养殖羊床材料主要为木条、竹板、PVC复合型板材和镀锌钢网等。木材和竹子建设成本低,但使用年限较短,使用1～2年后强度下降,羊踩踏后容易折断。而PVC复合型板材和镀锌钢网具有高强度、耐腐蚀、抗老化、便于清洗、边缘光滑不伤羊蹄等特点,使用寿命可达10年左右,但建设成本较高。

3. 墙壁

墙壁是羊舍建筑结构的重要部分,羊舍的保温、防潮、防贼风等性能的优劣在很大程度上取决于墙壁的材料和结构。据研究,羊舍总热量的30%～40%都是通过墙壁散失的。因此,对墙壁的要求是坚固,承载墙的承载力和稳定性必须满足结构设计的要求,保温性能好,墙内表面要便于清洗和消毒,地面或羊床以上1.0～1.5m高的墙面应有水泥墙裙。我国常用的墙体材料是黏土砖,优点是坚固耐用、传热慢、消毒方便,缺点是毛细作用较强、吸水能力也强、造价高。所以,为了保温和防潮,同时为了提高舍内照度和便于消毒等,砖墙内表面要用水泥砂浆粉刷。墙壁的厚度应根据当地的气候条件和所选墙体材料的传热特性来确定,既要满足墙的保温和承载力要求,又要尽量降低成本。在有些地方,还可以使用土墙,其特点是造价低、保温性能好,但防水性能差、容易倒塌,只适用于临时羊舍。

近年来,许多新型建筑材料(如金属铝板、钢构件和隔热材料等)已经用于各类畜舍建筑中。用这些材料建造的畜舍,不仅外形美观、性能好,而且造价也不比传统的砖瓦结构建筑高多少,是未来大型集约化羊场建筑的发展方向。

4. 门窗

羊舍的门窗要求坚固结实,能保持舍内温度,要易于出入,并向外开。门是供人和羊出入的地方,以大群放牧为主的圈舍,圈门以宽1.5～2.0m、高

1.5m 为宜，分栏饲养的门的宽度以 1～1.5m 为宜。门外设坡道，便于羊出入。门的设置应避开冬季主导风向。饲养管理走廊门以宽 2.0m、高 2.0m 为宜，便于饲养人员和饲料推车的进出。窗户主要是为了采光和通风换气。窗户的大小、数量、形状、位置应根据当地气候条件合理设计。面积大的窗户采光多、换气好，但冬季散热和夏季向舍内传热也多。窗户应距地面 1.5m，高 1m，宽 1～2m。一般窗户的大小以采光面积对地面面积之比来计算，种羊舍为1：（8～10），育肥羊舍为 1：（15～20），产羔舍或育成羊舍应小些。

5. 屋顶和天棚

屋顶和天棚是羊舍顶部的承重构件和围护结构，主要作用是承重、保温隔热、防太阳辐射和雨雪。羊舍屋顶材料基本上应具有防雨、隔热功能，并经久耐用。良好的羊舍绝缘设施可减少羊舍外的热量传导到羊舍内。隔热可由两方面着手：其一为屋顶面具有反光好的表面和色泽，以减少辐射热；其二是屋顶材料具有良好的绝缘（亦即隔热）效果，可减少热量传导入羊舍内。

常用的屋顶有以下几种形式：

（1）草顶　优点是造价低、冬暖夏凉，但使用年限短、不易防火、需要年年维修。

（2）瓦顶　优点是坚固、防寒、防暑，但造价太高。

（3）水泥顶或石板顶　优点是结实不透水，缺点是导热性高、夏季过热、冬季阴冷潮湿。

（4）泥灰顶　优点是造价低、防寒、防暑、能避风雨，缺点是不坚固、要经常维修。

（5）彩钢板　目前最常使用的是彩钢板加上良好的绝缘材料。

6. 通风

通风可排除羊舍内多余的水汽，降低舍内湿度，防止围护结构内表面结露，同时可排除空气中的尘埃、微生物、有毒有害气体，改善羊舍的卫生状况。另外，适当的通风还可缓解夏季高温对羊的不良影响。

（1）自然通风　自然通风的动力是自然界风力造成的风压和舍内外温差形成的热力使空气流动，进行舍内外空气交换。当羊群处于舍内时，热空气上升，舍内上部气压高于舍外，而下部气压低于舍外。由于存在压力差，羊舍上部的热空气就从上部开口排出，舍外冷空气从羊舍下部开口流入，这就形成了热压通风。热压通风量的大小取决于舍内外温差、进排风口的面积和进排风口间的垂直距离。温差越大，通风量越大；进排风口的面积及其之间垂直距离越大，通风量越大。当外界有风时，羊舍迎风面气压大，背风面气压小，则空气从迎风面的开口流入羊舍，舍内空气从背风面的开口流出，这样就形成了风压通风。自然界的风是随机的，时有时无，因此在自然通风设计中，一般是考虑无风时的不利情况。

（2）机械通风　密闭式羊舍且跨度较大时，仅靠自然通风不能满足其需求，需辅以机械通风。机械通风的通风量、空气流动速度和方向都可以控制。机械通风可分为两种形式：一种是负压通风，即用轴流式风机将舍内污浊空气抽出，使舍内气压降低，则舍外空气由进风口流入，从而达到通风换气的目的；另一种是正压通风，即将舍外空气由离心式或轴流式风机通过风管压入舍内，使舍内气压高于舍外，在舍内外压力差的作用下，舍内空气由排气口排出。正压通风可以对进入舍内的空气进行加热、降温、除尘、消毒等预处理，但需设风管，设计难度大，在我国较少采用。负压通风设备简单、投资少、通风效率高，在我国被广泛采用；其缺点是对进入舍内的空气不能进行预处理。无论正压通风还是负压通风都可分为纵向通风和横向通风。纵向通风即风机设在羊舍山墙上或靠近该山墙的两纵墙上，进风口则设在另一端山墙上或远离风机的纵墙上。横向通风有多种形式：负压风机可设在屋顶上，两纵墙上设进风口或风机设在两纵墙上，屋顶风管进风；也可在两纵墙一侧设风机，另一侧设进风口。纵向通风口舍内气流分布均匀，通风死角少，其通风效果明显优于横向通风。无论采用什么样的通风方式，都必须考虑羊舍的排污要求，使舍内气流分布均匀，通风无死角、无涡风区，避免产生通风短路。此外，还要有利于夏季防暑和冬季保暖。

第三节　雷州山羊羊场设施与设备

一、羊场设施

1. 消毒设施

（1）药浴设施　在羊场内选择适当地点修建药浴池。药浴池一般深 1m、长 10m、池底下宽 0.6m、池底上宽 0.8m，以 1 只羊能通过而转不过身为度。入口一端是陡坡，出口一端筑成台阶以便羊攀登，出口端设有滴流台，羊出浴后在羊栏内停留一段时间，使身上多余的药液流回池内。药浴池一般为长方形，似一条狭而深的水沟，用水泥筑成。小型羊场或农户可用浴槽、浴缸、浴桶代替，以达到预防羊体外寄生虫的目的。另外，大型羊场还可以采用淋浴式，修建密闭的淋浴通道，上下左右分别安装 4 排喷淋管，使羊从通道通过时全身能均匀地被药液浸透。

（2）场区入口车辆消毒设施　车辆消毒设施分为全自动车辆消毒通道和消毒池。以前在建设羊场的时候，通常都要求在大门口通道处建一个大的消毒池，供进出养殖场的车辆消毒使用。这确实起到了一定的消毒防疫作用，但也暴露出很多问题。比如消毒药单一，主要以生石灰为主；消毒池大部分露天，池内的消毒液因污染、挥发、下雨冲淡药液等，无法保证消毒效果。进出羊场的运输车辆，特别是运羊车辆，车轮、车厢内外都需要进行全面的喷洒消毒，目前主要采用车辆专用智能消毒通道，让消毒更全面。

（3）更衣室与消毒室　凡进场人员，必须经门卫第一消毒室，先用消毒液洗手，然后更衣换鞋方可入场。因此在人员入场消毒通道旁需要设置更衣室。进入消毒通道后，地面需铺上防滑垫并用消毒药液浸泡 1cm 深。消毒一般采用紫外线、喷雾、臭氧这 3 种方法进行。因为紫外线和臭氧对人体健康有较强的危害，所以现在一般都采用喷雾消毒的方法。

2. 饮水设施

一般雷州山羊羊场可用水桶、水槽、饮水器给羊饮水，大型集约化羊场一般采用自动饮水器。

（1）水槽　饮水槽一般固定在羊舍或运动场上，可用成型的 PVC 专用羊槽、排污管（一开二）或不锈钢制成，也可用砖、水泥制成。在其一侧下部设置排水口，以便清洗水槽，保证饮水卫生。水槽高度以方便羊饮水为宜。

（2）自动饮水器　羊场采用自动化饮水器，能适应集约化生产的需要。自动饮水器有浮子式和真空泵式两种，其原理是通过浮子的升降或真空调节器来控制饮水器中的水位，达到羊自动饮水的效果。浮子式自动饮水器具有一个饮水槽，在饮水槽的侧壁后上部安装一个前端带浮子的球阀调整器。使用中，通过球阀调整器的控制，可保持饮水器内的水始终处在一定的水位。羊通过饮水器饮水，球阀则不断进行补充，使饮水器中的水始终保持新鲜清洁。其优点是羊饮水方便，减少水资源的浪费，可保持圈舍干燥卫生，减少各种疾病的发生。

3. 饲喂设施

（1）饲槽　通常有固定式、移动式和悬挂式 3 种。

①固定式长条形饲槽。适用于舍饲为主的羊舍。一般将饲槽固定在舍内或运动场内，用 PVC 专用羊槽、排污管（一开二）或用水泥砌成长条形。双列对头羊舍内的饲槽应建于中间走道两侧，单列式羊舍的饲槽应建在护栏走道一侧。水泥饲槽设计要求上宽下窄，槽底呈半圆形，大致规格一般为上宽 50cm、深 20～25cm，槽底距地高 40～50cm。槽长依羊数量而定，一般可按每只大羊 30cm 计，每只羔羊 20cm 计。

②移动式长条形饲槽。主要用于冬春舍饲期妊娠母羊、泌乳母羊、羔羊、育成羊和病弱羊的补饲。常用 PVC 压制而成，搬动方便，尺寸可大可小，视补饲羊的多少而定。为防羊践踏或踏翻饲槽，可在饲槽两端安装能随时装拆的固定架。

③悬挂式饲槽。适于断奶前羔羊补饲用。制作时可将长方形饲槽两端的木

板改为高出槽缘约 30cm 的长方形木板，在上面各开 1 个圆孔，在两孔中分别插入 1 根圆木棍，用绳索拴牢于圆木棍两端后，将饲槽悬挂于羊舍补饲栏上方，离地高度以羔羊采食方便为准。

④羔羊哺乳饲槽。这种饲槽是做成一个圆形铁架，用钢筋焊接成圆孔架，每个饲槽一般有 10 个圆形孔，每个孔放置搪瓷碗 1 个，适宜于哺乳期羔羊的哺乳。

（2）草架　雷州山羊爱清洁，喜吃干净饲草。利用草架喂羊，可防止羊践踏饲草，减少浪费，还可减少羊感染寄生虫病。草架的形式有靠墙固定的单面草架和安放在饲喂场的双面草架，其形状有三角形、U 形、长方形等。草架隔栅间距为 9～10cm，有时为了让羊头伸入栅内采食，可放宽至 15～20cm。草架的长度，按成年羊每只 30～50cm、羔羊 20～30cm 计算。制作材料为木材、钢筋。舍饲时可在运动场内用砖石、水泥砌槽，钢筋作栅栏，兼作饲草、饲料两用槽。

4. 通风换气设施

羊舍通风换气的目的有两个：一是在气温高时加大气流量，使羊体感到舒适，从而缓解高温对羊的不良影响；二是在羊舍封闭的情况下，通风可排出舍内的污浊空气，引进舍外的新鲜空气，从而改善舍内的空气质量。通风是羊舍环境调控的重要方式之一，恰当的通风设计应该是在夏季能够提供足量的最大通风率，而在冬季能够提供适量的最小通风率。另外，通风可以降低舍内湿度，避免病原微生物滋生，排出舍内有害气体，保持舍内空气新鲜，有利于羊的健康，从而提高生产成绩。羊舍内有害气体浓度高时，羊增重减慢，饲料利用率降低。研究表明，日增重随着羊舍内氨气浓度的升高而下降，料肉比则随着羊舍内的氨气浓度的升高而升高，同时高浓度的氨气还可诱发结膜炎等其他疾病。但通风换气又是一柄双刃剑，处理得好对羊群有利，处理得不好则对羊群有害。俗话说："不怕狂风一片，只怕贼风一线。"通风换气把握不好，往往会形成局部贼风。

（1）通风方式　当前大部分羊场采用的通风方式可分为屋顶通风、横向通风和纵向通风 3 种。

①屋顶通风。屋顶通风是指不需要机械设备而是借助不同气体之间的密度差异，使羊舍内空气上下流动，从而使羊舍内废气能够及时从屋顶上方排出舍外。屋顶通风可大大降低舍内的废气浓度，确保羊舍内空气新鲜，减少呼吸道疾病等的发生率。对于采用了地脚通风窗和漏粪地板的羊舍，屋顶通风使外界新鲜凉爽的空气从羊舍地脚通风窗进入，直吹羊体，带走羊体散发的热量和排出的废气，可起到明显的降温作用，特别是在夏季，效果尤为明显。屋顶通风可以选择屋顶开窗、安装屋顶无动力风扇或安装屋顶风机等方式。

②横向通风。横向通风一般为自然通风或在墙壁上安装风扇，主要用于开放式和半开放式羊舍的通风。为保证羊舍顺利通风，必须从场地选择、羊舍布局和方向，以及羊舍设计方面加以充分考虑，最好使羊舍朝向与当地主风向垂直，这样才能最大限度地利用横向通风。横向通风的进风口一般由玻璃窗和卷帘组成。安装卷帘时要使卷帘与边墙有 8cm 左右的重叠，这样在冬天能防止贼风进入；同时还要在卷帘内侧安装防蝇网，防止苍蝇、老鼠等进入，以保证生物安全。卷帘最好能从上往下打开，在秋冬季节时，可以让废气从卷帘顶端排出，平衡换气和保温。

③纵向通风。纵向通风通常采用机械通风，分为正压纵向通风和负压纵向通风两种。一般来说，正压纵向通风主要用于密闭性较差的羊舍；负压纵向通风则用于密闭性好的羊舍，通过风扇将舍内空气强行抽出，形成负压，使舍外空气在大气压的作用下通过进气口进入舍内。通风时风扇与羊之间要预留一定距离（一般 1.5m 左右），避免临近进风口风速过大对羊造成不利影响。纵向通风羊舍长度不宜超过 60m，否则通风效果会变差。

（2）羊舍内通风换气量计算　一般用二氧化碳、水汽或热量计算换气量。现代羊舍设计应考虑用通风换气参数确定换气量。换气参数：每只羊冬季 $0.6 \sim 0.7 m^3/min$，夏季 $1.1 \sim 1.4 m^3/min$；每只肥育羔羊冬季 $0.3 m^3/min$，夏季 $0.65 m^3/min$。

5. 牧草储藏设施

目前，羊场牧草储藏设施有青贮窖和干草棚等。干草棚主要以通风防潮为主，保证储存的干草不发生霉变。羊场青贮设施的种类有很多，主要有青贮窖、塔、池、袋、箱、壕及平地青贮。按照建设用材分，有土窖、砖砌、钢筋混凝土，也有塑料制品、木制品或钢材制作的青贮设施。但是不管建设成什么类型，用什么材质建设，都要遵循一定的设置原则，以免青贮窖效果差，饲料发生霉变或被污染，造成饲料的浪费和经济的损失。

（1）青贮设施建设的原则

①不透空气。青贮窖（壕、塔）壁最好是用石灰、水泥等防水材料填充、涂抹，如能在壁表衬一层塑料薄膜更好。

②不透水。青贮设备不要靠近水塘、粪池，以免污水渗入。地下式或半地下式青贮设备的底面要高出历年最高地下水位以上 0.5m，且四周要挖排水沟。

③内壁保持平直。内壁要求平滑垂直，墙壁的角要圆滑，以利于青贮料的下沉和压实。

④要有一定的深度。青贮设备的宽度或直径一般应小于深度，宽深比以 1:（1.5~2）为好，便于青贮料借助自身的重量压实。

（2）青贮设施建设的类型　青贮设施包括青贮窖、青贮壕、青贮塔，是制作青贮饲料的设施。青贮设施能有效地保存青饲料的养分，改善饲料的适口性，解决冬春草料的不足。青贮设施应建于地势干燥、土质坚硬、地下水位低、排水良好、靠近羊舍、远离水源和粪坑的地方；要坚固牢实，不透气，不漏水；内部要光滑平坦，窖壁应有一定倾斜度，上宽下窄，底部必须高出地下水位 0.5m 以上，以防地下水渗入。长形青贮窖窖底应有一定的坡度。规模大的羊场可建青贮塔、地上青贮壕等，规模小的羊场可建青贮窖或用塑料袋青贮。青贮建筑物的类型一般有以下几种。

①青贮窖。一般分为地上式和地下式两种。目前以地上式青贮窖应用较广。青贮窖以圆形或长方形为好。窖四周用砖砌成，三合土或水泥盖面。这种窖坚固耐用，内壁平滑，不透气，不漏水，青贮易成功，养分损失小。一般圆形青贮窖直径 2m、深 3m，直径与窖深之比以 1：（1.5～2）为宜。

②青贮壕。通常挖在山坡一边，底部应向一端倾斜以便排水。修建青贮壕通常选址在距羊舍较近处。在地势高、地下水位低的地区，一般采用地下式，地下水位高的地区一般采用地上式，建筑材料一般采用砖混结构或钢筋水泥结构。开口宽度和深度根据羊群饲养量计算，每天取料的掘进深度不少于 20cm（一般每立方米窖可以青贮玉米秸 500～600kg，甘薯秧等 700～750kg），其长度可根据青贮数量的多少来决定，把长宽交接处切成弧形，底面及四周加一层无毒的聚乙烯塑料膜。薄膜用量为（窖长＋1.5m）×2。装填时物料应高于地面 50～100cm，顶部仔细用塑料薄膜密封好，上面用粗质草或秸秆盖上再加 20cm 厚的泥土封严，窖的四周挖好排水沟，顶部最好搭建防雨棚。

③青贮塔。用砖和水泥等制成的永久性塔形建筑。塔呈圆形，上部有顶，防止雨水淋入。在塔身一侧每隔 2m 高开一个约 0.6m×0.6m 的窗口，装时关闭，取空时敞开。青贮塔高 12～14m，直径 3.5～9m，原料由顶部装入，顶部装一个呼吸袋。此法青贮料品质高，但成本也高。国外多采用钢制的圆筒立式青贮塔，一般附有抽真空设备，此种结构密闭性能好，厌氧条件理想。用这种密闭式青贮塔调制低水分青贮料，其干物质的损失仅为 5%，是目前保存青贮饲料最好的一种设备，国外已有定型的产品出售。

④袋装青贮。塑料袋要求厚实，每袋贮 30～40kg。堆放时，每隔一定高度放一块 30～40cm 的隔离板，最上层加盖，用重物镇压。

6. 辅助设施

（1）兽医室　建在羊舍附近，便于发现病情及时治疗。需要配备必要的消毒设备、干燥设备、医疗器械、手术室、药品柜和疫苗存放柜等。室外设有保定架。

（2）人工授精室　包括采精室、精液处理室及洗涤消毒室。采精室应宽敞、清洁、防风、安静、光线充足，其面积为 $30 \sim 40m^2$，温度宜控制在 $20 \sim 25℃$，最好安装空调。采精室最好与处理精液的实验室只有一墙之隔，隔墙上安装两侧都能开启的壁橱，以便于两室之间相关物品和精液的传递。采精室要配备假台畜，地面要略有坡度，以便进行冲刷。水泥地面不要提浆打光，以保持地面粗糙，防止公羊摔倒。采精室还应配备水槽、防滑垫、水管、扫把、毛刷等用品，用以清扫冲刷地面。精液处理室内装备精液检查、稀释和保存所需要的器材，以及各项记录档案，一般占地 $15 \sim 20m^2$；相当于 GMP 清洁室的标准，每日定时开启紫外线灯消毒灭菌，室内温度控制在 $22 \sim 24℃$，湿度控制在 65％左右，地板、墙壁、天花板、工作台面等必须是易清洁的瓷砖、玻璃等材料，使之真正达到无尘无菌状态。精液处理室不允许其他人员出入，避免将其鞋子和衣服上的病原带入。室内也禁止吸烟，窗户应装不透光的窗帘，以防止紫外线照射对精子造成伤害。洗涤消毒室是处理人工授精所用器材和药品的地方，占地面积 $10 \sim 15m^2$，装配不锈钢水槽、冷热水龙头、器械消毒盒、干燥设备、普通冰箱等。

（3）饲料仓库　用于储存精饲料原料、混合精饲料、预混料和添加剂，要求仓内通风性能好，防鼠防雀，保持清洁干燥。

（4）活动栅栏　包括母仔栏、羔羊补饲栏、分群栏、活动围栏等。可用木条、木板、钢筋、铁丝网等材料制成，一般高 1.0m，长 1.2m、1.5m、2.0m、3.0m 不等。栏的两侧或四角装有挂钩和插销，折叠式围栏中间以铰链相连。

①母仔栏。为便于母羊产羔和羔羊吃奶，应在羊舍一角用栅栏将母子围在一起。可用几块各长 1.2m 或 1.5m、高 1m 的栅栏或栅板做成折叠式围栏。1 个羊舍内可隔出若干小栏，每栏供 1 只母羊及其羔羊使用。

②羔羊补饲栏。用于羔羊的补饲。将栅栏、栅板或网栏在羊舍、补饲场内靠墙围成小栏，栏上设有小门，羔羊能自由进出，而母羊不能进入。

③分群栏。由许多栅栏连接而成，用于规模肉羊场进行羊鉴定、分群、称重、防疫、驱虫等事项，可大大提高工作效率。在分群时，用栅栏在羊群入口处围成 1 个喇叭口，中部为 1 条比羊体稍宽的狭长通道，通道的 1 侧或两侧可设置 $3 \sim 4$ 个带活动门的羊圈。这样就可以顺利分群，进行有关操作。

④活动围栏。用若干活动围栏可围成圆形、方形或长方形活动羊圈，适用于放牧羊群的管理。

⑤磅秤及羊笼。羊场为了解饲养管理情况，掌握羊的生长发育动态，需要定期测羊的体重。因此，羊场应设置小型地磅秤（大型羊场应设置大地磅秤）。磅秤上安置长 1.4m、宽 0.6m、高 1.2m 的长方形竹制、木制或钢筋制羊笼。羊笼两端安置进、出活动门，再用多用途栅栏围成连接到羊舍的分群栏。把安

置羊笼的地秤置于分群栏的通道入口处，可减少抓羊时的劳动强度，方便称量操作。

（5）其他设备　包括生长发育性能测定设备（小型称、卷尺、测杖等）以及运输车辆等。

二、羊场机械设备

1. 饲草收获机械

（1）通用型青饲收获机　雷州山羊舍饲圈养必须准备足够的饲草料，青贮饲料是必不可少的。制作青贮可使用联合收割机，在作业时用拖拉机牵引，后方挂接拖车，能一次性完成作物的收割、切碎及抛送作业，拖车装满后用拖拉机运往储存地点进行青贮。如采用单一的收割机，收割后运至青贮窖再进行铡切和入窖。如收割的牧草用于晒制干草，则使用与四轮拖拉机配套的割草机、搂草机、压捆机等，可满足羊场的饲草收获需求，大大提高青贮等饲料制作的效率和质量。

（2）甜玉米收获机　能一次完成玉米摘穗、剥皮、果穗收集、茎叶切碎及装车作业，拖车装满后运往青贮地点储存。

（3）割草机　收割牧草的专用设备，分为往复式割草机和旋转式割草机两种。割下的牧草应连续而均匀地铺放，尽量减少机器对其碾压、翻动和打击。

（4）搂草机　按搂成的草条方向分成横向和侧向两种类型。横向搂草机操作简便，但搂成的草条不整齐，损失较大；侧向搂草机结构较复杂，搂成的草整齐，损失小，并能与捡拾作业相配套。

（5）压捆机　分为固定式压捆机和捡拾式压捆机两种类型。按压成草捆的密度也可分为高密度（$200\sim300kg/m^3$）、中密度（$100\sim200kg/m^3$）、低密度（$100kg/m^3$ 以下）压捆机。其作用是将散乱的牧草和秸秆压成捆，方便储存和运输。

2. 饲草料加工机械

（1）铡草机　又称切草机。其作用是将牧草、秸秆等切短，便于青贮和利用。大、中型机一般采用圆盘式，小型多为滚筒式。小型铡草机适宜小规模养殖户使用，主要用来铡切干秸秆，也可铡切青贮料；中型铡草机可铡干秸秆与青贮料两用，故又称为秸秆青贮饲料切碎机。

（2）粉碎机　主要有锤片式、劲锤式、爪片式和对辊式4种类型。粉碎饲料的含水率不宜超过15％。

（3）揉碎机　揉碎是介于铡切与粉碎之间的一种新型加工方式。秸秆尤其是玉米秸秆，经揉搓后被加工成丝状，完全破坏了其结节的结构，同时切成

8～10cm 的碎段，适口性得到改进。

（4）压块机　秸秆和干草经粉碎后送至缓冲仓，由螺旋输送机排至定量输送机，再由定量输送机、化学添加剂装置、精饲料添加装置完成配料作业，通过各自的输送装置送到连续混合机。同时加入适量的水和蒸汽，混匀后进入压块机成形。压制后的草块堆集密度可达 $300～400kg/m^3$，可使山羊采食速度提高 30％以上。

（5）制粒设备　秸秆经粉碎后，通过制粒设备，加入精饲料和添加剂，可制成全价颗粒料。这种颗粒料营养全价，适口性好，采食时间短，浪费少，但加工成本高。全套制粒设备包括粉碎机、附加物添加装置、搅拌机、蒸汽锅炉、压粒机、冷却装置、碎粒去除和筛粉装置。

（6）TMR 饲料搅拌机　该机械是把切断的粗饲料和精饲料以及微量元素等添加剂，按羊群不同饲养阶段的营养需要进行混合的新型设备。带有高精度的电子称重系统，可以准确地计算饲料，并有效地管理饲料库。显示饲料搅拌机中的总重，尤其是对一些微量成分的准确称量（如氮元素添加剂、人造添加剂和糖浆等），从而生产出高品质饲料，保证羊每采食一口日粮都是精粗比例稳定、营养浓度一致的全价日粮。

（7）袋装青贮装填机　将切碎机与装填机组合在一起，操作灵活方便，适用于牧草、饲料作物、作物秸秆等青饲料的青贮和半干青贮。青贮袋为无毒塑料制成，重复使用率为 70％。这种装填机尤其适用于南方等潮湿多雨地区。

3. 消防设备

对于具有一定规模的羊场，应加强防火意识。羊场必须建有完善的消防设施，并备足消防器材如灭火器、消防水龙头或水池、大水缸等。

4. 环保设备

羊场建设中还应重点考虑避免粪尿、垃圾、动物尸体及医用废弃物对周围环境的污染，特别是避免对水源的污染，以免威胁人类健康。羊场内应设有粪尿、污水、动物尸体和医用废弃物处理设施，如沼气池及焚烧炉等。

第四节　雷州山羊羊场粪便处理与利用

近年来，随着雷州山羊产业的快速发展，越来越多的羊场采取规模化养殖，由此产生的大量羊粪也就成了亟待解决的有机污染物之一。羊粪中含有病原微生物、寄生虫、某些化学药物、有毒金属和激素等。若不及时科学处理，不仅会恶化羊场的卫生环境，使羊感染疾病的概率增大。同时，任意排放这些粪便也会造成农业环境的污染、传播疾病，从而严重危害人类健康。因此，我们要及时处理、科学利用羊粪，走可持续发展道路。

一、羊粪的特性

羊粪与其他粪污不同，新鲜羊粪外表呈黑褐色黏稠状，羊粪内芯呈绿色的细小碎末，臭味较浓，并具有保持完整颗粒的特性。羊粪中有机质含量较高，可达 30%～40%，适合好氧堆肥处理，氮、钾含量可达 1% 以上。羊粪作为有机肥料，可提高土壤肥力、改良土壤。

二、羊粪对环境的污染与危害

1. 对土壤的污染与危害

羊粪对土壤具有正面与负面两种影响。其正面影响在于：能够施用于农田，作为肥料培肥土壤；粪浆也为土壤提供必要的水分；经常施用发酵后的羊粪也能提高土壤抗风化和抗水侵蚀的能力，改变土壤的空气和耕作条件，增加土壤有机质和作物有益微生物的生长。其负面影响在于：使用未经发酵处理的羊粪会危害农作物、土壤、表面水和地下水水质。在某些情况下，新鲜的羊粪含有高浓度的氮能烧坏作物；大量使用羊粪也能引起土壤中溶解盐的积累，使土壤盐分增高，植物生长受影响。磷是作物生长的必要元素，在土壤中以溶解态、微粒态等形式存在，自然条件下在土壤中的含量为 0.01%～0.02%。羊粪中的磷能以颗粒态和溶解态两种形式损失，大多数磷易于被侵蚀的土壤部分吸附。磷通常存在于土壤表层（特别是少耕条件的土壤），在与地表径流作用最为强烈的土壤表面，可溶解态的磷的含量也十分高。当按作物对氮需求的标准施用羊粪时，土壤中磷的含量会迅速上升；若超出作物所需，则会发生积累。这种情况引发的后果是：一方面，打破了区域内土壤养分的平衡，影响作物生长，且通过复杂的生物链增加了区域内动物、植物产品磷的含量；另一方面，土壤中累积的磷会通过土壤的侵蚀和渗透作用进入水体，使水体富营养化。此外，高密度的羊粪使用也能导致土壤盐渍化，高的含盐量在土壤中能减少生物的活性，限制或危害作物的生长，特别是在干燥气候下危害更明显。羊粪也能传播一些野草种子，影响土壤中正常作物的生长。羊粪常包含一些有毒金属元素（如砷、钴、铜和铁等），这些元素主要存在于粪便固液分离后的固体中。过多施用羊粪在土壤中可能导致这些元素在土壤中的积累，对植物生长产生潜在的危害作用。羊粪便也含有大量的细菌，细菌随羊粪进入土壤后，在土壤中一般能存活几个月。

2. 对大气的污染与危害

羊粪尿中所含有机物大体可分成碳水化合物和含氮化合物，它们在有氧或无氧条件下分解出不同的物质。碳水化合物在有氧条件下分解释放热能，大部分分解成二氧化碳和水；而在无氧条件下，化学反应不完全，可分解成甲烷、有机酸和各种醇类，这些物质略带臭味和酸味，使人产生不愉快的感觉。而含氮化合物主要是蛋白质，其在酶的作用下可分解成氨基酸。氨基酸在有氧条件下可继续分解，最终产物为硝酸盐类；在无氧条件下可分解成氨、硫酸、乙烯醇、二甲基硫醚、硫化氢、甲胺和三甲胺等恶臭气体。这些气体不但危害羊群的生长发育而且也危害人类健康，加剧空气污染。一般来说，散发的臭气浓度和粪便的磷酸盐及氮的含量成正比，家禽粪便中磷酸盐含量比较高，羊粪中磷酸盐含量比其他动物粪便含量低，因此羊场有害气味比其他动物场少，尤其比鸡场少。在恶臭物质中，对人、畜健康影响最大的是氨气和硫化氢。硫化氢含量高时，会引起头晕、恶心和慢性中毒症状；人长期在氨气含量高的环境中，可引起目涩流泪，严重时双目失明。据研究，甲烷、二氧化碳和二氧化氮都是地球温室效应的主要气体。其中甲烷对全球气候变暖的增温贡献大约为 15%，而养殖业对甲烷的排放量最大。同时，畜禽废物是最大的氨气源。氨挥发到大气中，增加了大气中的氮含量，严重时构成酸雨，危害农作物。

3. 对水体的污染与危害

羊粪对水体的污染与危害表现在多个方面。一是如前所述，当羊粪在土壤中的排放量超过土壤的承受能力时，其各种成分会进入河流、湖泊。二是羊粪可通过渗透或被直接排放废水的形式进入水体，并逐渐渗入地下污染地表水和地下水。当排入水体中的粪便总量超过水体自然净化的能力时，就会改变水体的物理、化学性质和生物群落组成，使水质变坏，并使原有用途受到影响，造成水体污染，对人和动物的健康造成危害。三是羊粪中的氮主要以氨态氮和有机氮的形式存在，这些形式很容易流失或侵蚀表面水。自然情况下，大多数表面水中总的氨态氮超过标准约 0.2mg/L 就会对鱼类产生毒害。如果有充足的氧，氨态氮能转变成硝态氮，进而溶解在水中，并通过土壤渗透到地下水。同时，水体中过多的氮会引起水体富营养化，促使藻类疯长，争夺阳光、空间和氧气，威胁鱼类、贝类的生存。人若长期或大量饮用硝态氮超标的水体，可能诱发癌症。羊粪中的磷通常随雨水流失或通过土壤侵蚀转移到地表水，是导致水体富营养化的重要元素。磷进入水体使藻类和水生杂草无法正常生长，使水中溶解氧下降，引起鱼类污染或死亡。四是羊粪中含有机质达到 24%～27%，比其他畜禽粪便含量高。有机质主要通过雨水流失到水体，使水体变色、发黑，加速底泥积累，导致大量藻类和杂草疯长。有机质的氧化能迅速消耗水中的氧，引起部分水生生物死亡。此外，由于羊粪便有机质含量高，用羊粪水灌溉稻田，易使禾苗陡长、倒伏，稻谷晚熟或绝收；用于鱼塘或注入江河，会导致低等植物（如藻类）大量繁殖，威胁鱼类生长。羊粪中还含有大量源自动物肠道中的病原微生物和寄生虫卵，它们进入水体会使水体中病原种类和数量增多，导致介水传染病的传播和流行。另外，羊粪中激素和药物残留对水体的潜在污染也不容忽视。

三、粪便的处理与利用

虽然羊粪对人体健康、空气、水源和土壤环境等容易造成污染，产生危害，但羊粪是家畜粪肥中养分最浓，氮、磷、钾含量最高的优质有机肥，如能采用农牧结合、互相促进的处理办法，因地制宜进行无害化处理利用，既能处理羊粪，又能保护生态环境，将会对维持农业生态系统平衡起到重要作用。

1. 腐熟堆肥处理技术

羊粪中富含粗纤维、粗蛋白、无氮浸出物等有机成分，这些物质与垫料、秸秆、杂草等有机物混合、堆积，将相对湿度控制在65%～75%，创造适宜的发酵环境，微生物就会大量繁殖，此时有机物会被分解，转化为无臭、完全腐熟的活性有机肥。高温堆肥能提高羊粪的质量，在堆肥结束时，全氮、全磷、全钾含量均有所增加，堆肥过程中形成的特殊高温理化环境能杀灭羊粪中的有害病菌、寄生虫卵及杂草种子，达到无害化、减量化和资源化，从而有效解决羊场因粪便所产生的环境污染问题。堆肥的优点是技术和设施较简单，使用方便，无臭味，而且腐熟的堆肥属迟效肥料，牧草及作物使用安全有效。堆积发酵方法有以下几种。

（1）条形堆腐处理　在敞开的棚内或者露天将羊粪堆积成长条状，高1.5～2m，宽1.5～3m，长度视场地大小和粪便多少而定，进行自然发酵，根据堆内温度进行人工或者机械翻堆，堆制时间需3～6个月。堆制过程中用泥浆或塑料薄膜密封，特别是在多雨地区，堆肥覆盖塑料薄膜可防止粪水渗入地下污染环境。

（2）大棚发酵槽处理　修筑宽8～10m、长60～80m、高1.5～2m的水泥槽，将羊粪置入槽内并覆盖塑料薄膜，利用机械翻堆，堆腐时间20～30d即可启用。

（3）密闭发酵塔堆腐处理　修筑圆柱形密闭发酵塔，直径一般3～6m，高度10～15m。

2. 沼气生产技术

在一定的温度、湿度、酸碱度和碳氮比等条件下，羊粪有机物在厌氧环境中，通过微生物发酵可制取沼气，并可杀灭粪水中的大肠杆菌、蠕虫卵等。沼气可用来供热、发电，发酵的残渣可作农作物的肥料，因而生产沼气既能合理利用羊粪，又能防止环境污染，是规模化羊场综合利用粪污的一种最好形式。但在发酵过程中，羊粪球不易下沉，容易漂浮在发酵液表面，不利于分解，在生产实际中应注意解决这一技术问题。

3. 制作有机肥

利用羊粪中的有机质和营养元素，使其转化成性质稳定、无害的有机肥料。还可根据不同农作物的吸肥特性，添加不同比例的无机营养成分，制成不同种类的复合肥或混合肥，为羊粪资源的开发利用开辟更加广阔的市场空间。制成有机肥能够突破农田施用有机肥的季节性，克服羊粪运输、使用、储存不便的缺点，并能消除其恶臭的卫生状况。在制作有机肥时应控制粪便含水率、调节粪便的碳氮值、调节粪便的 pH。

4. 机械化收集技术

传统的雷州山羊养殖粪便都是人工清除，费时费力，粪便很难无害化处理。安装有刮粪板的羊舍，可通过全自动清粪设备将粪便收集到储粪池，清除率达 100%，省时省力；粪便经初次尿液分离后，羊粪作为有机肥发酵，供基地牧草施肥；尿液等污水直接排入沼气池进行沼气发酵，沼气通过管道用作燃气，冬季还可供羊舍羔羊取暖；沼液、沼渣通过污水泵增压后排放到牧草地（果园等）施肥，从而基本实现粪便零排放、零污染，达到高效循环利用的目的。

第九章 雷州山羊饲草料生产及加工调制

第一节 优质牧草生产技术

适合雷州山羊舍饲化养殖的人工牧草品种有很多,本章筛选了几种最适合在雷州半岛及热区种植的主要牧草品种,从牧草的生物学特性、栽培要点、加工贮存方面等做了简要的介绍,为广大读者和养殖人员提供借鉴。

一、禾本科牧草的栽培生产

1. 王草(热研 4 号)

热研 4 号王草是 20 世纪初中国热带农业科学院热带作物品种资源研究所培育出来的优良饲草品种之一,是由美洲狼尾草和珍珠粟杂交育成的禾本科牧草,株高 1.5~3.8m,茎粗 1.5~3.2cm,耐刈割,产草量高,一般 1 年可刈割 6~10 次,每亩年产鲜草 15 000~35 000kg。目前在广东、海南、广西、云南、贵州、四川等地大面积推广种植,是牛、羊、兔等草食动物的优质饲料。

(1)植物学特性 王草属多年生丛生性高秆禾草,形似甘蔗,根系发达,株高 1.5~4.5m,茎粗 1.5~3.5cm,单株具节 15~35 个,节间长 4.5~15.5cm。茎幼嫩时被白色蜡粉,老化时被一层黑色覆盖物。基部各节有气根发生,每节 15~20 条,少数植株中部至中上部亦有气根发生。叶片长条形,长 55~115cm,宽 3.2~6.1cm,叶背有少量茸毛,柔软,叶鞘长于节间,包茎,长 12.5~20.5cm。

圆锥花序密生成穗状,长 25~35cm,嫩时呈浅绿色,成熟时呈褐色。小穗披针形,每 3~4 个簇生成束,颖片退化成芒状,尖端略为紫红色,每个小穗具小花 2 朵,内含 3 个雄蕊,花药浅绿色,开花时花萌伸出外稃,柱头外露,浅黄色。颖果纺锤形,浅黄色,具光泽。王草一般不抽穗开花。

(2)生物学特性 王草喜潮湿的热带、亚热带气候,具有耐酸、耐盐、耐热、耐湿、耐旱、抗倒伏、抗病虫性强、不耐寒、不耐涝、对氮肥敏感、植株高大、分蘖多、再生能力强、生物产量高等特点,是生产利用和培育新品种的良种素材。

王草对土壤要求不严，可在 pH 4～8 的土壤中生长，在土层深厚肥沃的沙质土和壤土种植较好，在黏质土、轻度盐碱化土壤也可种植。温度达到10℃时开始生长，20℃以上生长加快，生长最适温度为 25～33℃，可耐37.9℃的夏季高温；气温在 0℃以上能正常越冬，低于−3～−2℃时，芽孢被冻死，但地下根茎可安全越冬；低于−7℃时易死亡。

（3）栽培技术

①选整地。选择坡度缓和、阳光充足、土层深厚、疏松肥沃、有机质含量高、交通便利、排灌方便、靠近电源、便于农机作业和运输、距离养殖场或草料加工厂较近的集中连片土地种植。所有种植地应符合《土壤环境质量农用地土壤污染风险管控标准（试行）》（GB 15618—2018）。地面处理的宗旨是改善土壤耕作层结构和表面状况，增加土壤通透性，调和养分、水分、热量等要素，为王草播种、生长和后续管理提供良好条件，整地时应施熟化厩肥22 500～37 500kg/hm² 或复合肥 750～1 500kg/hm²。

②播种。王草为三倍体杂种，主要依靠茎节和根蔸分株繁殖，播种前选用粗壮、腋芽饱满、无病虫害的健康成熟鲜生茎秆，用利刀切成段，切口位置为两节间中央处，切面为斜口，晴阴天栽培，横埋、斜埋、扦插等覆土后浇水，保持土壤湿润度。

（4）田间管理　种植 2 周后的缺苗地段都应补种（苗），成活 30d 后，应将根系不发达、营养不良、不分蘖或分蘖极少的苗及时砍掉，苗成活 10～20d或越冬返青苗草层高达 20～30cm 时就应追施提苗肥 1 次。

（5）收获利用　王草是重要的高产刈割型禾本科牧草，叶量较多，叶质柔软，茎叶表面刚毛少、可溶性糖含量较高，营养丰富，口感好，便于家畜采食和咀嚼。为了兼顾产量和质量，其收割高度不宜超过 150cm。生产中常在草层高为 150～200cm 时刈割后饲喂羊。王草既可鲜饲，又可青贮和晒制干草。

2. 象草

象草又名紫狼尾草，原产于非洲，是热带、亚热带普遍栽培的高产优良牧草。目前在广东、广西、云南、四川、贵州、江西、湖南和福建等地均有大面积栽培。象草具有产量高、管理粗放、利用时间长等特点，是我国南方养羊业青绿饲料的重要来源。

（1）植物学特征　象草属禾本科狼尾草属多年生草本植物。植株高大，一般株高 2～3m。根系发达，大部分须根分布于深 40cm 左右的土层中。茎丛生，直立，圆形，直径 1～2cm。分蘖多，通常达 50～100 个。叶互生，叶面具茸毛，中肋白色，明显。叶长 60～100cm，宽 1～3cm，绿色，有细密锯齿状叶缘。叶鞘边缘具粗密茸毛，叶舌小。穗状圆锥花序，黄褐色，长 15～30cm，直径 1.5～3cm。每穗由 250 个左右小穗组成。小穗通常单生，长约

6cm，每个小穗着花 3 朵，成熟时易脱落。

（2）生物学特性　象草原产于热带、亚热带地区，一般能耐短时间轻霜。气温为 12～14℃时开始生长，25～35℃时生长迅速，8～10℃时生长受抑制，5℃以下停止生长，如连续受冻，有被冻死的危险。象草是喜肥作物，对土壤要求不严格，砂土、壤土和微酸性土壤均能种植。由于根系发达，耐旱力较强。

生长情况：在广东、广西和福建地区，从 2 月中旬到 12 月均能生长，4—9 月生长最盛，如雨水充沛则生长更迅速，10 月以后生长减弱。象草分蘖能力与刈割有密切关系，此外，分蘖数与割茬高低、土壤肥力、雨水多少和季节等也有关系。海南岛种植的象草每株分蘖数年刈 3 次的为 25.75 个，年刈 4 次的为 43.45 个，年刈 6 次的为 91 个。象草一般结实率很低，且种子成熟不一致，又易散落。象草利用年限一般为 3～4 年，如管理得当可延至 5～6 年甚至 10 年以上。

（3）栽培技术　种子的发芽率很低，故在生产上多采用无性繁殖。

①整地与施肥。选择排灌良好、土层深厚、疏松肥沃的土壤。耕深 20cm，每公顷施厩肥 22.5～30t。每 90cm 为 1 平畦，畦间留宽 25cm 的走道。

象草需氮、磷、钾等均较一般禾本科牧草高。肥水充足则茎叶繁茂，分蘖多，产量和品质均优。反之则茎叶细弱，分蘖少而粗糙，产量和品质均劣。

②种植。在平均气温达 13～14℃时，即可用种茎繁殖。选择粗壮、无病虫害、完整无损的茎秆做种茎，按 2～4 个节切成 1 段，入土 2～3 节，斜插。一般采用起畦双行栽植法，即畦宽 90～100cm，行距 70cm，株距 50～60cm，每穴放种茎 2 株，斜放与地面成 45°角，覆土 4～6cm，效果良好。

（4）田间管理　栽种后要注意灌溉，保持湿润，并及时查苗补栽。在生长前期，要及时中耕除草和追肥，以促进分蘖和壮苗。每次收刈后，应及时中耕除草和施肥，促进再生。

（5）收割利用　在气候温暖、雨水充沛的华南地区，象草在种植当年即可刈割。在生长旺季，每隔 20～30d 便可刈割 1 次，一般每公顷可产鲜草 225～375t。象草是高秆作物，茎部易于老化，收割太迟，纤维含量增高，品质下降。如果收割过早，虽然草质细嫩，采食率高，但产量较低。一般以株高在 100cm 左右收割为宜。留种象草生产上一般均采用茎秆进行无性繁殖。作种茎用的，应选粗壮、结实、无病虫害、长势良好的植株留种。留种植株要保证有 100d 以上的生长期，株高要求达 2m 以上。

二、豆科牧草的栽培生产

1. 柱花草（热研 2 号）

柱花草是原产于拉丁美洲的热带豆科牧草，属多年生草本植物。热研 2 号柱花草是中国热带农业科学院热带作物品种资源研究所培育的优良饲草品种之一，由于其蛋白质含量高，素有"南有柱花草，北有苜蓿草"的美称。柱花草自然株高达 0.8～1.5m，茎粗 0.2～0.3cm，一般每年可割 5～8 次，每亩产草量 2 000～5 000kg。

（1）植物学特征 柱花草耐热、耐低磷、耐干旱、抗虫害，不耐低温和浸渍。灌木状柱花草（*Shrubby stylo*）耐热、喜湿、怕冻，分布于热带和亚热带地区。柱花草根系发达，分枝多，丛生，茎匍匐或半匍匐。三出复叶。茎叶具短绒毛，小叶披针形，细长。复穗状花序，成小簇着生于茎上部叶腋中，花 2～40 朵，黄或橙黄色，荚果卵圆形，种子小，种皮光滑而坚实，浅褐或暗褐色。

（2）生物学特性 喜热带潮湿气候，适生于北纬 23°以南的地区，年平均气温 19～25℃、年降水量 1 000mm 以上，适生温度 25～28℃。适应性强，从沙质土至重黏土均可生长良好，耐干旱，耐酸性瘦土，耐热，耐低磷，耐干旱，不耐低温和浸渍。

（3）栽培技术

①种子处理。种子硬籽率高，约 75%，播种前用 80℃热水浸种 3～5min 可提高发芽率。种子常带炭疽病菌，宜用 1/1 000 的多菌灵溶液进行灭菌，在没有种过柱花草的地区宜用柱花草根瘤菌拌种。

②选地整地。苗圃宜选择地势平坦、土壤肥沃、排水良好、靠近水源的地方，能自流灌溉的苗圃最为理想。苗圃每公顷施肥量：腐熟有机肥 7 500kg、土杂肥 7 500kg、过磷酸钙 225kg 混匀，施入苗床后要与土壤充分拌匀，最后将畦面刮平。

③播种期。在海南西南部宜在 4 月上旬至 5 月中旬，种植面积大，宜分期播种。宜疏播育壮苗，每千克种子播 0.3～0.4 亩地，每天早晚淋水保湿。

④播种。作为人工草地或改良草地的播种，宜先进行地面处理，用全垦、破土或除草剂（如草甘膦）灭草的方法，使地面充分暴露后进行播种。一般宜选在雨季初进行，每公顷播种量约 7.5kg，每公顷施过磷酸钙 225kg。

⑤移栽。一般播后 45～50d，苗高 15～20cm，抢阴雨天移栽，成活率高，也可采用茎插条繁殖。插条宜选节间短、茎粗、有分枝带叶的枝条，长约 30～40cm，及时将基部沾上泥浆，每穴插 2 苗，深≥20cm，压实。宜在雨季阴雨天或视土壤墒情好时于下午种植。

（4）田间管理 种植时，每公顷宜施过磷酸钙 150～225kg，瘦瘠地宜将过磷酸钙与腐熟有机肥（每公顷 4 500～7 500kg）混合施用作为基肥。定植 10～15d 后应及时补苗。1 个月内植株生长缓慢，杂草易于滋生，故要及时除草。如植株长势差，可结合中耕除草每公顷追施复合肥 75kg。

（5）收割利用　作为鲜草利用或晒制干草粉。当年种植株达 60cm 以上时，可进行第 1 次刈割，割后若植株再生良好，还可割第 2 次，次年可刈割 3～4 次。在生长旺季，刈割间隔期为 70～80d。

2. 木豆

木豆属于多年生灌木，是迄今为止世界上唯一一种多年生粮、菜、饲、药兼用的豆科木本作物，其综合利用价值高。木豆属热带、亚热带作物，在南北纬 32°为多年生作物，北纬 32°—45°可作为一年生作物种植。

（1）植物学特征　木豆第 1 对真叶为对生单叶，其余叶片为羽状三出复叶、互生。花期植株中部三出复叶上的中间小叶的轮廓形状有披针形、窄菱形、阔菱形和心形 4 种；茎色因品种不同而呈现紫色、深紫色、红色和绿色，以绿色最为常见。木豆花序为伞房形总状花序，花对称，花萼 4 片，花量很大，但成荚率低，豆荚有长椭圆形、柱形、镰刀形等，荚色有深紫色、紫色、红色、绿色和绿底紫斑混合色等，荚表面有蜡质，密被黄色短柔毛。每荚含 2～9 粒种子，多数品种为 3～4 粒，种子间有斜凹槽。根系发达，由侧根和木质化程度很高的主根组成。播种 120d 后可形成根瘤菌，根瘤菌大多分布在 30cm 表层土内的侧根上。一般木豆根瘤菌每亩每季能固氮 3.5～6.0kg。

（2）生物学特性　木豆为多年生常绿灌木，抗逆性强，具有喜光、喜温、耐瘠、耐旱、粗生易长、耐粗放管理等优点。属短日照植物，早熟和晚熟品种的临界光周期分别是 14.8h 和 11.6h，若日照长度超过临界光周期，会延迟开花。木豆较喜温、不耐冻，种子在 9～13℃开始发芽，发芽时子叶不出土，18～19℃为最适生长温度；若土壤肥沃、水分适宜，在 35℃也能生长好；但当温度低于−5℃时，因其对霜冻敏感，会受冻害，所以应选择周年无霜区域种植。木豆耐旱、不耐涝，除易涝的黏土外，砂土、壤土、黏土、石砾土均能种植。木豆耐瘠，作为豆科作物，木豆能与根瘤菌共生，可固氮培肥地力，而且对土壤酸碱度有较强的适应性，土壤 pH 在 5.0～8.5 都可以种植，但以排水良好的偏酸性土壤最为适宜，应避免在强盐碱化的滩涂地上种植。

（3）栽培技术

①选整地。木豆对土壤的要求不严格，对黏土、砂土、石砾土等都有广泛的适应性，但对盐碱度敏感，以排水条件良好，pH 为 5.0～8.5 的土壤较适宜，不宜栽培在雨季易积水、土壤透水性差的低洼地块。选好地后，除去杂草、灌木，施入农家厩肥、堆肥等。

②播种育苗与移栽。温度稳定在 10～15℃时即可播种，直播木豆最佳播种深度为 3～5cm，播种后立即覆土，确保种子与湿土接触良好，提高出苗率。用种子质量 0.3%的 80%敌百虫粉剂拌种，以预防地下害虫。种植 15d 左右，

苗高约 20cm 时定苗，每穴留 1 株健壮苗，缺苗的穴应补苗。育苗移栽：育苗有苗床和营养袋育苗两种方式，流程相似，种植 15d 左右，苗高约 20cm 时即可移栽。

（4）田间管理　种子出苗后，需要间苗、补苗和定苗，使田间苗数达到理想数量，即每亩种植 250～300 株。播后 7d 检查，如有漏种或缺苗需补种；间苗一般在 3～4 叶时进行，每穴留 2 株；定苗多在 5～6 叶时进行，留 1 株。木豆施肥应综合考虑，苗期以追施氮肥为主，初花期以补充磷、钾肥为主。在开花前和灌浆前（开花结荚期）都要补灌。木豆苗期生长慢，播种后 30～60d 需要人工除草，以防止木豆受到杂草侵害。木豆从播种到采收需要 4 个多月。采收标准：豆粒成熟，豆荚还未完全开裂、脱落。木豆成熟期长，成熟时间不一致，需以分批采收模式进行，最大程度保证其品质。

第二节　牧草的加工调制及贮藏

一、青贮调制

牧草青贮是利用乳酸菌的发酵作用，调制成能长期保存的青绿多汁饲料。青贮饲料较干草更能保存牧草的营养特性，它气味酸香、柔软多汁、适口性好、原料来源广泛、制作简单方便，可保证家畜常年均衡得到供应。青贮饲料已在反刍动物舍饲饲养中普遍应用。

1. 青贮饲料的特点

（1）青贮饲料可以较好地保持牧草的营养特性　牧草青贮是趁青发酵保藏，机械损失小，氧化分解弱，养分损失少，一般总养分损失不超过 10%。

（2）青贮饲料消化率高，适口性好　青贮发酵产生大量芳香族化合物，气味酸香，柔软多汁，适口性好，山羊喜食。如甘薯藤、马铃薯、菊芋、向日葵茎叶、蒿属、薯属植物等，制成干草后，质地粗硬，气味特殊，家畜一般不喜食，但经青贮发酵后，家畜喜食，还可提高日粮的消化率。

（3）青贮饲料可长期保存，周年饲喂　调制出质量好的青贮料可贮藏多年，最久者可达 30 年。因此，青贮料收贮成功，就可保证家畜日粮一年四季都能添加，并且对种畜、幼畜均适宜，可提高繁殖率、泌乳力，促进幼畜的生长发育。

（4）青贮饲料单位容积内贮量大，易收藏　青贮饲料贮藏空间比干草小，1m³ 青贮料重量为 450～700kg，其中含干物质为 150kg，而 1m³ 干草重仅 70kg，约含干物质 60kg。如 1 吨青贮苜蓿的体积为 1.25m³，而 1 吨苜蓿干草的体积为 13.3～13.5m³。

（5）调制青贮饲料受天气影响较小　在阴雨季节或天气不好时，晒制干草困难，但对调制青贮饲料的影响较小。在牧草贮藏过程中，青贮饲料不受风吹、雨淋、日晒等影响，易于管理，不易发生火灾等事故。

2. 青贮原理

牧草青贮是以乳酸菌发酵为主的微生物活动和生物化学变化过程。刚刈割的牧草茎叶表面带有各种细菌、霉菌、酵母等微生物。牧草在青贮过程中存在多种微生物活动。但由于厌氧条件，乳酸发酵占优势，可将原料汁液中的可溶性糖类转变成足量的乳酸，并使青贮料 pH 下降到 4.2 以下，从而抑制了其他有害微生物的活动，使青贮料能长期保存。青贮料的整个青贮过程可以分为以下 3 个阶段。

（1）植物细胞呼吸阶段　刚刈割的新鲜牧草青贮后，植物细胞并未死亡，在 3d 内仍继续进行呼吸作用，使有机物进行氧化分解产生二氧化碳、水和热量，一直到青贮窖内氧气耗尽，形成厌氧条件。

（2）微生物的竞争和演替阶段　牧草在青贮制作过程中，由于切短、装填、压实作用，植物细胞受机械压榨而排出汁液。牧草汁液所含的丰富可溶性碳水化合物等养分为微生物活动提供了良好的营养条件，使得各种微生物迅速开始活动。最初几天在有氧条件下，好气性微生物（腐败细菌、霉菌等）繁殖最为强烈，它们使青贮料中蛋白质破坏，形成大量吲哚和气体以及少量醋酸等。随着氧气的减少，好气性微生物活动变弱或停止，厌气性乳酸菌的活动逐步居于主导地位。一般青贮在发酵至 5～7d 时，微生物总数达最高峰，且其组成以乳酸菌为主，乳酸菌的迅速繁殖，形成大量乳酸，pH 下降，使腐败细菌、酪酸菌等活动受抑而停止。青贮发酵完成一般需 17～21d，这时青贮料中除含有少量乳酸菌外，尚存在少量耐酸的酵母菌和形成芽孢的细菌。

上述微生物的活动有以下五类。

①乳酸菌发酵。乳酸菌的种类很多，其中对青贮有益的主要是乳酸链球菌、乳酸杆菌。它们均为好冷性同质发酵的乳酸菌，在 25～35℃ 的温度条件下繁殖最快，发酵后只产生乳酸。乳酸链球菌属兼性厌氧菌，在有氧或无氧条件下均能生长繁殖，耐酸能力较低，青贮饲料中酸量达 0.5%～0.8% 时即停止活动。乳酸杆菌在厌氧条件下，生长繁殖最旺盛，耐酸力强，形成酸量可达 3%。在含有适量的水分和碳水化合物以及缺氧环境条件下，各类乳酸菌生长繁殖快，可使单糖和双糖分解生成大量乳酸。

在乳酸发酵过程中，乳酸菌类型亦发生演变。青贮开始时，大肠杆菌活动居首，随后乳酸链球菌大量繁殖，最后以乳酸杆菌活动为主。乳酸发酵形成大量的乳酸，一方面为乳酸菌本身生长繁殖创造了有利条件，另一方面又促使在酸性环境中不能繁殖的其他微生物如腐败细菌、酪酸菌等死亡。乳酸积累的结果使酸度增强，乳酸菌自身亦受抑制而停止活动。在良好的青贮饲料中，乳酸含量一般占青贮饲料重的 1%～2%，pH 下降到 4.2 以下，只有少量的乳酸菌存在。

②酪酸菌（丁酸菌）发酵。酪酸菌是一种厌氧、不耐酸的细菌，主要有丁酸梭菌、蚀果胶梭菌、巴氏固氮梭菌等，繁殖条件为温度 25～35℃，pH4.2以下。酪酸菌活动的结果是葡萄糖和乳酸分解产生酪酸（丁酸）。酪酸是挥发性有机酸，气味难闻，在青贮饲料中的含量达到万分之几时，即影响青贮料的品质。当青贮原料幼嫩、碳水化合物含量不足、含水量过高、装压过紧时，均易促使酪酸菌活动和大量繁殖。

③腐败细菌的破坏作用。凡能强烈分解蛋白质的细菌统称为腐败菌。此类细菌很多：有嗜高温的，也有嗜中温或低温的；有好氧的如枯草杆菌、马铃薯杆菌，有厌氧的如腐败梭菌和兼性厌氧的如普通变形杆菌。腐败菌能使蛋白质、脂肪、碳水化合物等分解产生氨、二氧化碳、甲烷、硫化氢和氢气等，使青贮料变坏，养分损失大。在正常青贮条件下，当氧气耗尽后，乳酸逐渐形成，pH 下降，腐败细菌活动即被迅速抑制，以至死亡。

④醋酸发酵。醋酸菌为好氧性菌，在有氧条件下，可大量繁殖。酵母或乳酸发酵产生乙醇，再经醋酸发酵产生醋酸和水。青贮发酵中，当氧气耗尽时，醋酸发酵则受到抑制。

⑤霉菌、放线菌、酵母等微生物的发酵作用。这些均属好氧性微生物，在青贮窖内存在较多氧气的情况下，可大量繁殖，使青贮料中有机物质被分解，产生黏滑物质，且发霉、发热、变质，造成养分损失。

（3）青贮稳定阶段　在正常的青贮条件下，当青贮发酵进行 17～21d 后，由于乳酸菌发酵形成大量乳酸，青贮料 pH 降到 4.2 以下，各类发酵（包括乳酸发酵）均受到抑制，青贮进入稳定阶段。

3. 青贮方法

饲料青贮，因设备、原料特性以及添加物种类等不同，方法上会有一定差异，但制作步骤则基本相同。一般青贮步骤如下：

（1）适时收割　优良青贮原料是调制优良青贮饲料的物质基础。青贮原料的适期收割，不但可从单位面积上获得最大营养物质产量，而且水分和可溶性碳水化合物含量适当，有利于乳酸发酵，易于制成优质青贮料。一般收割宁早勿迟，随收随贮。

（2）原料切短　青贮原料收割后，应立即运至贮藏地点切短青贮。少量原料可用铡草刀铡短，大规模青贮需用青贮料切碎机切短。大型青贮料切碎机每小时可切 5～6t，最高可切 8～12t。小型切草机每小时可切 250～800kg。

（3）装填原料　铡短的青饲料应即时装填。装填前，窖底部可填一层

10～15cm 厚的切短秸秆或软草，以便吸收青贮液汁。在窖壁四周可铺填塑料薄膜，加强密封，防止漏气透水。此外应根据青贮料含水多少进行水分调节。特种青贮时应进行添加物的补加混合。装填青饲料时应逐层装入，每次（层）装 15～20cm 厚，即应踩实，然后再继续装填。高水分原料添加粗干饲料或难贮原料添加富含碳水化合物原料如糠麸、谷实物等混合青贮时，干粗饲料或糠麸、谷实物等，亦应与青饲料间层装填，或分层混合青贮。装填时，应特别注意紧实，四角与边缘部位尤应注意。边装边踏实，一直装满窖到超出 0.67～1m 为止。长形窖、青贮壕或地面青贮时，可用马车或拖拉机进行碾压，小型窖亦可用畜力踏实。青贮料紧实程度是青贮成败的关键之一，青贮紧实度适当，发酵完成后饲料下沉不超过深度的 10%。

（4）严密封窖　防止漏水透气是调制优良青贮料的一个重要环节。青贮容器密封不好，进入空气或水分，有利腐败细菌、霉菌等繁殖，使青贮料变质。青贮原料装贮到超过窖口 60cm 以上时，即可加盖封顶。封顶时先盖一层切短秸秆或软草（厚 20～30cm）或铺盖塑料薄膜，然后再用土覆盖拍实，厚约 30～50cm 并做成馒头形，以利排水。

（5）管理　青贮窖（壕）密封后，为防止雨水渗入窖内，距窖四周约 1m 处应挖沟排水。以后应经常检查，窖顶有裂缝时，应及时覆土压实，防止漏气和雨水淋入。

4. 特殊青贮

（1）低水分青贮　低水分青贮又称半干青贮，它是将刈割的牧草经晾晒使水分含量下降至 45%～50% 时制得的青贮饲料。低水分青贮料含水量低，不含酪酸，味微酸，具果香味，适口性好，干物质含量比普通青贮料多一倍，具有较多的营养物质。优良低水分青贮料呈湿润状态，深绿色，结构完好，其特点介于干草和一般青贮料之间。

低水分青贮料调制的原理是原料含水少，对厌氧性腐败细菌、酪酸菌以至乳酸菌均造成生理干燥状态，使各种微生物生长繁殖受到限制；好氧性腐败细菌、霉菌等微生物在青贮厌氧条件下，它们的活动亦很快停止。因此，在青贮过程中，微生物发酵微弱，蛋白质不被分解，有机酸形成数量少，营养物损失较小。资料表明，在 1kg 发育早期的豆科和禾本科牧草低水分青贮料中含有 0.3～0.4kg 饲料单位、45～55g 可消化蛋白质、40～50mg 胡萝卜素。

低水分青贮料制作时，原料风干时间应不超过 30h，豆科牧草含水量达 50% 为宜，禾本科牧草含水量达 45% 为宜。阴雨天气，不能在短时间内使青饲料含水量迅速风干到 40%～50% 时，可把风干或晒干至含水量 40%～50% 的半干青饲料和刚刈割的青饲料混合青贮。半干青贮原料经晾晒，所含水分是否适宜可根据经验判别。若植物茎表皮可用指甲刮下、叶片干燥、易折断和捻碎，这时含水量为40％～50％；若茎叶失去鲜绿色、柔软未干卷、不能折断和捻碎、绞挤有汁液流出，这时含水量为60％～70％。低水分青贮时，原料必须切短，装填必须紧实，封窖要严密，要严防透气、漏水。

（2）添加剂青贮

①加酸青贮。在青贮原料中添加少量无机酸或缓冲液，可使pH迅速降至3.0～3.5，从而抑制腐败细菌和霉菌的活动，促进青贮发酵成功。常用的无机酸缓冲液有：

A.I.V添加剂。由30％盐酸92份和40％硫酸8份配制而成，使用时按100∶400用水稀释，青贮时每1 000kg原料加入A.I.V稀释液50～60kg。

A.A.Z添加剂。由8％～10％盐酸70份和8％～10％硫酸30份混合制成，青贮时按原料重量的5％～7％添加A.A.Z混合液。

蚁酸。用量是每吨青贮原料加85％蚁酸2.85kg。添加蚁酸比添加硫酸盐酸混合剂效果好。因蚁酸在青贮料和瘤胃消化过程中，能分解成对家畜无毒的二氧化碳和甲烷，蚁酸本身也可被吸收利用。

加酸制成的青贮料，颜色鲜绿，具香味，品质高，蛋白质分解损失仅0.3％～0.5％，而在一般青贮中则达1％～2％。苜蓿、红三叶加酸青贮，粗纤维减少5.2％～6.4％，且减少的这部分粗纤维水解变成的低级糖可为动物吸收利用，而一般青贮的粗纤维仅减少1.1％～1.3％。胡萝卜素、维生素C及无机盐钙、磷等，加酸青贮比一般青贮损失少。

②添加甲醛青贮。按照青饲料重的0.1％～0.66％添加5％甲醛溶液青贮，能抑制青贮过程中各种微生物的活动，减少干物质损失。加甲醛青贮的干物质损失5.3％～7％，而一般青贮为10％～11.4％，消化率亦比一般青贮提高20％。

③接种乳酸菌青贮。在青贮原料中接种乳酸菌可促进青贮过程中乳酸发酵的进程，抑制其他有害微生物的繁殖，提高青贮品质。一般每1 000kg青贮原料中加乳酸菌培养物0.5L或乳酸菌剂450g，每克青贮原料中加乳酸杆菌10万个左右。

④添加非蛋白氮青贮。在青贮原料中添加尿素、氨化物等非蛋白氮，通过青贮微生物的利用，形成菌体蛋白，以提高青贮料中的粗蛋白质含量。青贮原料中添加尿素或硫酸铵混合物0.3％～0.5％，青贮完成后，每千克青贮料中增加可消化蛋白质8～11g。玉米青贮加0.2％～0.3％的硫酸钠，可使含硫氨基酸增加2倍。

⑤添加酶制剂青贮。酶制剂以淀粉酶、糊精酶、纤维素酶、半纤维素酶等为主。添加酶制剂可使饲料中部分多糖水解成单糖，有利于乳酸发酵，减少养分损失，提高青贮料的营养价值。酶制剂在青贮中可按原料重量的0.01％～

0.25%添加。如豆科牧草苜蓿、红三叶添加 0.25%黑曲霉酶制剂，与普通青贮料相比，纤维素减少 10.0%～14.4%，半纤维素减少 22.8%～44.0%，果胶减少 29.1%～36.4%，青贮料中含糖量保持在 0.47%，青贮料品质有所提高，色黄绿，微酸，无不良气味。

⑥加盐青贮。在青贮原料水分含量低、质地粗硬、植物细胞液汁较难渗出的情况下，添加食盐青贮，可促进细胞渗出液汁，有利乳酸菌的发酵，提高青贮料的品质。食盐添加量一般为青贮原料重的 0.2%～0.5%。

⑦加糖青贮。采用含糖量较低的原料制作青贮料时，可采用添加白砂糖、葡萄糖、糖蜜、糖蜜饲料或碳水化合物的方法增加青贮原料的含糖量，添加量必须满足乳酸菌发酵所需的最低含糖量。糖的添加量一般按原料中的含糖量不宜低于鲜重的 1.0%～1.5%计算。一般白砂糖和葡萄糖的添加量为 1%～2%，糖蜜添加量为 2%～3%，糖蜜饲料添加量为 5%～10%。碳水化合物的添加，一般每100kg 青贮原料可添加玉米粉、大麦粉或糠麸 2～4kg，亦可添加熟马铃薯 5～10kg。

5. 豆科与禾本科牧草混合青贮

豆科牧草蛋白质含量高、含水分多，单独青贮较难成功。豆科与禾本科牧草混合青贮，由于禾本科牧草含糖量高，青贮容易成功，且蛋白质含量比禾本科牧草单独青贮高。豆科牧草和禾本科牧草混合青贮的比例以 1:1.5 为宜。

6. 草捆青贮

草捆青贮是在阴雨天气条件下，结合干草捆调制技术进行的青贮料制作，它不需要青贮设施。当牧草收割后，晾晒至含水量 40%左右即可压捆，草捆的密度一定要高，然后调制成半干青贮料。草捆青贮根据其贮存方式可分为袋装草捆青贮、草捆堆垛青贮和拉伸膜裹包青贮 3 种。

(1) 袋装草捆青贮　袋装草捆青贮是将水分含量适宜的牧草压捆，草捆以圆形为好，便于装袋，然后选择较厚实和柔韧性好的塑料袋。塑料袋的尺寸应比草捆大 1/3 为宜，利于密封。草捆装袋，使草捆与塑料袋紧贴，减少袋内空气，排出空气后系紧袋口。最后将装袋的草捆整齐堆放在干燥的场地，并注意遮盖保护，也可贮藏在干草棚中。

(2) 草捆堆垛青贮　将含水量适宜的草捆堆在干燥的场地或青贮窖中，通常草捆分层堆垛，各层草捆互相错开，高度不宜超过 3 层草捆。无论是圆草捆还是方草捆堆垛，草捆之间均不留缝隙。草捆间空隙要用散草填紧，最后用大张结实和柔韧性好的塑料布密封。密封要求同一般青贮料的调制方法。

(3) 拉伸膜裹包青贮　拉伸膜裹包青贮是一种灵活和存贮便利的半干青贮法，该种方法既可大量调制牧草，也可针对养殖户小规模调制半干青贮料。拉伸膜裹包青贮是用圆草捆压捆机将水分含量 35%～45%的牧草压成小草捆，然后使用裹包机和拉伸膜将草捆包裹起来即可，方法简便，便于存贮、管理和利用。

7. 青贮饲料的品质鉴定

青贮饲料质量的好坏与原料品质和青贮料的调制技术等密切相关。青贮完成后，可以通过感官指标和实验分析技术评定青贮料品质的好坏和营养价值的高低。

（1）感官鉴定法　按照德国农业协会（DLG）青贮评价标准，根据青贮料的颜色、气味、口味、质地、结构等感官指标，综合评定其品质好坏的方法（表9-1）。该方法简便、迅速，不需要仪器设备，在生产上易于使用。

表9-1　感官鉴定标准

品质等级	颜色	气味	酸味	结构
优良	青绿或黄绿色，有光泽，近于原色	芳香酒酸味，给人舒适感	浓	湿润、紧密，茎叶花保持原状，容易分离
中等	黄褐或暗褐色	有刺鼻酸味，香味淡	中等	茎叶花部分保持原状，柔软、水分稍多
低劣	黑色、褐色或暗墨绿色	具特殊刺鼻腐臭味或霉味	淡	腐烂、污泥状，黏滑或干燥或黏结成块，无结构

（2）实验室鉴定法　在实验室，主要通过pH（酸碱度）、有机酸含量和氨态氮含量指标，综合评定青贮料的品质。

①pH（酸碱度）。青贮料的pH基本能够反映乳酸发酵的程度。优质青贮料，乳酸含量高，pH在4.2以下。在青贮发酵过程中，如果腐败细菌、酪酸菌等繁殖剧烈，乳酸含量低，pH就会超过4.2，甚至高达5～7，属劣质青贮料。

②有机酸含量。这是评定品质优劣的可靠指标。苏联N.C.波波夫教授按酸量提出的评定青贮料品质的等级标准如表9-2。

表9-2　评定青贮料品质的等级标准

单位：%

等级	pH	乳酸	醋酸		酪酸	
			游离	结合	游离	结合
良好	4.0～4.2	1.2～1.5	0.7～0.8	0.1～0.15		
中等	4.6～4.8	0.5～0.6	0.4～0.5	0.2～0.3		0.1～0.2
低劣	5.5～6.0	0.1～0.2	0.1～0.15	0.05～0.1	0.2～0.3	0.8～1.0

良好的青贮饲料，含有较多的乳酸、少量醋酸，不含酪酸；品质差的青贮料，含酪酸多而乳酸少。

③氨态氮含量。常根据氨态氮占总氮的比例进行评分。酪酸菌分解氨基酸后产生氨态氮，所以依其含量可以判断青贮发酵的品质。氨基酸的测定比较简单，而且其含量与酪酸含量呈强相关，故不必再测定酪酸含量，可用氨态氮作为评定青贮料品质的指标之一。参照德国农业协会（DLG）青贮饲料技术规范中的等级评价标准（表9-3）。

表9-3 依据氨态氮含量评定青贮料品质的等级标准

氨态氮（%）	品质等级
12.5以下	优
12.6~15.0	良
15.1~17.5	中
17.6~20.0	不良
20.1以上	极不良

这种评定方法不像pH受青贮料中水分含量的影响，可以较好地反映青贮料的品质。

二、全混合日粮（TMR）的调制

全混合日粮是根据反刍动物（牛、羊等）不同生理阶段的营养需要，把铡切（揉碎）适当长度的粗饲料、精料和各种添加剂按照一定的比例进行充分混合而得到的一种营养相对平衡的日粮。20世纪90年代，美国、欧洲、以色列等国家和地区就已全面应用TMR饲养技术体系。TMR技术在国外的普及率比较高，其中美国是80%以上，以色列是90%以上，日本是65%左右。我国正处于推广应用期，普及率相对较低。

1. 全混合日粮特点

（1）避免挑食 这种饲料混合均匀、营养均衡，能有效地避免羊挑食。

（2）改善饲料适口性，提高采食量 与传统的粗、精饲料分开饲喂的方法相比，TMR日粮可增加羊体内益生菌的繁殖和生长，促进营养的充分吸收，提高饲料利用效率，可有效解决营养负平衡时期（如冬季）的营养供给问题。

（3）增强瘤胃机能，有效预防消化道疾病 用TMR日粮既可以保证羊的正常反刍，又大大减少了羊反刍活动所消耗的能量，并有效地把瘤胃pH控制在6.4~6.8，有利于瘤胃微生物的活性及其蛋白质的合成，从而避免瘤胃酸中毒和其他相关疾病的发生。实践证明，使用羊TMR饲料数月，不仅可以降低消化道疾病90％以上，而且还可以提高羊的免疫力，减少流行性疾病的发生。

（4）提高生长速度，缩短存栏期　TMR 饲料是根据羊各个生长阶段所需的营养，更精确地配制均衡营养的饲料配方，使日增重大大提高。如体重40kg 雷州山羊日饲喂 TMR 饲料 3.0kg，日增重可达到 200g，与普通自配料相比可以缩短存栏期 3～6 个月。

（5）可提高劳动生产率，降低管理成本　饲喂 TMR 日粮颗粒饲料，可大大提高人工效率。

（6）提高羊肉产品的产量和质量　对于育肥羊来讲，饲喂 TMR 日粮饲料，不仅可以提高屠宰胴体重和胴体级别，而且还能使羊肉口感更加鲜嫩细腻。

2. TMR 配制技术要点

配制全混合日粮是以营养浓度为基础，根据不同类别畜群的营养需要，并结合干物质进食量制定合理的饲料配方。各原料组分必须计量准确，充分混合，防止精粗饲料组分在混合、运输或饲喂过程中分离。

（1）TMR 原料选择　应选当地资源丰富、能保证稳定供应、有一定营养价值且相对便宜的饲料原料。

（2）TMR 配方的设计

①根据羊的生长发育、生产阶段、体况等，查询相应的营养标准，确定其营养参数需要量。

②依据养殖场的条件选择合适的饲料原料，根据经验，确定配料的大致比例，并进行试配。

③对配料的比例进行微调，达到营养平衡。

④将以干物质为基础的饲料组分换算成以风干饲料为基础的饲料组分。

⑤确定配料中各组分的添加比例，按照所使用的预混料添加比例，对配料的比例进行整体计算。

（3）搅拌机的选择　TMR 饲料搅拌机通过绞龙和刀片的作用对饲料切碎、揉搓、软化和搓细，并经过充分混合后获得全混合日粮，常见的为固定式和自走式两种。

（4）TMR 制作方法

①原料添加。准确称量原料，并清除记录原料投放量，严格按日粮配方进行审核。投料应遵循先长后短、先粗后细、先干后湿、先轻后重的原则。

②搅拌。搅拌是获取理想 TMR 的关键环节，时间过长使 TMR 太细，有效纤维不足；时间太短，原料混合不匀，因此要边加料边混合。

3. 全混合日粮利用注意事项

（1）合理分群　分组饲喂对配制全混合日粮来说意义重大。根据羊的生长阶段、生产性能和体况分组，相似类群的羊营养需要量相同，按其配制的全混合日粮营养水平和营养平衡性最接近家畜的营养需要。

（2）全混合日粮及其原料营养成分分析　及时测定 TMR 及其原料各种营养成分的含量，并根据实测结果调整 TMR 日粮配方，控制 TMR 日粮的营养浓度和羊对饲料干物质的采食量。理想的 TMR 日粮含水 35%～45%，如高于50%，可能会影响羊对干物质的采食总量。

（3）应现配现喂，确保全混合日粮新鲜、安全　饲喂前进行混合，配制的TMR 日粮夏秋季应在当日喂完，冬春季应在 2d 内喂完。

（4）饲养方式转变应有一定的过渡期　在由放牧饲养或常规精粗分饲转为自由采食 TMR 时，应选用一种过渡型日粮，以避免由于采食过量而引起消化道疾病和酸中毒。不得随意变换 TMR 配方，如需变换应有 15d 左右的过渡期，且尽量避开泌乳高峰期等。

（5）TMR 搅拌机中不应长时间断料　搅拌机中不应长时间断料，如果由于某种原因饲槽空置了 40h 以上，重新添槽时应使第一次所用的饲料含有较多的粗饲料。

（6）确保 TMR 日粮的营养平衡性　在配制 TMR 时，要保证所选用饲草料等原料的质量、配料时的计量准确性以及混合机的混合均匀度，确保 TMR日粮的营养平衡性。

三、颗粒饲料的调制

颗粒饲料是配合饲料中的一种，是一种由全价混合料或单一饲料（牧草、饼粕等）经挤压作用制成型的粒状饲料。通常是圆柱形，根据饲喂动物种类的不同而有各种尺寸。过去一般将秸秆饲料加工成粉末后拌入饲料中饲喂，存在饲喂不方便、适口性差、家畜挑食、利用率低等缺陷。

随着新型小型颗粒机械的问世和普及，现在已可以方便地将粉末饲料加工成颗粒饲料。这种小型颗粒饲料加工机械售价只有几千元左右，可以照明电为动力，粉状饲料通过高温糊化，在压辊的挤压下从模孔中排出造粒，可以很方便地调整颗粒粒度的大小。其结构简单，适合农村养殖户家庭及小型专业饲料厂配用。

颗粒饲料最早出现在欧洲。近十多年来，在许多国家都有较大的发展，在美国、日本、德国等国家占配合饲料总量的 60%～70%，占世界平均水平的60%。颗粒饲料已经在猪、鸡、鸭和牛羊等畜禽中广泛应用。近几年来，我国颗粒饲料发展较快，在广东、江苏、上海等地的占比都较大。随着畜牧业、水产养殖业的发展，其重要性越来越显著。

1. 颗粒饲料的要求

在饲料工业中，将粉状饲料原料或粉状饲料经过水、热调制并通过机械压缩且强制通过模孔而聚合成型的过程定义为制粒。国家和行业针对颗粒饲料的质量，制定了相关标准，对饲料营养成分和物理性状进行了相关规定。

（1）颗粒饲料的长度一般为直径的 2～4 倍。育肥羊颗粒饲料的长度为直径的 2～3 倍。

（2）颗粒饲料的水分含量≤14％。

（3）颗粒饲料粉化率指颗粒饲料在规定条件下产生的粉末重量占其总重量的百分比。测定用回转箱法，畜禽料≤12％。

（4）颗粒饲料为光滑表面的圆柱体，无腐败，发霉及其他异味。应呈现与制粒的各组分（原料）相应的颜色或略发暗。

2. 颗粒饲料的特点

颗粒饲料按其原料来源及羊不同年龄阶段可分为不同的类型与大小，与常规粉碎饲料相比，具有如下优点：

（1）便于贮藏、包装、运输　颗粒饲料成型后，比粉碎饲料原料体积缩小约 1/3，便于贮藏、包装、运输。在贮藏过程中，粉状饲料容易吸湿结块、发霉变质，而颗粒饲料的散落性好、吸湿性小、贮藏稳定性高；在成品运输过程中，避免了自动分级现象；在包装过程中，降低了粉尘及微量成分的损失。

（2）杀菌消毒　在制粒过程中，饲料中某些有毒物质或抑制因子（如胰蛋白酶抑制因子、血细胞凝集素等）因热作用而被破坏。同时可杀灭 90％的沙门氏菌。

（3）提高适口性，增加采食量　由于颗粒饲料密度大、体积减小、营养浓度高，羊的采食量也相应增加。

（4）便于消化吸收，提高饲料利用率　通过制粒，改善了饲料中某些营养成分的理化性质，提高了饲料利用率，营养物质利用率也相应提高。

（5）防止挑食，减少饲料浪费　颗粒饲料大小均匀、营养全面，保证了日粮组分的一体性和全价性，避免了羊按其适口性挑选饲料，减少向空中、水中到处飞散粉尘而造成的损失。

3. 颗粒饲料制作工艺

颗粒饲料是由粉状饲料增加一道制粒的工序后形成的颗粒状饲料。制粒工序现已广泛应用于养殖业中。小规模羊场可以购买相对简单的颗粒机自己生产，而规模化养殖场或者饲料厂在颗粒饲料的制作中需要的设备较多、其工艺也较为复杂，主要分为制粒工艺、冷却工艺、破碎工艺、筛分工艺等。

（1）制粒工艺　制粒工艺是制粒过程的关键，它直接影响到颗粒饲料的质量和产量。调质是制粒过程中最重要的环节。调质的目的是将配合好的干粉料调质成为具有一定水分、一定温度、利于制粒的粉状饲料。

物料经喂料螺旋进入搅拌器，在此加入适当比例的蒸气充分混合。混合后的物料进入制粒系统，位于压粒系统上部的旋转分料器均匀地把物料撒布于压模表面，然后由旋转的压辊将物料压入模孔从底部压出。经模孔挤压出来的棒状饲料由旋转切刀切割为达到一定长度的颗粒，最后通过出料圆盘以切线方向排出机外。

（2）冷却工艺　在制粒过程中，由于通入高温、高湿的蒸气，同时物料被挤压产生大量的热，颗粒饲料刚从制粒机中出来时含水量达16%～18%、温度高达75～85℃。必须使其水分降至14%以下，温度降低到比空气温度高8℃以下，这就需要冷却。冷却工艺按照空气介质与颗粒料流动方向可分为逆流冷却和顺流冷却两种工艺。

①逆流冷却工艺。该工艺为冷却介质的流动方向和颗粒料流动方向相反的一种冷却工艺。这种冷却工艺制得的颗粒饲料表面光滑，很少有龟裂现象，粉化率低，耐水时间长。

②顺流冷却工艺。此工艺为冷却介质的流动方向和颗粒料流动方向相同的一种冷却工艺。这种方法生产的产品表面干燥不完全，常发生龟裂，不光滑，粉化率高，耐水时间短。因此在实际工作中宜选择逆流冷却工艺。

（3）破碎工艺　在颗粒饲料生产过程中，为了节省能耗、增加产量、提高质量，往往是将物料先制成一定大小的颗粒，然后再根据畜禽饲用时的粒度用破碎机破碎成合格的产品。

（4）筛分工艺　颗粒饲料经破碎工艺处理后，会产生一部分不符合要求的物料，因此破碎后的颗粒饲料要筛分成颗粒整齐的产品。物料进入分级筛，符合要求的产品进入料仓称重打包，不符合要求的产品重新返回制料机制粒。

四、干草调制及储存

优良的干草应当含有牲畜所必需的各种营养物质和较高的消化率与适口性，也就是说单位重量干草应含有较多的饲料单位和可消化粗蛋白质、丰富的矿物质以及适量的维生素等。具体来讲，优良干草应具有以下特点。

（1）品质好　调制优良干草的牧草，在品质上要求属于中上等，在数量上要求有较多的禾本科牧草和适量的豆科牧草。一般来讲，品质中上等的禾本科牧草与豆科牧草的适口性是属于喜食和最喜食的等级，这样就能保证优良干草也能具有较高的适口性。

（2）适宜期刈割　在适宜期刈割牧草，才能获得最高的可消化营养物质收获量，即做到牧草的量、质兼顾。如果刈割过早，虽然牧草质地幼嫩，但含水量过多，不易调制，而且产量也低。相反，刈割过迟，虽产量较高，但牧草质地粗老，不易消化，适口性也低。

（3）含有丰富的叶量　优良干草应当叶量丰富，并具有较多的花序与嫩枝，植物体的各个部位含有不同的营养物质。一般来说，叶含有的蛋白质和矿物质比茎多 1～1.5 倍，胡萝卜素多 10～15 倍，而叶所含的纤维却比茎少50％以上，叶所含营养物质的消化率也比茎高 40％。干草中含叶量越多，其品质也越高。

（4）深绿的颜色和芳香的气味　优良干草应具有深绿的颜色和芳香的气味，茎秆上每个节基部呈现深绿色的部分越长，则干草所含养分越高，干草的芳香气味是牧草里含有的蜡质树脂、挥发油类和松节油在酶的作用下慢慢氧化形成的。

1. 牧草干燥的基本原理

新鲜牧草含水量在 80％以上，而能够保藏的干草一般含水量为 15％～18％，不超过 20％。为了获得低含水量的干草，必须从植物体内散发出大量的水分。牧草干燥的目的是得到易于贮藏的干草，并使干草尽可能保存牧草原有的营养物质并具有较高的消化率与适口性。因此，在牧草干燥时必须考虑从植物体内散发水分的规律和营养物质成分的变化。

（1）牧草干燥时从植物体内散发水分的规律　刈割后的牧草散出水分的过程可分为两个阶段：第一阶段，从植物体内部散发掉游离水。在良好的晴天，牧草含水量从 80％～90％降低到 45％～55％需要 5～8h。第二阶段，从植物体内散发掉结合水。这一阶段，牧草含水量从 45％～55％降低到 18％～20％需要 1～2d。影响牧草干燥速度的因素有很多，如外界的气温、空气湿度和风力，牧草体表面水分蒸发的速度和水分从细胞内部向体表移动的强度，植物保蓄水分能力的大小，植物体各部位散发水分的强度等。

（2）牧草干燥时营养物质成分的变化和损失

①牧草凋萎期营养物质成分的变化。牧草刈割后，物质的分解作用开始大于合成作用，称为饥饿代谢阶段，含水量变动范围在 35％～65％。糖的总含量下降，引起干物质损失，部分氮转化为水溶性的氮化物，会损失一些蛋白质的氮，胡萝卜素被破坏，大约占整个干燥期内胡萝卜素损失总量的 50％。

②牧草干燥后期营养物质成分的变化。在牧草细胞死亡后，有酶参与作用的过程称为自体溶解阶段。在此阶段，水溶性糖在酶的作用下发生很大变化，多糖几乎不变。含氮物质在干燥进行得很慢时，酶的活动加剧，蛋白质的损失可超过 25％，生物价值也逐渐降低。

③微生物作用下营养物质成分的变化和损失。植物体表存在的大量微生物只有在植物细胞丧失生命活动以后才能繁殖起来，死亡的植物体是微生物的良好培养基。微生物的活动可使干草品质显著降低，尤其能使可溶性糖和淀粉的含量显著减少。在大量发霉时也可能使脂肪的含量降低。含氮物质总量的下降

虽不显著，但蛋白质却遭受破坏，产生有毒物质。

④机械作用引起的损失。在牧草干燥过程的总损失中，机械作用引起植物细嫩部分折断的损失占有最大的比重。防止机械作用引起损失的方法：首先牧草的收获应当适时，其次要根据植物散出水分的规律和牧草的含水量，及时进行搂集、堆垛等生产环节的工作。

⑤雨、露淋湿作用引起的损失。淋湿作用只能使那些能自由通过死亡的原生质薄膜的易溶性化合物（矿物质、易溶于水的碳水化合物和部分粗蛋白质）受到损失。这些营养物质的损失主要是发生在叶子上面，因为叶子上的易溶性营养物质接近叶表面。由淋湿作用引起的无机物的损失总量可达 67%，其中磷的损失占 30%、碳酸钠的损失占 65%；有机物中碳水化合物的损失可达 37%。

⑥牧草干燥时营养物质消化率及可消化营养物质含量的变化。牧草干燥时，纤维的消化率降低，干草中碳水化合物与含氮物质总消化率降低，含氮物质消化率降低，有机物质消化率降低。牧草在干燥过程中总营养价值损失 20%～30%，饲料单位损失 30%～40%，可消化粗蛋白质损失 39%。

2. 牧草的干燥方法

牧草干燥基本原则：牧草的干燥时间应当尽量缩短，这样可减少生理生化作用和氧化作用造成的损失。在干燥末期，植物各部位的含水量应当力求均匀。在干燥期间，对凋萎牧草也应当尽量防止雨、露的淋湿，避免在阳光下长期曝晒。搂草、集草等生产环节应当在植物细嫩部分还未折断或折断不多时进行。牧草的干燥应先在草趄上使牧草凋萎，然后在草垄上或草堆上完全干燥。牧草干燥的方法可分为地面干燥法、草架干燥法、发酵干燥法和人工干燥法。

（1）地面干燥法　此法干燥牧草的具体过程和时间可因地区气候条件的不同而异。

在湿润多雨地区，干草的干燥过程为：牧草刈割后，在草地干燥 6～7h；用搂草机搂成松散的草垄，使牧草在草垄上继续干燥 4～5h；用集草器集成小草堆干燥 1.5～2d 就可调制成干草（含水量为 15%～18%）。

在干旱、降雨稀少、气温较高、空气干燥地区，牧草的刈割与搂成草垄两项作业可同时进行，凋萎的牧草在草垄上的干燥时间不超过 1 昼夜，用集草器集成草堆，牧草在草堆上干燥 2～3d 即可调制成干草。

（2）草架干燥法　湿润地区常采用此法晒制干草。架上干燥可以大大提高牧草的干燥速度，保证干草品质，减少各种营养物质的损失。草架放牧草时应自下而上逐层堆放。草的顶端朝里，最下一层牧草应高出地面，不与地表接触，利于通风，避免吸潮。在堆放完毕后应将草架两侧牧草整理平顺，减少雨水浸入草内。

（3）发酵干燥法 在湿润地区多雨季节，常采用此法调制成棕色干草。其调制方法是：在晴天刈割牧草，接着用1～1.5d时间使牧草在原地曝晒和经过翻转在草垄上干燥，水分减少到50%时，再堆成3～6m高的草堆，发酵6～8周，高热以不超过60℃为适当，堆中牧草的水分由于受热通风而蒸发，逐渐干燥为棕色干草。

（4）人工干燥法和干草粉的生产 牧草人工干燥的方法一般分为两种，即风力干燥法和高温快速干燥法。风力干燥法需要建造干草棚，将在地面干燥到含水量50%的牧草堆垛，在垛内设置通风道，一端安装鼓风机，借助送风的办法对牧草进行不加温干燥。高温快速干燥法主要是用作生产干草粉，调制好的干草粉可保存幼嫩青草和青绿饲料养分的90%～95%。干草粉压制成颗粒状或饼状后，容易保存，便于运输，商品性强。制作干草粉的原料主要是豆科牧草及其与禾本科牧草组成的混播牧草。

3. 干草贮藏

垛草在收获干草中是一项非常重要的生产环节。干草调制好后需要将干草堆成大垛，以待运走和长期贮藏。

4. 干草的品质鉴定

干草的品质鉴定和分级可以根据干草的消化率和化学成分来进行评定，但在生产实践中由于条件的限制，往往采用更简便的方法，一般情况下是根据干草的主要物理性质和含水量对干草进行品质鉴定和分级工作。干草的主要物理性质包括：①干草的植物组成。②收割时牧草的发育时期。③干草中叶量和不可食草类的比重。④干草的颜色和气味。⑤茎的松软程度、草屑和其他夹杂物等。这些物理性质实际上与干草的适口性、营养物质的含量是一致的，在很大程度上与干草的消化率也是一致的。

为了鉴定干草的品质，世界各国都拟定了各自的干草品质鉴定标准，并根据标准划分干草等级作为干草评定和检验的依据。如美国根据干草的叶量、颜色、杂草混入比例等物理性质将猫尾草-三叶草干草的等级标准划分如下：在叶量上，一级干草占40%、二级干草占25%、三级干草占10%。在颜色上，如果以萌发时的绿度作为100%、黄褐色作为0，那么一级干草的绿度为40%、二级干草为30%、三级干草为10%。在杂草混入比例上，一级干草占重量的10%、二级干草占15%、三级干草占20%。当干草中混入杂草达20%以上、绿度在10%以下时，霉变发热、有毒有害植物很多，收割过迟时则列入等外干草。

第十章　雷州山羊养殖模式
及养殖效益分析

第一节　雷州山羊养殖模式

一、雷州山羊养殖模式现状分析

1. 雷州山羊养殖模式

雷州山羊目前没有固定的养殖模式，整体来看，可分为全放牧、放牧＋舍饲和全舍饲三种类型。全放牧模式的优势是能充分利用天然植物资源、降低养羊生产成本及增加运动量，有利于羊体健康。放牧效果的好坏取决于草场质量和利用的合理性以及放牧的方法和技术。放牧＋舍饲模式可有效减缓放牧对生态环境的影响，避免过度放牧对草地以及草山草坡植被的影响，同时也可通过舍饲补料加快羊的生长速度，增加养殖效益。全舍饲模式养殖成本较高，要注重规模效益，但大规模养殖产生的粪污需要有效处理，否则也会对生态环境造成影响；同时，全舍饲养殖对养殖技术、疫病防控技术要求较高，没有科学的养殖技术和疫病防控技术，养殖的经济效益会比较低。在我国南方，不同区域采取的养殖模式大不相同。在农区，由于地形地势和气候的影响，不同的养殖规模采用的养殖模式有所差异：规模化养殖场较多采用全舍饲方式；散户采用方式多样，全放牧、放牧＋舍饲和全舍饲均存在，以放牧＋舍饲的比例较大。在圈舍建设方面，一般均采用高床漏缝地面养殖。漏缝地面能给羊提供干燥卧床，也可防止寄生虫病的传播，在国外和国内亚热带地区已普遍采用。

2. 雷州山羊养殖经营形式

雷州山羊养殖经营存在多种类型，如农户散养、专业养殖户、养殖企业（公司）、专业养殖合作社（专业养殖协会）、家庭农场等。农户散养是农户以山羊养殖为主业或副业，小规模地从事养羊生产的一种经营形式。目前在雷州山羊养殖中，还存在相当多的散养户。山羊专业养殖户是在农牧民家庭经营条件下，专门或主要从事山羊养殖的农牧户。专业养殖户一般为农区专门从事山羊专业养殖的农户。山羊专业养殖户一般饲养规模较大，采用较先进的科学技术和经营管理，能够取得较好的规模经济效益。山羊养殖企业（公司）是指成立养殖企业或农牧公司专门从事山羊的养殖、加工或销售的一种经营形式，按组织形式可分为合伙制企业、股份制企业、股份合作制企业、公司制企业等。山羊养殖合作社是在不改变家庭经营的基础上，农户自愿在山羊养殖领域实行联合，实行统一生产、统一加工或统一销售。2013 年，中央一号文件提出"鼓励和支持承包土地向专业大户、家庭农场、农民合作社流转，发展多种形式的适度规模经营"，这是中央首次提出家庭农场概念。所谓家庭农场，是指以家庭经营为基础，融合科技、信息、农业机械、金融等现代生产要素和现代经营理念，实行专业化生产、社会化协作和规模化经营的新型微观经济组织，具有家庭经营、适度规模、市场化经营、企业化管理 4 个显著特征。在山羊养殖具体的经营形式上既可单独，也可有效地组合，如"专业养殖户＋养殖专业合作社""公司＋农户""公司＋合作社＋农户""科研机构＋合作社＋农户"等。不同的经营形式要根据当地的养殖状况、资源、环境和市场进行综合考虑而确定。

二、雷州山羊适宜的养殖模式

雷州山羊本身具有生长速度快、适应能力强等特点，能够适应任何一种养殖方式。但为了充分发挥雷州山羊自身优势、提高雷州山羊养殖的经济效益，主推雷州山羊规模化的舍饲养殖模式，以便为雷州山羊提供良好的饲养水平和饲养条件，保证其营养需要、提高其抗病力和适应力。

第二节　雷州山羊养殖效益分析

一、羊场的成本核算

1. 成本核算指标

为了评估羊场经济效益，每个羊场应进行年终收入总结算，计算净收入、纯收入、利润和净收入率，从而确定羊场全年经营效果，便于制定来年的计划和决策。

年终总结算主要是根据会计年度报表中的数据资料，进行经营效果核算。一般是用羊场全年总收入减去全年总支出，如果为正数，即收入大于支出，为赢利，反之，为亏损。需要注意的是，在进行经营核算时，羊场用于购置固定资产（如购置机具、设施设备等）的资金不能直接列入当年的支出，应当根据固定资产使用年限计算出当年的折旧费，然后将其列入当年的生产支出。成本核算的主要指标和计算方法有以下几个。

（1）净收入（又称毛利）

净收入＝经营总收入－生产、销售中的物资耗费

生产、销售中的物资耗费包括生产固定资产耗费，饲料、兽药消耗，生产

性服务支出，销售费用支出以及其他直接生产性物质消耗费。

（2）纯收入（又称纯利）

纯收入＝净收入－职工工资和差旅费等杂项开支

（3）利润　是当年积累的资金，也是用于来年生产投入或扩大再生产的资金。

利润＝纯收入－（税金＋上交各种费用）

（4）净收入率　净收入率是衡量羊场经营是否合算的指标。如果净收入率高于银行贷款利率，则证明该羊场有利润。

2. 成本核算内容

搞好成本核算，对羊场加强经营管理，提高养殖经济效益具有指导意义。

（1）确定成本核算对象　主要对饲养山羊进行成本核算，1年或1个生产周期核算1次。

（2）遵守成本开支范围的规定　成本开支的范围包括生产经营活动中所发生的各项生产费用，而非生产性基本建设的支出以及上交的各种公益金等都不计入成本中。

（3）确定成本项目　是指确定生产费用按经济用途分类的项目。分项目登记和汇总生产费用，便于计算产品成本，有利于分析成本构成及其变化的原因。成本项目应列羔羊培育费用、饲料费用、防疫治疗费用、固定资产折旧费用、共同生产费用、人工费、经营费及其他直接费用、其他支出费用。

（4）确定计价原则　计算产品成本，要按成本计算期内实际生产和实际消耗的数量及当时的实际价格进行计算。

（5）做好成本核算的基础工作　一是建立原始记录，从经营之初就要做好固定资产（包括土地、圈舍、设施设备、种公羊、基础母羊等）、用工数量、产品数量、低值易耗品数量、饲料饲草消耗量等的统计工作，为做好成本核算提供基础数据。二是采用会计方法进行记录的建账，对生产经营过程中的资金活动进行连续、系统、完整的记录和计算，要实现钱物各记、各自建账，同时要建立产品材料计量、收发和盘点制度。

3. 羊场成本核算的特点与方法

（1）羊场成本核算的特点

一是羊群在饲养管理过程中，由于购入、繁殖、出售、屠宰、死亡等原因，其头数、重量在不断变化，为减少计算上的麻烦和提高精确度，通常应按批核算成本。又因羊群的饲养效果和饲养时间、产品数量有关，因此应计算单位产品成本和饲养日成本。

二是养殖雷州山羊的主要产品为活羊和肉等，为方便起见，可把活羊、肉作为主产品，羊粪等其他作为副产品。产品收入抵销一部分成本后，列入主产品生产的总成本。

三是单位羊产品消耗饲料的多少和饲料加工运输费用等在总成本中所占的比例，既反映羊场技术水平的高低，也反映其经营管理水平的高低。

（2）羊场成本核算的方法

①单位主产品成本核算。

育肥羊活重单位（kg）成本＝初期存栏总成本＋本期购入（拨入）成本－副产品价值/期末存栏活重＋本期离圈活重（不含死羊）

育肥增重单位（kg）成本＝本期饲养费用－副产品价值/本期期末存栏活重＋本期离圈活重（含死羊）－期初存栏活重－本期购入（拨入）活重

在计算活重、增重单位成本时，所减去的副产品价值包括羊粪、死亡羊的残值收入等。死亡羊的重量在计算增重成本时，应列入本期离圈（包括出售、屠宰等）的活重，才能如实反映每增重 1kg 的实际成本。但计算活重成本时，不包括死亡羊的重量，死亡羊的成本要由活羊负责。

②饲养日成本。

饲养日成本＝饲养费用/饲养只数×天数

活重实际生产成本加销售费用等于销售成本，销售收入减去销售成本、税金、其他应交费用，有余数为盈，不足为亏，从而得出当年养羊的经济效益，为下年度养羊生产、控制费用开支提供重要依据。计算增重单位成本，可知每增重 1kg 所需费用；计算饲养日成本，可知每只羊平均每天的饲养成本。通过成本核算可充分反映羊场经营管理水平和经济效益。

二、羊场经济活动分析

在雷州山羊养殖项目投资前，要对羊场的投资成本和效益进行科学分析和预测，这是发展雷州山羊养殖生产的关键环节。雷州山羊养殖可以归结为散养、专业养殖和规模养殖 3 种类型。下面就这 3 种养殖类型的养殖成本与经济效益分析方法、计算公式以及规则作一简介，以供参考。

1. 散养

以饲养 5 只雷州山羊种母羊为例，精料按 80％计算，草料、基建、设备不纳入成本计算，人工和羊粪尿产生的价值或费用相抵。

（1）成本

①购种。

母羊 5 只×费用/只＝购种羊费用

购种羊费用÷5 年（利用年限）＝购种羊每年摊销

②饲养成本。

5 只种母羊×精料量/（d·只）×精料价格/kg＝5 只种母羊每天精料费用

5 只种母羊每天精料费用×365d＝5 只种母羊年精料费用

总羔羊数（7 月龄出栏，5 个月饲喂期）×羔羊精料量/（d·只）×150d×精料价格/kg＝育成羊精料费用

总饲养成本＝5 只种母羊年精料费用＋育成羊精料费用

③医药费用摊销成本。

可按 10 元/（年·只）×总羔数进行计算。

总成本＝购种羊每年摊销＋总饲养成本＋医药费用摊销成本

（2）收入

总育成羊数＝5 只种母羊×产羔数羊/只×羔羊成活率×育成羊成活率

总收入＝总育成羊数×出栏重/只×销售价格/kg 活羊

（3）经济效益分析

饲养 5 只种母羊年盈利＝总收入－总成本

每卖 1 只育成羊盈利＝总盈利÷总育成数

2. 专业养殖

以饲养 50 只种母羊为例，精料按 100％计算，草料或青贮料计算一半，基建、设施设备不纳入成本计算，人工和羊粪尿产生的价值或费用相抵。

（1）成本

①购置种羊费用。

购种母羊费用＝50 只母羊×费用/只

购种公羊费用＝2 只种公羊×费用/只

购种羊每年摊销＝购种羊总费用÷5 年（利用年限）

②饲养成本。

种羊：

种羊年消耗干草费用＝52 只×干草量/（d·只）×365d×干草价格/kg

种羊年消耗精料费用＝52 只×精料量/（d·只）×365d×精料价格/kg

种羊年消耗青贮料费用＝52 只×青贮料量/（d·只）×365d×青贮料价格/kg

育成羊（7 月龄出栏，5 个月饲喂期）：

育成羊年消耗干草费用＝总羔羊数×成活率×干草量/（d·只）×150d×干草价格/kg

育成羊年消耗精料费用＝总羔羊数×成活率×精料量/（d·只）×150d×精料价格/kg

育成羊年消耗青贮料费用＝总羔羊数×成活率×青贮料量/（d·只）×150d×青贮料价格/kg

在计算饲养成本时，根据实际的喂料类型进行计算，如只饲喂了青贮料和精料，则只计算这两样成本。

③年医药费用。

年医药费用＝10元/(年·只)×总羔数

（2）收入

总收入＝总育成羊数×出栏重/只×销售价格/kg活羊

（3）经济效益分析

饲养50只种母羊年盈利＝总收入－购种羊每年摊销－总饲养成本－年医药费用

每卖1只育成羊盈利＝总盈利÷总育成数

3. 规模养殖

以饲养500只基础母羊为例。

（1）成本

①基建。500只基础母羊，净羊舍面积500m²；周转羊舍（羔羊、育成羊）面积1 250m²；25只公羊，公羊舍面积50m²。

总造价＝1 800m²×造价/m²

青贮池总造价＝500m²×造价/m²

贮草及饲料加工车间总造价＝500m²×造价/m²

办公室及宿舍总造价＝400m²×造价/m²

基建总成本＝羊舍造价＋青贮池总造价＋贮草及饲料加工车间总造价＋办公室及宿舍总造价

②设施设备。设施设备包括青贮用机械（铡草机、粉碎机、取料车等）、兽医药械、运输车辆、舍内设施设备、水电设施设备等产生的总费用。

每年固定资产总摊销＝（基建总成本＋设施设备费用）÷10年

③种羊成本。

种母羊成本＝500只母羊×价格/只

种公羊成本＝25只公羊×价格/只

种羊总成本＝种母羊成本＋种公羊成本

每年种羊摊销＝种羊总成本÷5年

④建设后需草料成本。

种羊：

成年羊年消耗干草费用＝525只种羊×干草量/(d·只)×365d×干草价格/kg

成年羊年消耗精料费用＝525只种羊×精料量/(d·只)×365d×精料价格/kg

成年羊年消耗青贮料费用＝525只种羊×青贮料量/(d·只)×365d×青贮料价格/kg

种羊饲养总成本为以上3种料的费用之和，如没有饲喂任何1种或两种，则不计算其成本。

育成羊（7 月龄出栏，5 个月饲喂期）：

育成羊年消耗干草费用＝总羔数×羔羊成活率×育成期成活率×干草量/(d·只)×150d×干草价格/kg

育成羊年消耗精料费用＝总羔数×羔羊成活率×育成期成活率×精料量/(d·只)×150d×精料价格/kg

育成羊年消耗青贮料费用＝总羔数×羔羊成活率×育成期成活率×青贮料量/(d·只)×150d×青贮料价格/kg

育成羊饲养总成本为以上 3 种料的费用之和，如没有饲喂任何 1 种或两种，则不计算其成本。

总饲养成本＝种羊饲养总成本＋育成羊饲养总成本

⑤年医药、水电、运输、业务管理总摊销。

可按 10 元/(年·只)×总只数进行计算。

⑥工人年总工资。

年总工资＝25 元/(年·只)×总只数

（2）收入

年销售商品羊收入＝总育成数×出栏重/只×销售价格/kg 活羊

另外，羊粪收入应视当地销量情况进行合理估价，如果不能出售，则不计算销售收入。

（2）经济效益分析

建一个 500 只基础母羊的商品羊场，年总盈利＝总收入－总饲养成本－年医药费、水电费、运输费－业务管理总摊销－年总工资－年固定资产总摊销－低值易耗品费用－年种羊总摊销

每销售 1 只育成羊盈利＝年总盈利÷总育成数

参 考 文 献

蔡光玉，1984. 雷州山羊的调查 ［J］. 畜牧兽医科技 (2)：62-63.

曹国辉，孙勇钢，2020. 山羊的营养和管理要点 ［J］. 畜牧兽医科技信息 (10)：83.

曹瑞勇，2018. 海南黑山羊六种疫病的血清学调查及两种病原菌的分离鉴定 ［D］. 海口：海南大学.

冯杰，崔燕，等，2018. 山羊支原体、革兰氏阳性杆菌、附红细胞体混合感染的实验室诊断 ［J］. 贵州畜牧兽医，42 (4)：6-8.

国家畜禽遗传资源委员会组，2011. 中国畜禽遗传资源志·羊志 ［M］. 北京：中国农业出版社.

华蕊，张海文，吴科榜，2018. 海南黑山羊繁殖周期生殖激素的分泌规律研究 ［J］. 黑龙江畜牧兽医 (1)：112-115.

黄保，2006. 雷州山羊饲养技术 ［J］. 广东畜牧兽医科技 (2)：29-30.

黄照睿，2020. 山羊引种疫病防控注意问题及对策 ［J］. 中国畜禽种业，16 (6)：29-30.

李茂，徐铁山，周汉林，2014. 海南黑山羊采食量研究 ［J］. 中国草食动物科学 (S1)：278-281.

李苏新，2009. 南方肉用山羊养殖技术 ［M］. 北京：金盾出版社.

廖海洋，2015. 山羊规模养殖场疫病防控关键措施 ［J］. 养殖与饲料 (6)：62-63.

刘凤英，2019. 山羊对矿物质和维生素营养需要的分析 ［J］. 饲料博览 (2)：91.

刘素趁，2019. 温热环境对山羊营养物质消化代谢的影响 ［D］. 杨凌：西北农林科技大学.

刘勇，2017. 山羊高效养殖与疫病综合防控技术示范推广 ［J］. 中国畜牧兽医文摘，33 (11)：70，122.

麦安国，2017. 海南黑山羊常见寄生虫病及防治 ［J］. 湖北畜牧兽医，38 (5)：18-19.

施力光，周雄，周汉林，等，2016. 海南黑山羊种质特性 ［J］. 中国畜禽种业，12 (11)：70-71.

宋清华，2010. 山羊养殖技术 ［M］. 成都：电子科技大学出版社.

谭国文，2013. 海南黑山羊山羊场的设计方案 ［J］. 养殖技术顾问 (8)：83.

王雷，邱玉娥，2019. 山羊对能量和蛋白质营养的需要及饲喂要点 ［J］. 饲料博览 (1)：94.

王勇，罗维平，张录文，等，2021. 不同纤维来源的日粮对山羊营养物质消化率的影响 ［J］. 中国动物保健，23 (8)：91-93.

王自力，赵永聚，2015. 山羊高效养殖与疾病防治 ［M］. 北京：机械工业出版社.

魏伍川，梁丽芳，龙秀波，2014. 雷州山羊肉质性状分析 ［J］. 中国草食动物科学，34 (5)：19-21.

徐立德，1984. 雷州山羊的调查 [J]. 广东农业科学 (6)：38-40.

徐维国，2016. 圈养山羊疫病防控措施 [J]. 中国畜牧兽医文摘，32 (10)：122.

薛锦，2020. 羊肺炎链球菌病的防治 [J]. 湖北畜牧兽医，41 (8)：13-14.

严锦绣，郭春华，于婷婷，等，2011. 舍饲山羊常见传染病的临床症状与综合防治 [J]. 贵州农业科学，39 (5)：173-175，178.

叶昌辉，何启聪，谢为天，2002. 雷州山羊体尺性状的主因子分析 [J]. 西南农业大学学报 (1)：61-63.

张魁峰，2019. 山羊常用饲料原料的营养价值及饲喂 [J]. 饲料博览 (3)：62.

张艳艳，王正荣，贾春英，等，2018. 舍饲羊消化道寄生虫感染的季节动态变化研究 [J]. 中国兽医杂志，54 (9)：16-18，123.

周鹏，刘良佳，等，2015. 试论规模化羊场山羊疫病综合防控措施 [J]. 畜禽业 (8)：4-6.

雷州山羊（公）

雷州山羊（母）

热研 2 号柱花草

热研 4 号王草

单列式羊舍

双列式羊舍

楼式羊舍

敞开式羊舍

青贮饲料制作

袋装青贮饲料

小型牧草收割机（王草）

中型牧草收割机（王草）

羊粪便自动化清除

羊粪固液分离

羊粪便无害化处理

沼液水肥一体化

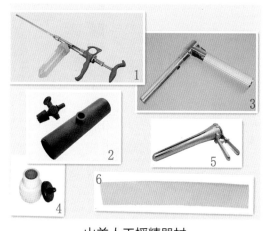

山羊人工授精器材
1. 输精枪　2. 外壳　3. 内窥镜　4. 集精杯
5. 开膣器　6. 内胎

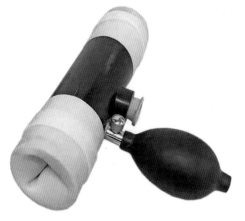

假阴道

耳标、耳钳

食槽、饮水器

漏粪竹板

树脂漏粪板

青贮压块机

颗粒料制粒机